ANSYS 有限元分析应用教程

Engineering Application of Finite Element Analysis on ANSYS

赵 晶 王世杰 编著

北 京
冶金工业出版社
2014

内 容 提 要

本书从有限元方法理论、软件介绍及使用、工程分析示例等方面，全方位详细介绍了ANSYS有限元分析软件的使用和解决工程实际的分析方法；内容全面，理论与实际操作相结合。

本书可供高等理工科学院相关专业的本科生或硕士研究生使用，也可供从事相关专业的工程技术人员参考。

图书在版编目(CIP)数据

ANSYS有限元分析应用教程／赵晶，王世杰编著. —北京：冶金工业出版社，2014.6
ISBN 978-7-5024-6562-9

Ⅰ.①A… Ⅱ.①赵… ②王… Ⅲ.①有限元分析—应用程序—教材 Ⅳ.①O241.82

中国版本图书馆CIP数据核字(2014)第083201号

出 版 人　谭学余
地　　址　北京北河沿大街嵩祝院北巷39号，邮编100009
电　　话　(010)64027926　电子信箱　yjcbs@cnmip.com.cn
责任编辑　郭冬艳　美术编辑　吕欣童　版式设计　孙跃红
责任校对　李　娜　责任印制　牛晓波
ISBN 978-7-5024-6562-9
冶金工业出版社出版发行；各地新华书店经销；北京百善印刷厂印刷
2014年6月第1版，2014年6月第1次印刷
787mm×1092mm　1/16；18.75印张；449千字；284页
42.00元

冶金工业出版社投稿电话：(010)64027932　投稿信箱：tougao@cnmip.com.cn
冶金工业出版社发行部　电话：(010)64044283　传真：(010)64027893
冶金书店　地址：北京东四西大街46号(100010)　电话：(010)65289081(兼传真)
(本书如有印装质量问题，本社发行部负责退换)

前　言

ANSYS 是目前国内外使用最广泛的计算机辅助分析软件之一，经过 40 多年的发展，其强大的求解功能和良好的用户界面深受广大用户欢迎。ANSYS 软件是一个集结构、热工、流体、电磁和声学于一体的大型通用有限元分析软件，该软件很好地实现了前、后处理，分析求解及多场耦合分析统一数据库功能。同时，它也是世界上第一个通过 ISO9001 质量认证的分析设计类软件。ANSYS 软件广泛应用于核工业、铁道、石油化工、航空航天、机械制造、材料成形、能源交通、国防军工、电工电子、土木工程、造船、生物医学、轻工、地质、水利、日用家电等工业及科学研究等领域。ANSYS14.0 是目前最新的 ANSYS 版本。

本书共分 15 章。主要内容为有限元方法与 ANSYS 简介、单元、模型的建立、网格划分、加载、求解、后处理、线性静力学分析、非线性分析、热分析、屈曲分析、模态分析、瞬态动力学分析、谱分析、接触问题分析。

此外，本书中包含 14 个典型工程示例，包含了一般常见的工程分析问题，涉及领域广泛。每个工程示例都有详尽的 GUI 操作步骤讲解，配以大量的图片，读者能够逐步学习分析技巧，提高软件的应用能力。同时，每个示例都提供 APDL 命令流，读者可以根据需求选择软件使用方法。通过大量的示例训练，用户可快速掌握 ANSYS 软件复杂的分析步骤、方法和使用技巧。

本书既适用于初级和中高级用户使用，也可作为专业人士的工程实用参考书，还可作为大学本科及研究生的教材使用。

本书主要由沈阳工业大学的赵晶和王世杰等编著，其中第 5 章和第 6 章由王慧明编写，第 7 章和第 8 章由汤赫男编写。本书是在作者多年的 ANSYS 使用经验的基础上编写而成的，试图向读者提供一本内容丰富、讲解简练的 ANSYS 使用参考书。限于作者水平，加之时间仓促，书中必存在不当之处，恳请广大读者不吝指教。

编　者
2013 年 12 月 10 日 于沈阳工业大学

目　录

1 有限元方法与 ANSYS 简介 1
1.1 有限元方法的基本原理 1
1.1.1 有限元法的要点 1
1.1.2 有限元法的特性 2
1.1.3 有限元方法的基本求解过程 3
1.2 ANSYS 简介 4
1.2.1 ANSYS 的功能 4
1.2.2 ANSYS 14.0 的启动 5
1.2.3 ANSYS 程序结构 7
1.2.4 ANSYS 分析的基本过程 7

2 单元 9
2.1 单元插值和形函数 9
2.2 常用单元介绍 9
2.2.1 结构单元 9
2.2.2 热分析单元 18
2.2.3 梁单元 26
2.2.4 弹簧单元 28

3 模型的建立 31
3.1 ANSYS 建模概述 31
3.1.1 直接建模 31
3.1.2 实体建模 31
3.1.3 导入 CAD 模型 32
3.2 ANSYS 的坐标系 32
3.2.1 坐标系分类 32
3.2.2 全局坐标系与局部坐标系 34
3.2.3 显示坐标系 37
3.2.4 节点坐标系和单元坐标系 37
3.2.5 结果坐标系 37
3.2.6 工作平面 37
3.2.7 坐标系的激活 39
3.3 自下向上建模 40

- 3.3.1 关键点 ·· 40
- 3.3.2 线 ·· 40
- 3.3.3 面 ·· 41
- 3.3.4 体 ·· 42
- 3.4 自上向下建模 ··· 42
  - 3.4.1 自上向下建模 ·· 42
  - 3.4.2 定义体 ·· 43
- 3.5 建立有限元模型 ·· 44
  - 3.5.1 节点 ·· 44
  - 3.5.2 单元 ·· 45
- 3.6 导入 CAD 模型 ··· 47
- 3.7 参数化建模 ·· 48
  - 3.7.1 参数化建模概念 ·· 48
  - 3.7.2 使用参数 ·· 48
  - 3.7.3 APDL 中控制程序 ··· 52
- 3.8 布尔运算 ·· 53
  - 3.8.1 交运算 ·· 53
  - 3.8.2 加运算 ·· 54
  - 3.8.3 减运算 ·· 55
  - 3.8.4 分割运算 ·· 56
  - 3.8.5 搭接运算 ·· 56
  - 3.8.6 互分运算 ·· 57
  - 3.8.7 黏接运算 ·· 57

4 网格划分 ·· 58

- 4.1 有限元网格概论 ·· 58
- 4.2 设定单元属性 ··· 58
  - 4.2.1 定义单元属性 ··· 58
  - 4.2.2 分配单元属性 ··· 59
- 4.3 网格划分控制 ··· 61
  - 4.3.1 ANSYS 网格划分工具 ·· 61
  - 4.3.2 映射网格划分中单元的默认尺寸 ··· 63
  - 4.3.3 局部网格划分控制 ·· 64
  - 4.3.4 内部网格划分控制 ·· 64
  - 4.3.5 生成过渡棱锥单元 ·· 66
  - 4.3.6 将退化的四面体单元转化为非退化的形式 ······································· 66
  - 4.3.7 执行层网格划分 ··· 67
- 4.4 自由网格划分和映射网格划分控制 ·· 67
  - 4.4.1 自由网格划分 ··· 67
  - 4.4.2 映射网格划分 ··· 68
- 4.5 实体模型有限元网格划分控制 ·· 71

  4.5.1 用 xMESH 命令生成网格 …………………………………………………… 72
  4.5.2 生成带方向节点的梁单元网格 ………………………………………………… 72
  4.5.3 在分界线或者分界面处生成单位厚度的界面单元 …………………………… 74
 4.6 延伸和扫略生成有限元模型 …………………………………………………………… 74
  4.6.1 延伸生成网格 …………………………………………………………………… 75
  4.6.2 扫略生成网格 …………………………………………………………………… 76
 4.7 修正有限元模型 ………………………………………………………………………… 78
  4.7.1 局部细化网格 …………………………………………………………………… 78
  4.7.2 移动和复制节点和单元 ………………………………………………………… 81
  4.7.3 控制面、线和单元的法向 ……………………………………………………… 81
  4.7.4 修改单元属性 …………………………………………………………………… 82
 4.8 编号控制 ………………………………………………………………………………… 82
  4.8.1 合并重复项 ……………………………………………………………………… 83
  4.8.2 编号压缩 ………………………………………………………………………… 83
  4.8.3 设定起始编号 …………………………………………………………………… 84

5 加载 ……………………………………………………………………………………… 85
 5.1 载荷的概念 ……………………………………………………………………………… 85
 5.2 载荷步、子步和平衡迭代 ……………………………………………………………… 85
  5.2.1 载荷步 …………………………………………………………………………… 85
  5.2.2 子步 ……………………………………………………………………………… 85
  5.2.3 平衡迭代 ………………………………………………………………………… 86
 5.3 跟踪中时间的作用 ……………………………………………………………………… 86
 5.4 阶跃与斜坡载荷 ………………………………………………………………………… 86
 5.5 定义载荷 ………………………………………………………………………………… 87
  5.5.1 自由度约束 ……………………………………………………………………… 87
  5.5.2 对称与反对称约束 ……………………………………………………………… 87
  5.5.3 施加力载荷 ……………………………………………………………………… 89
  5.5.4 施加表面载荷 …………………………………………………………………… 90
  5.5.5 施加体积载荷 …………………………………………………………………… 91
  5.5.6 施加惯性载荷 …………………………………………………………………… 92
  5.5.7 施加轴对称载荷和反作用力 …………………………………………………… 94
  5.5.8 施加表格形式载荷 ……………………………………………………………… 94
  5.5.9 施加函数形式载荷 ……………………………………………………………… 95
 5.6 设置载荷步选项 ………………………………………………………………………… 96
  5.6.1 通用选项 ………………………………………………………………………… 96
  5.6.2 动力学分析选项 ………………………………………………………………… 99
  5.6.3 非线性选项 ……………………………………………………………………… 99
  5.6.4 输出控制 ………………………………………………………………………… 99
 5.7 创建多载荷步文件 ……………………………………………………………………… 100

6 求解 ... 101

6.1 选择求解器 ... 101
6.2 求解器的类型 ... 101
6.2.1 稀疏矩阵直接解法求解器 ... 101
6.2.2 预条件共轭梯度法求解器 ... 102
6.2.3 雅可比共轭梯度法求解器 ... 102
6.2.4 不完全乔里斯基共轭梯度法求解器 ... 102
6.2.5 二次最小残差求解器 ... 102
6.3 在某些类型结构分析使用特殊求解控制 ... 103
6.3.1 使用简化求解菜单 ... 103
6.3.2 使用"求解控制"对话框 ... 103
6.4 获得解答 ... 104
6.5 求解多载荷步 ... 105
6.5.1 使用多步求解法 ... 105
6.5.2 使用载荷步文件法 ... 105

7 后处理 ... 106

7.1 后处理功能概述 ... 106
7.1.1 ANSYS 后处理类型 ... 106
7.1.2 结果文件 ... 106
7.1.3 后处理可用的数据类型 ... 106
7.2 通用后处理器 ... 107
7.2.1 数据文件选项 ... 107
7.2.2 查看结果汇总 ... 107
7.2.3 读入结果 ... 107
7.2.4 图形显示结果 ... 109
7.2.5 列表显示结果 ... 110
7.2.6 查询结果 ... 112
7.2.7 输出选项 ... 113
7.2.8 单元表 ... 114
7.2.9 路径查看 ... 118

8 线性静力学分析 ... 120

8.1 线性静力学分析概述 ... 120
8.1.1 线性结构力学知识基础 ... 120
8.1.2 有限元模型属性 ... 122
8.2 线性静力学分析过程 ... 124
8.3 非均匀截面梁受扭矩分析示例 ... 124
8.3.1 问题描述与分析 ... 124
8.3.2 前处理 ... 125

        8.3.3 加载与求解 …………………………………………………………………… 127
        8.3.4 后处理 ………………………………………………………………………… 128
        8.3.5 命令流 ………………………………………………………………………… 130

9 非线性分析 ……………………………………………………………………………… 131

9.1 非线性分析概述 …………………………………………………………………… 131
   9.1.1 几何非线性 …………………………………………………………………… 131
   9.1.2 材料非线性 …………………………………………………………………… 132

9.2 静态非线性分析基本过程 ………………………………………………………… 134
   9.2.1 前处理 ………………………………………………………………………… 134
   9.2.2 加载与求解 …………………………………………………………………… 138
   9.2.3 后处理 ………………………………………………………………………… 139

9.3 桁架大变形分析示例 ……………………………………………………………… 140
   9.3.1 问题描述与分析 ……………………………………………………………… 140
   9.3.2 前处理 ………………………………………………………………………… 141
   9.3.3 加载与求解 …………………………………………………………………… 144
   9.3.4 后处理 ………………………………………………………………………… 145
   9.3.5 命令流 ………………………………………………………………………… 147

9.4 多线性各向同性强化材料应力-应变分析示例 …………………………………… 149
   9.4.1 问题描述与分析 ……………………………………………………………… 149
   9.4.2 前处理 ………………………………………………………………………… 149
   9.4.3 加载与求解 …………………………………………………………………… 152
   9.4.4 后处理 ………………………………………………………………………… 153
   9.4.5 命令流 ………………………………………………………………………… 154

10 热分析 …………………………………………………………………………………… 156

10.1 热分析概述 ………………………………………………………………………… 156
   10.1.1 热分析概述 ………………………………………………………………… 156
   10.1.2 热分析基本原理 …………………………………………………………… 156

10.2 热分析的基本步骤 ………………………………………………………………… 158
   10.2.1 稳态热分析 ………………………………………………………………… 158
   10.2.2 瞬态热分析 ………………………………………………………………… 162

10.3 稳态热分析示例——换热管的热分析 …………………………………………… 165
   10.3.1 问题描述 …………………………………………………………………… 165
   10.3.2 前处理 ……………………………………………………………………… 165

10.4 钢球淬火过程温度分析示例 ……………………………………………………… 172
   10.4.1 定义工作文件名及文件标题 ……………………………………………… 172
   10.4.2 定义单元类型及材料属性 ………………………………………………… 172
   10.4.3 生成有限元模型 …………………………………………………………… 173
   10.4.4 施加载荷和求解 …………………………………………………………… 173
   10.4.5 后处理 ……………………………………………………………………… 175

10.5 换热管的热应力分析示例 …… 178
  10.5.1 恢复数据库文件 …… 178
  10.5.2 改变工作标题和分析类型 …… 178
  10.5.3 设置材料属性 …… 178
  10.5.4 施加结构分析载荷及求解 …… 179
  10.5.5 后处理 …… 181

11 屈曲分析 …… 183

11.1 屈曲分析概述 …… 183
11.2 线性屈曲分析步骤 …… 184
  11.2.1 前处理 …… 184
  11.2.2 求取静态解 …… 184
  11.2.3 求取屈曲解 …… 184
  11.2.4 后处理 …… 185
11.3 非线性屈曲分析步骤 …… 185
  11.3.1 前处理 …… 185
  11.3.2 加载与求解 …… 185
  11.3.3 后处理 …… 186
11.4 中间铰支增强稳定性线性分析 …… 186
  11.4.1 问题描述与分析 …… 186
  11.4.2 前处理 …… 186
  11.4.3 求取静态解 …… 188
  11.4.4 求取屈曲解 …… 191
  11.4.5 后处理 …… 191
  11.4.6 命令流 …… 192
11.5 中间铰支增强稳定性非线性分析 …… 193
  11.5.1 问题描述与分析 …… 193
  11.5.2 前处理 …… 193
  11.5.3 加载与求解 …… 193
  11.5.4 后处理 …… 195

12 模态分析 …… 200

12.1 模态分析概述 …… 200
12.2 模态分析过程 …… 200
  12.2.1 前处理 …… 200
  12.2.2 加载与求解 …… 201
  12.2.3 后处理 …… 204
  12.2.4 施加预应力效应 …… 206
12.3 带集中质量结构扭振分析 …… 206
  12.3.1 问题描述 …… 206
  12.3.2 前处理 …… 206

- 12.3.3 加载与求解 209
- 12.3.4 后处理 210
- 12.3.5 命令流 210
- 12.4 音叉固有频率分析 212
  - 12.4.1 问题描述与分析 212
  - 12.4.2 前处理 212
  - 12.4.3 加载与求解 214
  - 12.4.4 后处理 215
  - 12.4.5 命令流 216

13 瞬态动力学分析 218

- 13.1 瞬态动力学分析概述 218
  - 13.1.1 完全法(Full Method) 218
  - 13.1.2 模态叠加法(Mode Superposition Method) 218
  - 13.1.3 减缩法(Reduced Method) 219
- 13.2 瞬态动力学分析的基本步骤 219
  - 13.2.1 前处理 219
  - 13.2.2 建立初始条件 219
  - 13.2.3 设定求解控制器 220
  - 13.2.4 设定其他求解选项 222
  - 13.2.5 施加载荷 222
  - 13.2.6 设定多载荷步 224
  - 13.2.7 瞬态求解 224
  - 13.2.8 后处理 224
- 13.3 有阻尼自由振动分析示例 226
  - 13.3.1 问题描述 226
  - 13.3.2 前处理 226
  - 13.3.3 求解 229
  - 13.3.4 后处理 231
  - 13.3.5 命令流 235

14 谱分析 237

- 14.1 谱分析概述 237
  - 14.1.1 响应谱 237
  - 14.1.2 动力设计分析方法(DDAM) 237
  - 14.1.3 功率谱密度(PSD) 237
- 14.2 谱分析的基本步骤 238
  - 14.2.1 前处理 238
  - 14.2.2 模态分析 238
  - 14.2.3 谱分析 238
  - 14.2.4 扩展模态 240

14.2.5　合并模态 …………………………………………………… 241
　　14.2.6　后处理 …………………………………………………… 242
14.3　支撑平板的动力效果分析示例 ……………………………………… 243
　　14.3.1　问题描述 …………………………………………………… 243
　　14.3.2　前处理 ……………………………………………………… 244
　　14.3.3　模态分析 …………………………………………………… 249
　　14.3.4　谱分析 ……………………………………………………… 252
　　14.3.5　POST1 后处理 ……………………………………………… 255
　　14.3.6　谐响应分析 ………………………………………………… 257
　　14.3.7　POST26 后处理 …………………………………………… 259
　　14.3.8　命令流 ……………………………………………………… 261

15　接触问题分析 ……………………………………………………… 264

15.1　接触问题概论 ………………………………………………………… 264
　　15.1.1　接触问题分类 ……………………………………………… 264
　　15.1.2　接触单元 …………………………………………………… 264
15.2　接触分析的基本设置 ………………………………………………… 265
　　15.2.1　建立模型并划分网格 ……………………………………… 265
　　15.2.2　识别接触对 ………………………………………………… 265
　　15.2.3　定义刚性目标面 …………………………………………… 266
　　15.2.4　定义柔性接触面 …………………………………………… 267
　　15.2.5　设置实常数和单元关键点 ………………………………… 269
　　15.2.6　控制刚性目标面的运动 …………………………………… 269
　　15.2.7　定义求解选项和载荷步 …………………………………… 270
15.3　接触问题实例 ………………………………………………………… 271
　　15.3.1　分析问题 …………………………………………………… 271
　　15.3.2　模型建立 …………………………………………………… 271
　　15.3.3　划分网格 …………………………………………………… 275
　　15.3.4　接触对建立 ………………………………………………… 275
　　15.3.5　施加载荷并求解 …………………………………………… 278
　　15.3.6　后处理 ……………………………………………………… 279
　　15.3.7　命令流方式 ………………………………………………… 280

参考文献 ……………………………………………………………………… 284

1 有限元方法与 ANSYS 简介

1.1 有限元方法的基本原理

有限单元法(或称有限元法)是当今工程分析中获得最广泛应用的数值计算方法。由于它的通用性和有效性很好,受到工程技术界的高度重视。伴随着计算机科学和技术的快速发展,现已成为计算机辅助设计(CAD)及辅助制造(CAM)的重要组成部分。

有限元法的基本思想是将一个连续变化的求解区域进行离散化,即把求解区域分割成彼此以节点互相联系的有限个单元,在单元内假设近似解的插值多项式,用有限个节点上的未知参数来表示单元特征,然后使用适当的方法,将各个单元的关系组合成含有这些未知数的方程组。求解方程组,即可得到各节点处的未知参数、并利用插值函数求出近似解。

1.1.1 有限元法的要点

在工程或物理问题的数学模型(基本变量、基本方程、求解域和边界条件等)确定以后,有限元法作为对其进行分析的数值计算方法的要点可归纳为:

(1)将一个表示结构或连续体的求解域离散为若干个子域(单元),并通过它们边界上的结点相互联结成为组合体。图 1-1 表示将一个二维多连通求解域离散为若干个单元的组合体。图 1-1(a)和(b)分别表示采用四边形和三角形单元离散的图形。各个单元通过它们的角结点相互联结。

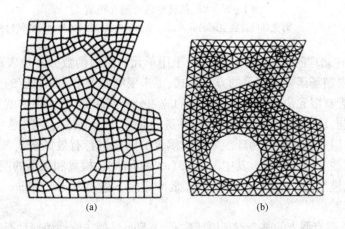

图 1-1 二维多连通域的有限元离散
(a)四边形单元;(b)三角形单元

(2)用每个单元内所假设的近似函数来分片地表示全求解域内待求的未知场变量。而每个单元内的近似函数由未知场函数(或其导数)在单元各个结点上的数值和与其对应的插值函数来表达(此表达式通常表示为矩阵形式)。由于在联结相邻单元的结点上,场函数应具有相同的数值,因而将它们用作数值求解的基本未知量。这样一来,求解原来待求场函数的无穷多自由度问题转换为求解场函数结点值的有限自由度问题。

(3)通过和原问题数学模型(基本方程、边界条件)等效的变分原理或加权余量法,建立求解基本未知量(场函数的结点值)的代数方程组或常微分方程组。此方程组称为有限元求解方程,并表示成规范化的矩阵形式。接着用数值方法求解此方程,从而得到问题的解答。

1.1.2 有限元法的特性

从有限元法的上述要点可以理解它所固有的特性:

(1)对于复杂几何构形的适应性。由于单元在空间可以是一维、二维或三维的,而且每一种单元可以有不同的形状,例如三维单元可以是四面体、五面体或六面体,同时各种单元之间可以采用不同的联结方式,例如两个面之间可以是场函数保持连续,也可以是场函数的导数保持连续,还可以仅是场函数的法向分量保持连续。这样一来,工程实际中遇到的非常复杂的结构或构造都可能离散为由单元组合体表示的有限元模型。图1-2是一水轮机转轮的有限元模型。转轮由上冠、下环和13个叶片组成,分别用三维块体单元和壳体单元离散。叶片之间的水用三维流体单元离散。

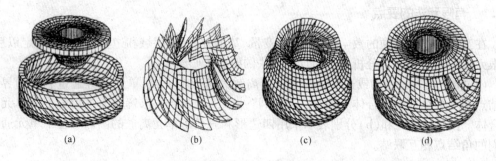

图1-2 水轮机转轮的有限元模型
(a)上冠和下环的网格图;(b)全部叶片在空间的分布;(c)全部流体网格图;(d)水轮机转轮网格图(俯视图)

(2)对于各种物理问题的可应用性。由于用单元内近似函数分片地表示全求解域的未知场函数,并未限制场函数所满足的方程形式,也未限制各个单元所对应的方程必须是相同的形式,所以尽管有限元法开始是对线弹性的应力分析问题提出的,很快就发展到弹塑性问题、黏弹塑性问题、动力问题、屈曲问题等,并进一步应用于流体力学问题、热传导问题等。而且可以利用有限元法对不同物理现象相互耦合的问题进行有效的分析。图1-3表示金属板料成形过程的有限元模拟。其中图1-3(a)表示冲头、模具和板料的图形;图1-3(b)是它们的有限元模型;图1-3(c)、(d)、(e)是冲头向下移动20mm、30mm、40mm时板料有限元模型的变形图。

图1-4是一载有假人的整个汽车以速度$v=1.56$m/s撞击刚性墙壁动态响应过程的有限元模拟。图1-4(a)是整车和假人的有限元模型。它由16000个壳体单元、刚体、弹簧、阻尼器以及特殊联结件组成。图1-4(b)和(c)分别是$t=40$ms和70ms时汽车和假人的变形图。

(3)建立于严格理论基础上的可靠性。因为用于建立有限元方程的变分原理或加权余量法在数学上已证明是微分方程和边界条件的等效积分形式。只要原问题的数学模型是正

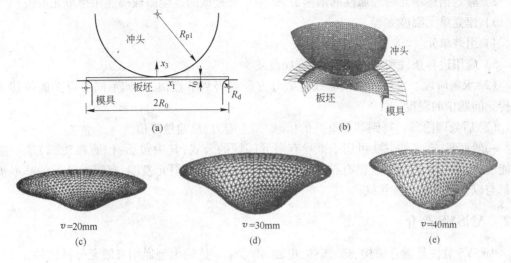

图 1-3 金属板料成形过程的有限元模拟

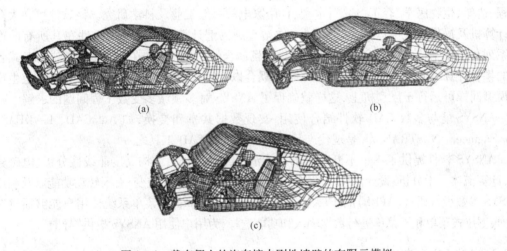

图 1-4 载有假人的汽车撞击刚性墙壁的有限元模拟

确的,同时用来求解有限元方程的算法是稳定、可靠的,则随着单元数目的增加,即单元尺寸的缩小,或者随着单元自由度数目的增加及插值函数阶次的提高,有限元解的近似程度将不断地被改进。如果单元是满足收敛准则的,则近似解最后收敛于原数学模型的精确解。

(4)适合计算机实现的高效性。由于有限元分析的各个步骤可以表达成规范化的矩阵形式,最后导致求解方程可以统一为标准的矩阵代数问题,特别适合计算机的编程和执行。随着计算机软硬件技术的高速发展,以及新的数值计算方法的不断出现,大型复杂问题的有限元分析已成为工程技术领域的常规工作。

1.1.3 有限元方法的基本求解过程

有限元分析由以下基本步骤组成。

(1)前处理阶段:

1)建立求解域,并将之离散化成有限个单元,即将问题分解成节点和单元。

2）假定描述单元物理属性的形函数，即用一个近似的连续函数描述每个单元的解。

3）建立单元刚度方程。

4）组装单元，构造总刚度矩阵。

5）应用边界条件和初值条件，并施加荷载。

（2）求解阶段。求解线性或非线性微分方程组得到节点值，例如不同节点上的位移或热传导问题中的温度。

（3）后处理阶段。得到其他重要的信息，如主应力、热通量等值。

一般而言，有多种方法可用于推导有限元问题的公式，其中包括：1）直接法；2）最小总势能法；3）加权余数法。这里有必要指出，无论怎样建立有限元模型，有限元分析的基本步骤都与以上列举的步骤相同。

1.2 ANSYS 简介

ANSYS 软件是融合结构、热、流体、电磁、声学于一体的大型通用有限元分析软件，可广泛用于核工业、铁道、石油化工、航空航天、机械制造、能源、汽车交通、国防军工、电子、土木工程、造船、生物医学、轻工、地矿、水利、日用家电等一般工业及科学研究。该软件可在大多数计算机及操作系统中运行，从 PC 到工作站直到巨型计算机，ANSYS 文件在其所有的产品系列和工作平台上均兼容。ANSYS 多物理场耦合的功能，允许在同一模型上进行各式各样的耦合计算，如：热－结构耦合、磁－结构耦合以及电－磁－流体－热耦合，在 PC 上生成的模型同样可运行于巨型机上，这样就确保了 ANSYS 对多领域多变数工程问题的求解。

ANSYS 能与多数 CAD 软件结合使用，实现数据共享和交换，如 AutoCAD、I－DEAS、Pro/Engineer、NASTRAN 等，是现代产品设计中的高级 CAD 工具之一。

ANSYS 软件提供了一个不断改进的功能清单，具体包括：结构高度非线性分析、电磁分析、计算流体力学分析、设计优化、接触分析、自适应网格划分、大应变/有限转动功能以及利用 ANSYS 参数设计语言（APDL）的扩展宏命令功能。基于 Motif 的菜单系统使用户能够通过对话框、下拉式菜单和子菜单进行数据输入和功能选择，为用户使用 ANSYS 提供"导航"。

1.2.1 ANSYS 的功能

ANSYS 的功能包括：

（1）结构分析：

1）静力分析——用于静态载荷。可以考虑结构的线性及非线性行为，例如：大变形、大应变、应力刚化、接触、塑性、超弹性及蠕变等。

2）模态分析——计算线性结构的自振频率及振形，谱分析是模态分析的扩展，用于计算由随机振动引起的结构应力和应变（也叫做响应谱或 PSD）。

3）谐响应分析——确定线性结构对随时间按正弦曲线变化的载荷的响应。

4）瞬态动力学分析——确定结构对随时间任意变化的载荷的响应。可以考虑与静力分析相同的结构非线性行为。

5）特征屈曲分析——用于计算线性屈曲载荷并确定屈曲模态形状（结合瞬态动力学分析可以实现非线性屈曲分析）。

6）专项分析——断裂分析、复合材料分析、疲劳分析。

专项分析用于模拟非常大的变形,惯性力占支配地位,并考虑所有的非线性行为。它的显式方程求解冲击、碰撞、快速成型等问题,是目前求解这类问题最有效的方法。

(2)热分析。热分析一般不是单独的,其后往往进行结构分析,计算由于热膨胀或收缩不均匀引起的应力。热分析包括以下类型:

1)相变(熔化及凝固)——金属合金在温度变化时的相变,如铁碳合金中马氏体与奥氏体的转变。

2)内热源(例如电阻发热等)——存在热源问题,如加热炉中对试件进行加热。

3)热传导——热传递的一种方式,当相接触的两物体存在温度差时发生。

4)热对流——热传递的一种方式,当存在流体、气体和温度差时发生。

5)热辐射——热传递的一种方式,只要存在温度差时就会发生,可以在真空中进行。

(3)电磁分析。电磁分析中考虑的物理量是磁通量密度、磁场密度、磁力、磁力矩、阻抗、电感、涡流、耗能及磁通量泄漏等。磁场可由电流、永磁体、外加磁场等产生。磁场分析包括以下类型:

1)静磁场分析——计算直流电(DC)或永磁体产生的磁场。

2)交变磁场分析——计算由于交流电(AC)产生的磁场。

3)瞬态磁场分析——计算随时间随机变化的电流或外界引起的磁场。

4)电场分析——用于计算电阻或电容系统的电场。典型的物理量有电流密度、电荷密度、电场及电阻热等。

5)高频电磁场分析——用于微波及 RF 无源组件,波导、雷达系统、同轴连接器等。

(4)流体分析。流体分析主要用于确定流体的流动及热行为。流体分析包括以下类型:

1)CFD(Coupling Fluid Dynamic 耦合流体动力)——ANSYS/FLUENT 提供强大的计算流体动力学分析功能,包括不可压缩或可压缩流体、层流及湍流以及多组分流等。

2)声学分析——考虑流体介质与周围固体的相互作用,进行声波传递或水下结构的动力学分析等。

3)容器内流体分析——考虑容器内的非流动流体的影响,可以确定由于晃动引起的静力压力。

4)流体动力学耦合分析——在考虑流体约束质量的动力响应基础上,在结构动力学分析中使用流体耦合单元。

(5)耦合场分析。耦合场分析主要考虑两个或多个物理场之间的相互作用。如果两个物理场之间相互影响,单独求解一个物理场是不可能得到正确结果的,因此需要一个能够将两个物理场组合到一起求解的分析软件。例如:在压电力分析中,需要同时求解电压分布(电场分析)和应变(结构分析)。

1.2.2 ANSYS 14.0 的启动

用交互式方式启动 ANSYS:选择"开始">"程序">"ANSYS 14.0">"Mechanical AP-DL(ANSYS)"即可启动。界面如图 1-5 所示,或者选择"开始">"程序">"ANSYS 14.0">"ANSYS Product Launcher"进入运行环境设置,如图 1-6 所示,设置完成之后单击"Run"

按钮,也可以启动 ANSYS14.0。

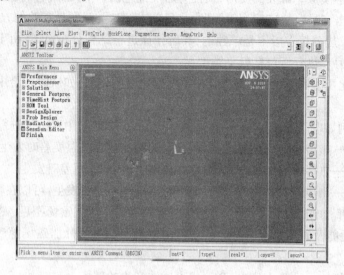

图 1-5 启动 ANSYS 用户界面

ANSYS 14.0 运行环境配置主要是在启动界面设置以下选项(如图 1-6 所示):

(1)选择 ANSYS 产品。ANSYS 软件是融合结构、热、流体、电磁、声学于一体的大型通用有限元软件,需要针对不同的分析项目选择不同的 ANSYS 产品。

(2)选择 ANSYS 的工作目录。ANSYS 所有生成的文件都将写在此目录下。默认为上次定义的目录。

(3)选择图形设备名称。一般默认为 Win32 选项,如果配置了 3D 显卡则选择 3D,如图 1-6(b)所示。

(4)设定初始工作文件名。默认为上次运行定义的工作文件名,第一次运行默认为 file。

(5)设定 ANSYS 工作空间及数据库大小。一般选择默认值即可,如图 1-6(b)所示。

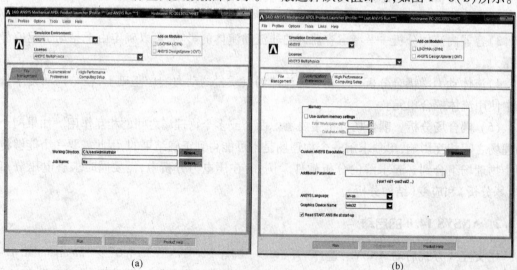

图 1-6 ANSYS 运行环境设计

1.2.3 ANSYS 程序结构

ANSYS 系统把各个分析过程分为一些模块进行操作,一个问题的分析主要可以经过这些模块的分步操作实现,各个模块组成了程序的结构。

1.2.3.1 处理器

(1)前处理器。
(2)求解器。
(3)通用后处理器。
(4)时间历程后处理器。
(5)拓扑优化。
(6)优化设计等。

以上6个模块基本是按照操作顺序排列的,在分析一个问题时,大致是按照以上模块从上到下的顺序操作的。

1.2.3.2 文件格式

ANSYS 中涉及的主要文件类型及格式如表1-1所示。

表1-1 文件的类型及格式

文件的类型	文件的名称	文件的格式
日志文件	Jobname.LOG	文本
错误文件	Jobname.ERR	文本
输出文件	Jobname.OUT	文本
数据文件	Jobname.DB	二进制
结果文件	Jobname.XXX	
结构或其耦合	Jobname.RST	
热	Jobname.RTH	二进制
磁场	Jobname.RMG	
流体	Jobname.RFL	
载荷步文件	Jobname.Sn	文本
图形文件	Jobname.GRPH	文本(特殊格式)
单元矩阵文件	Jobname.EMAT	二进制

1.2.3.3 输入方式

(1)交互方式运行 ANSYS。交互方式运行 ANSYS,可以通过菜单和对话框来运行 ANSYS 程序,在该方式下,可以很容易地运行 ANSYS 的图形功能、在线帮助和其他工具。也可以根据喜好来改变交互方式的布局。ANSYS 图形交互界面的构成有:应用菜单、工具条、图形窗口、输出窗口、输入窗口和主菜单。

(2)命令方式运行 ANSYS。命令方式运行 ANSYS 是在命令的输入窗口输入命令来运行 ANSYS 程序,该方式比交互方式运行要方便和快捷,但对操作人员的要求较高。

1.2.4 ANSYS 分析的基本过程

ANSYS 分析过程包含3个主要的步骤:前处理、加载并求解、后处理。

1.2.4.1 前处理

前处理是指创建实体模型以及有限元模型。它包括创建实体模型,定义单元属性,划分有限元网格,修正模型等几项内容。大部分的有限元模型都是用实体模型建模,类似于CAD,ANSYS以数学的方式表达结构的几何形状,然后在里面划分节点和单元。还可以在几何模型边界上方便地施加载荷,但是实体模型并不参与有限元分析,所以施加在几何实体边界上的载荷或约束必须最终传递到有限元模型上(单元或节点)进行求解,这个过程通常是ANSYS程序自动完成的。可以通过4种途径创建ANSYS模型:

(1)在ANSYS环境中创建实体模型,然后划分有限元网格。

(2)在其他软件(比如CAD)中创建实体模型,然后读入到ANSYS环境,经过修正后划分有限元网格。

(3)在ANSYS环境中直接创建节点和单元。

(4)在其他软件中创建有限元模型,然后将节点和单元数据读入ANSYS。

单元属性是指划分网格以前必须指定的所分析对象的特征,这些特征包括:材料属性、单元类型、实常数等。需要强调的是,除了磁场分析以外不需要告诉ANSYS使用的是什么单位制,只需要自己决定使用何种单位制,然后确保所有输入值的单位制统一,单位制影响输入的实体模型尺寸、材料属性、实常数及载荷等。

1.2.4.2 加载并求解

加载包括以下内容:

(1)自由度DOF:定义节点的自由度(DOF)值(例如结构分析的位移、热分析的温度、电磁分析的磁势等)。

(2)面载荷(包括线载荷):作用在表面的分布载荷(例如结构分析的压力、热分析的热对流、电磁分析的麦克斯韦尔表面等)。

(3)体积载荷:作用在体积上或场域内(例如热分析的体积膨胀和内生成热、电磁分析的磁流密度等)。

(4)惯性载荷:结构质量或惯性引起的载荷(例如重力、加速度等)。

在求解之前应进行分析数据检查,包括以下内容:

(1)单元类型和选项、材料性质参数、实常数以及统一的单位制。

(2)单元实常数和材料类型的设置、实体模型的质量特性。

(3)确保模型中没有不应存在的缝隙(特别是从CAD中输入的模型)。

(4)壳单元的法向、节点坐标系。

(5)集中载荷和体积载荷、面载荷的方向。

(6)温度场的分布和范围、热膨胀分析的参考温度。

1.2.4.3 后处理

后处理包括:

(1)通用后处理(POST1):用来观看整个模型在某一时刻的结果。

(2)时间历程后处理(POST26):用来观看模型在不同时间段或载荷步上的结果,常用于处理瞬态分析和动力分析的结果。

2 单 元

2.1 单元插值和形函数

插值就是构造一个在有限点能满足规定条件的连续函数。在有限元分析中,这些点是一个单元的节点,规定条件是一个场量的节点值(也可能是它的导数)。节点值很少是精确的,即使它们是足够精确的,插值法在其他位置给出的通常也会是近似值。在有限元分析中,插值函数几乎总是一个能自动提供单值连续场的多项式。

对于一维问题,根据广义自由度 a_i、一个含有因变量 ϕ 和自变量 x 的插值多项式可以写成下列形式:

$$\phi = [X]\{a\} \tag{2-1}$$

式中,$[X] = [1, x, x^2, \cdots, x^n]$;$\{a\} = (a_1, a_2, \cdots, a_n)$。

线性插值时 $n=1$,二次插值时 $n=2$,依次类推。a_i 可以根据在已知的 x 值处 ϕ 的节点值来表示。节点值 $[\Phi_e]$ 和 a_i 之间的关系可以用符号表示为

$$[\Phi_e] = [A]\{a\} \tag{2-2}$$

式中,$[A]$ 的每一行都是 $[X]$ 在相应的节点位置的计算值。

由式(2-1)和式(2-2),可得

$$\phi = [N]\{\Phi_e\} \tag{2-3}$$

式中,$[N] = [X][A]^{-1} = [N_1, N_2, \cdots, N_n]$。

式中,矩阵 $[N]$ 中的每一个 N_i 被称为单元形函数。在有限元计算中,形函数矩阵把单元节点值同单元场函数联系起来。根据插值函数的阶数,可以把 ANSYS 中的结构单元分为低阶单元(单元采用一次插值)和高阶单元(单元采用二次或更高阶次插值)。对于二维和三维单元,将需要两个或三个空间自变量,但计算的原理和一维单元是一样的。

2.2 常用单元介绍

2.2.1 结构单元

2.2.1.1 MASS21

MASS21 是一个具有 6 个自由度的单节点质量单元,即 X、Y 和 Z 方向的平动和绕 X、Y 和 Z 轴的转动。每个方向可以具有不同的质量和转动惯量。图 2-1 所示为 MASS21 单元几何图。MASS21 单元在静态解中无任何效应,除非具有加速度、旋转载荷或惯性解除,该单元支持大变形、单元生死和线性摄动分析功能。

图 2-2 所示为"MASS21 element type options(单元关键字设置)"对话框。MASS21 单元

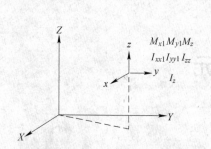 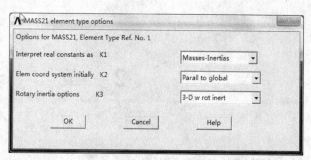

图2-1　MASS21单元几何图　　　　图2-2　"MASS21单元关键字设置"对话框

包括K1,K2和K3关键字。下面做详细讲解。

(1)K1关键字。MASS21单元K1关键字用来定义单元实常数的种类。它包括两种定义实常数方式:质量-转动惯量(Masses-Inertias)和体积-密度(Volumes-Density),其中质量-转动惯量方式为ANSYS默认选项。如果用户设置定义实常数为体积-密度,则必须在材料模型中定义其密度。

(2)K2关键字。MASS21单元K2关键字用来定义单元初始坐标系。它包括两种单元初始坐标系:平行于总体坐标系(Parall to global)和平行于节点坐标系(Parall to nodal sys),其中平行于总体坐标系为ANSYS默认选项。

(3)K3关键字。MASS21单元K3关键字用来设置单元的转动惯量。它包括4种转动惯量:考虑转动惯量的三维质量单元(3-D w rot inert),不考虑转动惯量的三维质量单元(3-D w/o rot inert),考虑转动惯量的二维质量单元(2-D w rot inert)和不考虑转动惯量的二维质量单元(2-D w/o rot inert)。

2.2.1.2　LINK11

LINK11用于模拟液压缸和其他经历大变形应用的结构杆单元。如图2-3所示,LINK11单元由两个节点组成,每个节点具有X、Y和Z方向的平动自由度。该单元支持应力刚化、大变形和单元生死分析,但不能考虑弯曲和扭动载荷且没有单元关键字。该单元具有单元阻尼功能,即可以在材料模型中定义DAMP。单元的初始长度L_0和方向是从节点位置定义的。

LINK11可以输入3个实常数。图2-4所示为"Real Constant Set Number 1, for LINK11

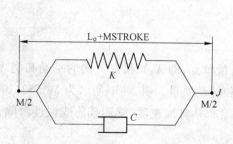 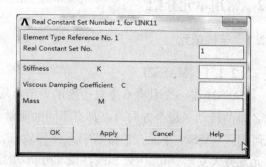

图2-3　LINK11单元几何图　　　　图2-4　"LINK11单元实常数输入"对话框

(LINK11 单元实常数输入)"对话框。在该对话框中包括 3 个实常数:刚度(K),单位为 N/m;黏性阻尼系数(C),单位为 N·m/t;质量(M),单位为 N·m/t^2。从图 2-4 可知,质量在 LINK 11 单元的两个节点平均分布,因此该单元只能使用集中质量矩阵。

2.2.1.3 LINK180

LINK180 是三维有限应变杆单元,在工程中有着广泛的应用,可以用来模拟桁架、缆索、连杆和弹簧等。如图 2-5 所示,LINK180 单元由两个节点组成,每个节点具有沿着节点坐标系的平动自由度。该单元为一阶插值单元,因此在杆上具有相同的应变和应力。如同铰结构一样,该单元不能承受弯矩,但支持弹塑性、黏弹性、黏塑性、蠕变、应力刚化、大变形、大应变、单元生死、线性摄动和非线性稳定性功能。

如图 2-5 所示,LINK180 单元坐标系只有 x 轴,在一个单元长度上 X 轴的方向由单元 I 节点指向 J 节点。温度可以作为单元在节点处的体载荷输入。节点 I 处的温度 $T(I)$ 默认值为 TUNIF,节点 J 处的默认温度值为 $T(I)$。LINK180 单元允许把截面积定义为轴向伸长率的函数。默认状态下,单元的截面积改变而体积保持不变,即使变形后也是如此。默认值适合于弹塑性分析。通过设置实常数来实现仅考虑压缩或拉伸,也可以两者都考虑。

图 2-6 所示为"LINK180 element type options(LINK180 单元关键字设置)"对话框。LINK180 单元只有 K2 一个单元关键字。LINK180 单元 K2 关键字用来定义单元横截面比例。它包括两种定义方式:默认选项为执行不可压缩性,轴向拉伸功能通过截面积依比例决定(Func of stretch);假定截面为刚性(Rigid(classic))。

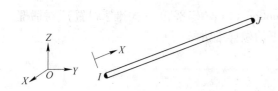
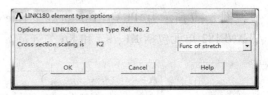

图 2-5　LINK180 单元几何图　　　　图 2-6　"LINK180 单元关键字设置"对话框

图 2-7 所示为"Real Constant Set Number 1,for LINK180(LINK180 单元实常数输入)"对话框。该对话框中包括两个控制输入选项:在 AREA 中输入横截面积和在 ADDMAS 中输入附加质量,单位为 kg/m。ANSYS 14.0 中 GUI 暂不支持定义 LINK180 压缩和拉伸功能。只有通过命令流定义,其定义方式有"R,1,AREA,ADDMAS,TENSKEY"。上述命令中"1"表示实常数号,"TENSKEY"是用来定义 LINK180 单元的压缩和拉伸功能。当"TENSKEY =0"时,表示同时考虑拉伸和压缩(默认选项);当"TENSKEY =1"时,表示仅考虑拉伸;当"TENSKEY = -1"时,表示仅考虑压缩。

2.2.1.4 PLANE182

PLANE182 用于二维实体结构建模。PLANE182 单元既可作为平面单元,也可作为轴对称单元。PLANE182 单元位移插值为一阶函数,因此单元具有常应变特性。图 2-8 所示为 PLANE182 单元几何图,该单元有 4 个节点,每个节点有 2 个自由度,分别为节点 X 和 Y 方向的平移。PLANE182 单元支持塑性、超弹性、黏弹性、黏塑性、弹性、应力刚化、大变形、大应变、初始应力、非线性稳定性、人工重画网格、自动选择单元和单元生死功能。

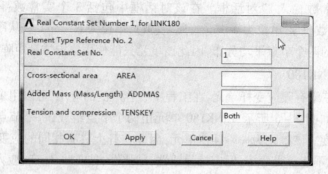

图 2-7 "LINK180 单元实常数输入"对话框

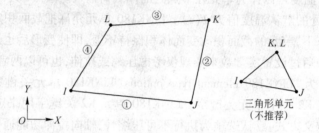

图 2-8 PLANE182 单元几何图

图 2-9 所示为"PLANE182 element type options（PLANE182 单元关键字设置）"对话框。PLANE182 单元包括 K1、K3 和 K6 关键字。下面做详细讲解。

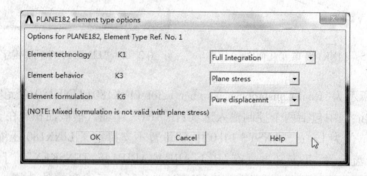

图 2-9 "PLANE182 单元关键字设置"对话框

(1) K1 关键字。K1 关键字用来设置 PLANE182 单元技术。用户可以选择 4 种单元技术：

1) 使用 B 方法的完全积分 (Full Integration)，该选项为 ANSYS 默认选项；2) 带沙漏控制的均匀缩减积分算法 (Reduced Integration)，选择该选项后用户需要在单元实常数中定义沙漏刚度系数 (HGSTF)，程序默认值为 1，如果用户输入 0，则程序按照默认值处理；3) 增强应变公式 (Enhanced Strain)；4) 简化增强应变公式 (Simple Enhanced Strain)。

(2) K3 关键字。K3 关键字用来设置 PLANE182 单元特性。用户可以选择 5 种单元特性:不考虑厚度的平面应力(Plane Stress),这是 ANSYS 的默认选项;轴对称(Axisymmetric);平面应变(Plane Strain);考虑厚度的平面应力(Plane Strs w/thk);广义的平面应变(Genrl plane strain)。

(3)K6 关键字。K6 关键字用来设置 PLANE182 单元公式。用户可以选择两种单元特性:纯位移公式(Pure displacement),这是 ANSYS 的默认选项;位移/力混合公式(Mixed U/P),该选项不能应用于平面应力分析。

2.2.1.5 PLANE183

PLANE183 是一个高阶单元,具有二次位移函数,因此为线应变平面单元。PLANE183 单元能够很好地适应不规则模型的网格划分,在断裂力学中使用该单元模拟裂纹尖端的奇异性。如图 2-10 所示,PLANE183 单元有 8 个节点,每个节点有 2 个自由度,分别为 X 和 Y 方向的平移。PLANE183 单元既可作为平面单元,也可作为轴对称单元。温度可以作为单元节点处的体载荷。压力可以作为单元边界上的面载荷输入,正压力指向单元内部。PLANE183 单元支持塑性、超弹、黏弹性、黏塑性/蠕变、弹性、应力刚化、大变形、非线性稳定性、人工重画网格、自动选择单元和单元生死功能。

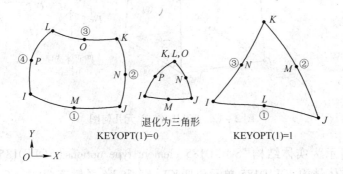

图 2-10 PLANE183 单元几何图

图 2-11 所示为"PLANE183 element type options(PLANE183 单元关键字设置)"对话框。PLANE183 单元包括 K1、K3 和 K6 关键字,其中 K3、K6 与 PLANE182 单元关键字设置方法是一致的,因此主要将介绍 K1 关键字。

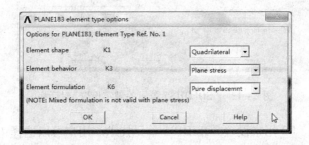

图 2-11 "PLANE183 单元关键字设置"对话框

K1 关键字用来设置 PLANE183 单元形状。用户可以选择两种单元形状:8 节点四变形(Quadrilateral),这是 ANSYS 的默认选项,对应的命令为 KEYOPT(1)=0;6 节点三角形(Triangle),对应的命令为 KEYOPT(1)=1。

2.2.1.6 SOLID185

实体结构 SOLID185 单元是一个低阶体单元,具有一次位移函数,因此为常应变单元。实体结构 SOLID185 单元用于构造三维固体结构。如图 2-12 所示,实体结构 SOLID185 单元具有 8 个节点,每个节点有 2 个沿着 X、Y 和 Z 方向平移的自由度。压力可以作为面载荷加载到图 2-12 中带圆圈的数字所指的单元面上,正压力指向单元内部。温度可以作为单元体载荷作用在节点上,节点 I 的温度默认为 TUNIF 指定的温度,如果其他节点的温度没有指定,程序默认为与节点 I 相同的温度。实体结构 SOLID185 单元自动考虑应力刚化的影响,如果要考虑应力刚化引起的刚度矩阵不对称,则可以使用 NROPT,UNSYM 命令。实体结构 SOLID185 单元支持塑性、超弹、黏弹性、黏塑性/蠕变、弹性、应力刚化、大变形、非线性稳定性、用户重画网格、自动选择单元、单元生死和线性摄动分析功能。

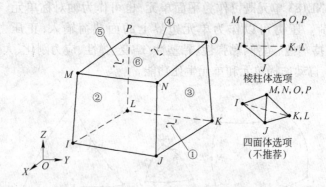

图 2-12 SOLID185 单元几何图

图 2-13 所示为实体结构"SOLID185 element type options(SOLID185 单元关键字设置)"对话框。实体结构 SOLID185 单元包括 K2、K3 和 K6 关键字,其中 K6 与 PLANE182 单元关键字设置方法是一致的,因此主要讲解 K2 和 K3 关键字。

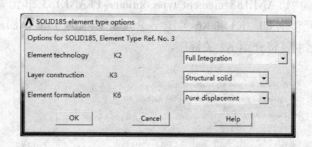

图 2-13 "SOLID185 单元关键字设置"对话框

(1) K2 关键字。K2 用来设置 SOLID185 单元技术。用户可以选择 4 种单元技术:
1) 使用 B 方法的完全积分(Full Integration),该选项为 ANSYS 默认选项;2) 带沙漏控制的均匀缩减积分算法(Reduced Integration),选择该选项后用户需要在单元实常数中定义沙漏刚度系数(HGSTF),程序默认值为 1,如果用户输入 0,则程序按照默认值处理;3) 增强应变公式(Enhanced Strain);4) 简化增强应变公式(Simple Enhanced Strain)。

(2) K3 关键字。K3 关键字用来设置 SOLID185 层状结构。用户可以选择两种层状结构:结构实体(Structural solid),该选项为 ANSYS 默认选项;层状结构(Layered solid)。

2.2.1.7 SOLID186

实体结构 SOLID186 单元是一个高阶体单元,具有二次位移函数,因此为线应变等参单元,适合于曲面划分网格。如图 2-14 所示,实体结构 SOLID186 单元使用 20 个节点来定义,每个节点具有 2 个沿着 X、Y 和 Z 方向平移的自由度。可以使用该单元模拟三维裂纹尖端应力的奇异性,还可以使用混合模式模拟几乎不可压缩弹塑材料和完全不可压缩超弹性材料。压力作为面载荷加载在图 2-14 所示的带圆圈的数字所指的单元面上,正压力指向单元内部。温度可作为单元体力作用在节点上。用户可以使用 ESYS 命令定义材料的方向和应力应变输出的方向,使用 RSYS 命令来选择输出结果所在的坐标系。对于模拟超弹材料,应力应变只能在全局坐标系下输出。

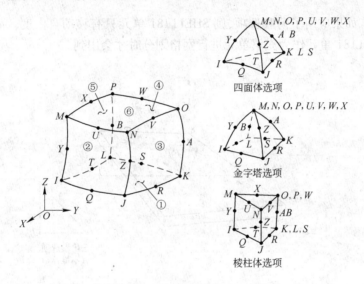

图 2-14 SOLID186 单元几何图

实体结构 SOLID186 单元自动包括应力刚化的影响,如果用户需要考虑应力刚化引起的刚度矩阵的不对称,则可以使用 NROPT 和 UNSYM 命令。该单元支持塑性、超弹、黏弹性、黏塑性/蠕变、弹性、应力刚化、大变形、非线性稳定性、自动选择单元、单元生死和线性摄动分析功能。

图 2-15 所示为实体结构"SOLID186 element type options(SOLID186 单元关键字设置)"对话框。实体结构 SOLID186 单元包括 K2、K3 和 K6 关键字,其中 K3 和 K6 与 SOLID185 单元关键字设置方法是一致的,因此主要讲解 K2 关键字。

K2 关键字用来设置实体结构 SOLID186 单元技术。用户可以选择两种单元技术:全积分(Full integration),该选项为 ANSYS 默认选项,对应的命令为 KEYOPT(2)=0;一致缩减积分(Reduced integration),该选项对应的命令为 KEYOPT(2)=1。

2.2.1.8 SHELL181

SHELL181 单元适合对薄的及具有一定厚度的壳体结构进行分析。SHELL181 单元使用一次位移插值函数,为低阶单元,具有常应变性能。如图 2-16 所示,SHELL181 单元由 4 个节点组成,每个节点具有 6 个自由度,分别是 X、Y 和 Z 方向的平动自由度和绕 X、Y、Z 轴

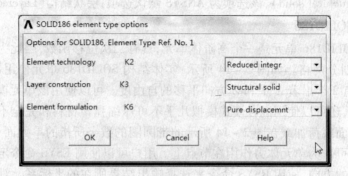

图 2-15 "SOLID186 单元关键字设置"对话框

的转动自由度。如果应用了薄膜选项,则 SHELL181 单元只有移动自由度。简化为三角形选项只在 SHELL181 单元作为充填单元进行网格划分时才会用到。

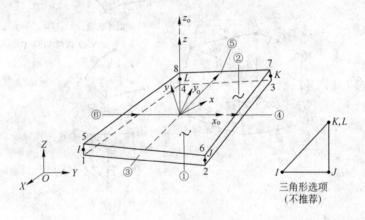

图 2-16 SHELL181 单元几何图

SHELL181 单元非常适用于分析线性的大转动变形和非线性的大形变。壳体厚度的变化是为了适应非线性分析。在 SHELL181 单元的应用范围内,完全积分和降阶积分都是适用的。SHELL181 单元还可以应用在多层结构的材料中,如复合层压壳体或者夹层结构的建模。在复合壳体的建模过程中,其精确度取决于第一剪切形变理论(通常指明德林——雷斯那壳体理论)。SHELL181 单元支持塑性、超弹、黏弹性、黏塑性/蠕变、弹性、应力刚化、大变形、非线性稳定性、自动选择单元、单元生死、定义横截面特性和线性摄动分析功能。

图 2-17 所示为"SHELL181 element type options(SHELL181 单元关键字设置)"对话框。SHELL181 单元包括 K1、K3、K8 和 K9 关键字。下面做详细讲解。

(1)K1 关键字。K1 关键字用来设置 SHELL181 单元刚度。用户可以选择两种单元刚度:完全和薄膜刚度(Bending and membrane),该选项为 ANSYS 默认选项;只考虑弯曲刚度(Membrane only)。

(2)K3 关键字。K3 关键字用来设置 SHELL181 单元积分。用户可以选择两种单元积分:带沙漏控制的缩减积分(Reduced integration),该选项为 ANSYS 默认选项;不调和方式的完全积分(Full integration)。当用户使用带沙漏控制的缩减积分选项时,对薄膜和弯曲模

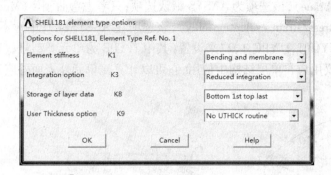

图 2-17 "SHELL181 单元关键字设置"对话框

式,SHELL181 单元会选用沙漏控制算法。默认情况下,SHELL181 单元为金属和超弹应用问题计算沙漏参数,用户可以使用壳体横截面工具来设定沙漏刚度比例因子。使用缩减积分选项,用户可以通过对比总能量和用沙漏控制得到的人工能量来检测结果的精确性。如果人工能量和总能量的比率小于 5%,一般来说结果就是可以接受的。总能量和人工能量同样可以在求解阶段用"OUTPR,VENG"命令监控。

在模拟板弯曲问题时,建议用户使用不调和方式的完全积分选项。该选项含有任何模拟能量机制,即便是模型的网格很粗糙,该选项也可以确保足够的精度。在模拟复合材料时,也建议用户使用该选项。

(3) K8 关键字。K8 关键字用来设置 SHELL181 单元存储复合材料层数据。用户可以选择 3 种层数据存储方式:存储底层底部数据和顶层顶部数据(Bottom 1st top last),这是 ANSYS 的默认选项;存储所有层顶部和底部的数据(All layers);存储所有层顶部、中部和底部的数据(All layers + Middle),可以应用于多层和单层结构单元。

(4) K9 关键字。K9 关键字用来设置 SHELL181 单元用户厚度。用户可以选择两种用户厚度:不使用初始厚度的用户子程序(No UTHICH routine),这是 ANSYS 的默认选项;从用户子程序中读取初始厚度数据(Use UTHICH routine)。

2.2.1.9 SHELL281

SHELL281 单元适合对薄的及具有一定厚度的壳体结构进行分析。SHELL281 单元使用二次位移插值函数,为高阶等参单元,具有线应变性能,可以模拟复杂曲面模型。如图 2-18 所示,SHELL281 单元由 8 个节点组成,每个节点具有 6 个自由度,分别是 X、Y 和 Z 方向的平动自由度和绕 X、Y、Z 轴的转动自由度。当用户使用只考虑弯曲变形时,SHELL281 单元只有 3 个平动自由度。SHELL281 单元非常适用于分析线性的、大转动变形和非线性的大形变。壳体厚度的变化是为了适应非线性分析。SHELL281 单元支持塑性、超弹、黏弹性、黏塑性/蠕变、弹性、应力刚化、大变形、非线性稳定性、自动选择单元、单元生死、定义横截面特性和线性摄动分析功能。

图 2-19 所示为"SHELL281 element type options(SHELL281 单元关键字设置)"对话框。SHELL281 单元包括 K1、K8 和 K9 关键字,其中 K8 和 K9 的设置用户可以参见 SHELL181。下面只讲解 K1 关键字。

K1 关键字用来设置 SHELL281 单元的刚度。用户可以设置 3 种刚度:完全和薄膜刚度

(Bending and membrane),该选项为 ANSYS 默认选项;只考虑弯曲刚度(Membrane only);只计算应力/应变(Stress/strain evaluation only),该选项在 ANSYS14.0 中暂不支持 GUI 设置,可使用命令流"KEYOPT,ITYPE,1,2"来设置(其中 ITYPE 为单元类型号;"1"为单元关键字 K1),该选项仅建议用户在单层结构中使用,它可以计算壳单元外表面的应力和应变。

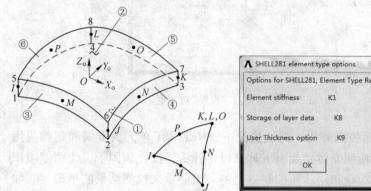

图 2-18　SHELL281 单元几何图　　　图 2-19　"SHELL281 单元关键字设置"对话框

2.2.2　热分析单元

2.2.2.1　MASS71

如图 2-20 所示,MASS71 是一个点单元。MASS71 单元只有一个温度自由度,它被用来在瞬态热分析中模拟热容,但是忽略内部热源的存在,即体内没有明显的热梯度。用户还可以使用 MASS71 单元模拟与温度相关的生热率。集中质量的热质量单元被应用于一维、二维或三维的稳态或瞬态热分析中。

图 2-21 所示为"MASS71 element type options(MASS71 单元关键字设置)"对话框。MASS71 单元包括 K3 和 K4 关键字。下面做详细讲解。

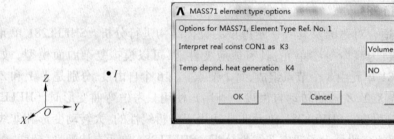

图 2-20　MASS71 单元几何图　　　图 2-21　"MASS71 单元关键字设置"对话框

(1) K3 关键字。K3 关键字用来设置实常数 CON1 的含义。用户可以设置两种方式:把实常数 CON1 当做体积(Volume),这是 ANSYS 的默认设置,用户选择该选项后,需要输入材料密度(DENS)和比热(C)或焓(ENTH);把实常数 CON1 当做热容(Therm capacitance),用户选择该选项后,需要输入材料的生热率(QRATE)。如图 2-21 所示,用户根据设置,输入 CON1。

(2) K4 关键字。K4 关键字用来设置生热率是否与温度相关。用户可以设置两种方式:不与温度相关(NO),这是 ANSYS 的默认选项;生热率与温度相关(YES)。ANSYS 使用多项式模拟生热率与温度的关系,即

$$\ddot{q}(T) = A_1 + A_2 T + A_3 T^{A_4} + A_5 T^{A_6} \quad (2-4)$$

式中,T 为前一个时间步的绝对温度。

如图 2-22 所示,$A_1 \sim A_6$ 通过实常数输入。当 K4 设置为 NO 时,$A_1 \sim A_6$ 必须设置为 0;当 K4 设置为 YES 时,$A_1 \sim A_6$ 必须设置为非 0 值。

2.2.2.2 LINK31

LINK31 单元是一种模拟在空间的两点之间的热流率辐射的单轴单元。如图 2-23 所示,LINK31 单元由两个节点组成,每个节点只有温度自由度,该单元适用于二维(平面或轴对称的)或三维、稳态或瞬态热分析。

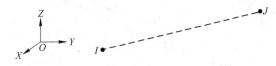

图 2-23　LINK 31 单元几何图

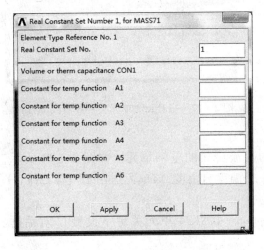

图 2-22　"MASS71 单元的实常数输入"对话框

图 2-24 所示为"LINK31 element type options(LINK31 单元关键字设置)"对话框。LINK31 单元只有 K2 一个单元关键字。K2 关键字用来设置辐射方程:标准辐射方程(Standard eqn),这是 ANSYS 的默认选项;经验辐射方程(Empirical eqn)。标准辐射方程的定义式为:

$$q = \sigma \varepsilon F A [T(I)^4 - T(J)^4] \quad (2-5)$$

式中,q 为热流量;σ 为斯蒂芬-玻耳兹曼常数;ε 为辐射率;F 为几何形状因子;A 为辐射表面面积。经验辐射方程为:

$$q = \sigma \varepsilon [F T(I)^4 - A T(J)^4] \quad (2-6)$$

式(2-5)和式(2-6)中参数通过实常数对话框进行输入。如图 2-25 所示,"Real Constant Set Number 1, for LINK 31(LINK31 单元实常数输入)"对话框包括 5 个输入框:输

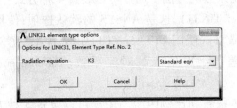

图 2-24　"LINK31 单元关键字设置"对话框

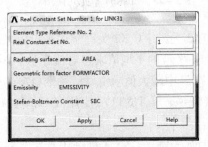

图 2-25　"LINK31 单元实常数输入"对话框

入实常数号(Real Constant Set No.);辐射表面面积(AREA);几何形状因子(FORM FACTOR);辐射率(EMISSIVITY);斯蒂芬-玻耳兹曼常数(SBC)。

2.2.2.3 LINK33

LINK33 单元是用来模拟节点间热传导的单轴单元。如图 2-26 所示,LINK33 单元由两个节点组成,每个节点只有一个温度自由度。热传导杆单元可用于稳态或瞬态的热分析问题。比热和密度在稳态求解时被忽略,导热性是指向单元轴向的。生热率可在节点处作为单元的体载荷输入。

LINK33 单元只有一个单元实常数。如图 2-27 所示,LINK33 单元的实常数只有横截面积(AREA)需要用户输入。

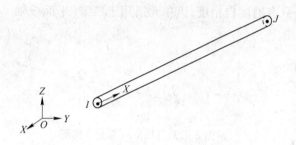

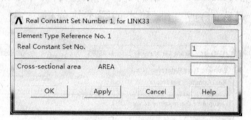

图 2-26　LINK33 单元几何图　　　　图 2-27　"LINK33 单元实常数输入"对话框

2.2.2.4 LINK34

LINK34 单元是用来模拟两个节点之间的对流传热的单轴单元。如图 2-28 所示,LINK34 单元由两个节点组成,每个节点只有一个温度自由度,该单元适用于模拟二维(平面或轴对称的)或三维、稳态或瞬态热分析。

图 2-29 所示为"LINK34 element type options(LINK34 单元关键字设置)"对话框。LINK34 单元包括 K2 和 K3 关键字。

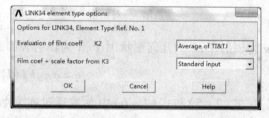

图 2-28　LINK34 单元几何图　　　　图 2-29　"LINK34 单元关键字设置"对话框

(1)K2 关键字。K2 关键字用来设置求解对流系数的方法。用户可以设置 4 种方式:使用 $T(I)$ 与 $T(J)$ 的平均值求解对流系数(Average of TI&TJ),这是 ANSYS 的默认选项;使用 $T(I)$ 与 $T(J)$ 中较大值求解对流系数(Greate of TI&TJ);使用 $T(I)$ 与 $T(J)$ 中较小值求解对流系数(Lesser of TI&TJ);使用 $T(I)$ 与 $T(J)$ 差的绝对值求解对流系数(Difference of TI&TJ)。

(2)K3 关键字。K3 关键字用来设置对流换热系数和比例因子。用户可以设置 3 种方式:标准单元输入和经验项(Standard input),这是 ANSYS 的默认选项;使用 SFE 命令输入

(SFE Command);使用不连续的经验项输入(Discont empiral)。对流方程为

$$q = h_{\mathrm{f}} AE [T(I) - T(J)] \tag{2-7}$$

式中,q 为热流量;A 为对流换热表面积;T 为当前子步的温度。

$$E = F \cdot |\mathit{I} \cdot T_{\mathrm{P}}(I) - T_{\mathrm{P}}(J)|^{n} + \frac{CC}{h_{\mathrm{f}}} \tag{2-8}$$

式中,T_{P} 为前一个子步的温度;n 为经验系数,在实常数中以 EN 表示;CC 为输入常数;F 为比例因子。

式(2-7)和式(2-8)中参数通过实常数对话框进行输入。"Real Constant Set Number 1, for LINK34(LINK34 单元实常数输入)"对话框见图 2-30,包括 4 个输入框:输入实常数号(Real Constant Set No);对流换热表面积(AREA);经验项(EN);输入常数(CC)。

2.2.2.5 PLANE55

PLANE55 单元可用于二维热分析的平面问题或轴对称问题。如图 2-31 所示,PLANE55 单元采用一阶温度插值,由 4 个节点组成,每个节点只有温度自由度,该单元适用于二维、稳态或瞬态热分析。PLANE55 单元也可以考虑由常速流动的质量所输送的热流。用户如果采用间接法模拟热-结构耦合问题,那么该单元对应的结构单元为 PLANE182。

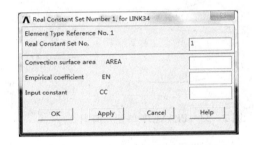

图 2-30 "LINK 34 单元实常数输入"对话框

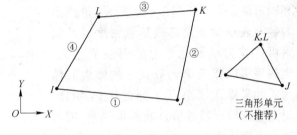

图 2-31 PLANE55 单元几何图

图 2-32 所示为"PLANE55 element type options(PLANE55 单元关键字设置)"对话框。PLANE55 单元包括 K1、K3、K4、K8 和 K9 关键字。

(1)K1 关键字。K1 关键字用来设置计算对流换热系数的方法。ANSYS 提供了 4 种计算方法:采用平均膜温度(T_{S} + T_{B})/2(Avg film temp)计算对流换热系数,这是 ANSYS 的默认选项;按单元表面温度 T_{S}(Ele surface temp)计算对流换热系数;

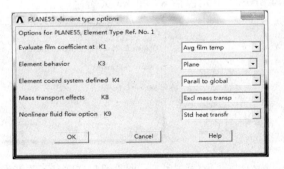

图 2-32 "PLANE55 单元关键字设置"对话框

按流体体积温度 T_{B}(Fluid bulk temp)计算对流换热系数;使用温差 $|T_{\mathrm{S}} - T_{\mathrm{B}}|$(Different temp)计算对流换热系数。

(2)K3 关键字。K3 关键字用来定义单元行为。ANSYS 提供 3 种单元行为:模拟平面应变问题(Plane),这是 ANSYS 的默认选项;轴对称模型(Axisymmetric);考虑厚度的平面应

力模型(Plane Thickness),用户选择该选项后,需要在实常数中输入模型厚度(THICK)。

(3)K4 关键字。K4 关键字用来设置单元坐标系。ANSYS 可以设置两种单元坐标系:单元坐标系平行于总体坐标系(Parall to global),这是 ANSYS 的默认选项;基于单元的 $I-J$ 边建立单元坐标系(By elem I-J side)。

(4)K8 关键字。K8 关键字用来定义质量传送作用。ANSYS 可以设置 3 种质量传送作用:不考虑质量传送影响(Excl mass transp),这是 ANSYS 的默认选项;考虑质量传送(Incl mass transp),用户选择该选项后,需要在实常数面板中输入 X 方向和 Y 方向的传送速度 VX 和 VY;考虑质量传送并输出输送热流(Incl w/heat flow),用户选择该选项后,需要在实常数面板中输入 X 方向和 Y 方向的传送速度 VX 和 VY。

(5)K9 关键字。K9 关键字用来设置非线性流动选项。ANSYS 可以设置 2 种选项:标准热传输单元(Std heat transfr),这是 ANSYS 的默认选项;非线性稳态流动分析单元(温度自由度解释为压力)(Nonlin fluid flo)。

2.2.2.6 PLANE77

PLANE77 单元为 PLANE55 单元的高阶版本。PLANE77 单元采用二次温度插值,由 8 个节点组成,适合模拟具有复杂曲线边界的模型。PLANE77 单元可用于二维稳态和瞬态热分析。如图 2-33 所示,带圆圈的数字表示对流换热或热流密度以及辐射可以作为单元边界上的面载荷输入。生热率可以作为单元节点上的体载荷输入。如果输入了节点 7 处的生热率 HG(I),但未给出其他节点处的生热率,则其他节点默认为 HG(I)。如果输入了所有角节点处的生热率,则各中间节点的生热率默认为相邻角节点生热率的平均值。

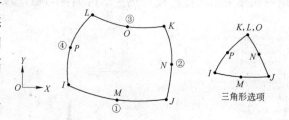

图 2-33 PLANE77 单元几何图

图 2-34 所示为"PLANE77 element type options(PLANE77 单元关键字设置)"对话框。PLANE77 单元包括 K1 和 K3 关键字。

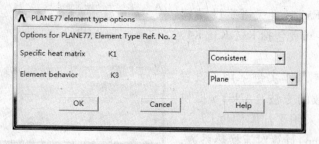

图 2-34 "PLANE77 单元关键字设置"对话框

(1)K1 关键字。K1 关键字用来指定传热矩阵形式。ANSYS 可以设置 2 种传热矩阵形式:一致传热矩阵(Consistent),这是 ANSYS 的默认选项;对角传热矩阵(Diagonalized)。

(2)K3 关键字。K3 关键字用来指定单元行为。ANSYS 可以设置 3 种单元行为:平面问题(Plane),这是 ANSYS 的默认选项;轴对称(Axisymmetric);考虑厚度的平面模型(Plane

Thickness),用户选择该选项后,需要在实常数中输入模型厚度(THICK)。

2.2.2.7 SOLID70

SOLID70 单元采用一阶温度插值函数。如图 2-35 所示,SOLID70 单元由 8 个节点组成,每个节点上只有一个温度自由度,具有 3 个方向的热传导能力,可以用于三维静态或瞬态的热分析。SOLID70 单元能实现匀速热流的传递。假如模型包括实体传递结构单元,那么也可以进行结构分析,此单元能够用等效的结构单元代替(如 SOLID185)。

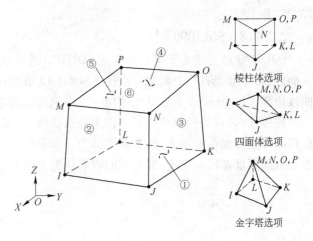

图 2-35　SOLID70 单元几何图

SOLID70 单元存在一个选项,即允许完成实现流体流经多孔介质的非线性静态分析。选择了该选项后,SOLID70 单元的热参数将被转换成类似的流体流动参数,如温度自由度将变为等效的压力自由度。

对流、热流和辐射可以作为面载荷施加在图 2-35 中用圆圈标记的面上。热流率可以作为体载荷施加在节点上,如果节点 I 处的热流率定义为 HG(I),当其他节点未指定时,默认为 HG(I)。

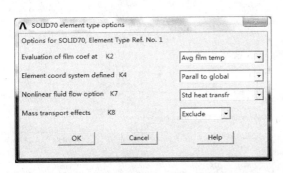

图 2-36　"SOLID70 单元关键字设置"对话框

图 2-36 所示为"SOLID70 element type options(SOLID70 单元关键字设置)"对话框。SOLID70 单元包括 K2、K4、K7 和 K8 关键字。

(1) K2 关键字。K2 关键字用来设置计算对流换热系数的方法。ANSYS 提供了 4 种计算方法:采用平均膜温度(T_S + T_B)/2(Avg film temp)计算对流换热系数,这是 ANSYS 的默认选项;按单元表面温度 T_S(Ele surface temp)计算对流换热系数;按流体体积温度 T_B(Fluid bulk temp)计算对流换热系数;使用温差 $|T_S - T_B|$(Different temp)计算对流换热系数。

(2) K4 关键字。K4 关键字用来设置单元坐标系。ANSYS 可以设置两种单元坐标系:单元坐标系平行于总体坐标系(Parall to global),这是 ANSYS 的默认选项;基于单元的 $I-J$ 边建立单元坐标系(By elem I-J side)。

(3) K7 关键字。K7 关键字用来设置非线性流动选项。ANSYS 可以设置两种选项:标准热传输单元(Std heat transfr),这是 ANSYS 的默认选项;非线性稳态流动分析单元(温度自由度解释为压力)(Nonlin fluid flo)。对于这个选项,温度被转换为压力自由度。

(4) K8 关键字。K8 关键字用来定义质量传送作用。ANSYS 可以设置两种质量传送作用:不考虑质量传送影响(Excl mass transp),这是 ANSYS 的默认选项;考虑质量传送(Incl mass transp),用户选择该选项后,需要在实常数面板中输入 X 方向和 Y 方向的传送速度

VX、VY 和 VZ。

2.2.2.8 SOLID90

SOLID90 是三维 8 节点实体单元 SOLID70 的高次形式。SOLID90 单元由 20 个节点定义而成,每个节点有一个温度自由度。SOLID90 单元有适当的温度协调形状,可以用于模拟曲线边界。该 20 个节点热单元适用于二维稳态或瞬态热分析。

热传导、热对流和热辐射可以作为面载荷输入,如图 2-37 所示中带圆圈的数字所示。生热率可以施加在节点上,作为单元体力。如果在节点 I 处设定了节点生热 HG(I),而其他节点处的温度都没有设定,那么它们将默认为 HG(I)。

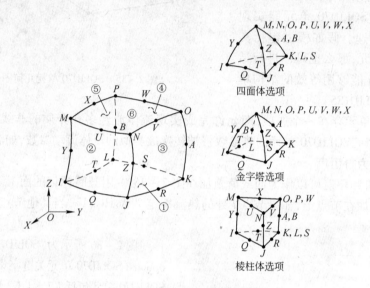

图 2-37 SOLID90 单元几何图

图 2-38 所示为"SOLID90 element type options(SOLID90 单元关键字设置)"对话框。SOLID90 单元只有 K1 关键字。

K1 关键字用来指定传热矩阵形式。ANSYS 可以设置 2 种传热矩阵形式:一致传热矩阵(Consistent),这是 ANSYS 的默认选项;对角传热矩阵(Diagonalized)。

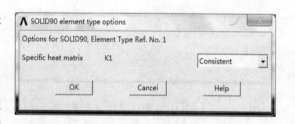

图 2-38 "SOLID90 单元关键字设置"对话框

2.2.2.9 SHELL131

SHELL131 单元是一个二维复合层状壳单元,具有模拟壳体厚度方向上的热传导功能。如图 2-39 所示,SHELL131 单元由 4 个节点组成,每个节点具有 32 个温度自由度。热传导壳单元能够进行二维稳态或瞬态热分析。SHELL131 单元计算出节点的温度可以转换到相应的结构壳单元上以便模拟壳体的热弯曲。

图 2-40 所示为"SHELL131 element type options(SHELL131 单元关键字设置)"对话框。SHELL131 单元包括 K2、K3、K4 和 K6 关键字。

(1)K2 关键字。K2 关键字用来设置计算对流换热系数。ANSYS 提供了 4 种计算

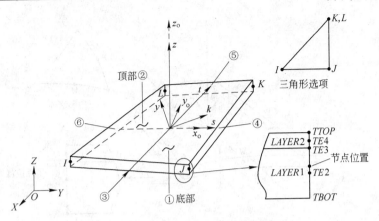

图2-39 SHELL131单元几何图

方法：采用平均膜温度$(T_S + T_B)/2$（Average film temp）计算对流换热系数，这是ANSYS的默认选项；按单元表面温度T_S（Ele surface temp）计算对流换热系数；按流体体积温度T_B（Fluid bulk temp）计算对流换热系数；使用温差$|T_S - T_B|$（Different temp）计算对流换热系数。

（2）K3关键字。K3关键字用来设置温度在壳体厚度方向上的变化规律。

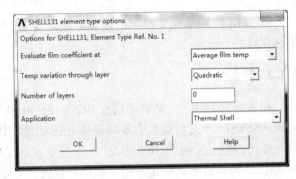

图2-40 "SHELL131单元关键字设置"对话框

ANSYS提供了3种温度沿着厚度方向变化规律：温度是关于厚度的二次函数（Quadratic），这是ANSYS的默认选项，对于该选项，用户可以最多沿壳单元厚度方向设置15层，该选项适用于瞬态热分析或温度与材料具有很强的相关性问题；温度是关于厚度的线性函数（Linear），对于该选项，用户可以最多沿壳单元厚度方向设置21层，该选项适用于稳态分析或温度与材料没有相关性；沿着厚度没有温度变化，即温度在厚度方向为常数（No variation），对于该选项，用户可以最多沿壳单元厚度方向设置1层。

（3）K4关键字。K4关键字用来设置SHELL131厚度方向的层数，建议用户保持默认值，然后在壳单元截面工具中进行设置。在设置过程中要保证层数小于或等于K3关键字中相应的设置。

（4）K6关键字。K6关键字用来设置单元的应用范围。ANSYS提供2种选项：热壳体问题（Thermal Shell），这是ANSYS的默认选项；涂层材料（Paint（TBOT-TEMP）），如果用户选择该选项，则TBOT取代温度TEMP，并且允许单元直接附着到与壳体单元相关联的实体单元上避免使用约束方程，但该选项不允许用户在面1上施加载荷。

2.2.2.10 SHELL132

SHELL132单元是一个二维复合层状壳单元，具有模拟壳体厚度方向上的热传导功能。SHELL132单元为SHELL131单元的高阶形式。如图2-41所示，SHELL132单元具有8个节点，每个节点最多支持32个温度自由度，该单元适合模拟具有曲线边界的问题。

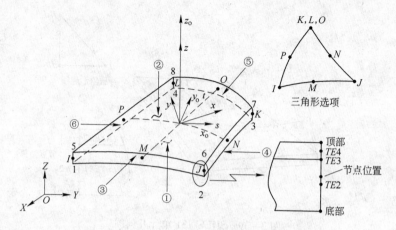

图 2-41 SHELL132 单元几何图

SHELL132 的单元关键字的设置方法与含义,与 SHELL131 单元是一样的,用户可以参见 SHELL131 单元。

2.2.3 梁单元

在 ANSYS14.0 中,梁单元只有 BEAM188 和 BEAM189,通过修改其单元关键字,就可以实现 ANSYS14.0 之前版本中各种梁单元的功能。BEAM188 和 BEAM189 单元的基本理论是一样的,唯一区别是 188 为 2 个节点单元,BEAM189 为 3 个节点单元,所以本节以 BEAM188 为例讲解梁单元的相关理论和设置。

BEAM188 单元是一个三维梁单元,适合于分析从细长到中等粗/短的梁结构,该单元基于铁摩辛柯梁理论,并考虑了剪切变形的影响。BEAM188 单元为无约束横截面翘曲和有约束横截面翘曲提供了单元选项。

如图 2-42 所示,BEAM188 是 2 个节点单元可以采用线性,二次和三次形函数插值,在每个节点处有 6 个或 7 个自由度,自由度的个数取决于 K1 的值。BEAM188 单元非常适合线性、大转动和大应变非线性分析。在大变形分析中,BEAM188 单元默认激活应力刚化。应力刚化使 BEAM188 单元能够分析弯曲、横向及扭转稳定问题。BEAM188 单元支持弹性、塑性、蠕变和其他非线性材料模型。

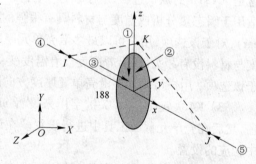

图 2-42 BEAM188 单元几何图

图 2-43 所示为"BEAM188 element type options(BEAM188 单元关键字设置)"对话框。BEAM188 单元包括 K1、K2、K3、K4、K6、K7、K9、K11、K12 和 K15 关键字。

(1)K1 关键字。K1 关键字可设置是否考虑翘曲自由度。ANSYS 有两种设置:不考虑翘曲自由度(Unrestrained),这是 ANSYS 的默认选择,此时 BEAM188 单元每个节点具有 6 个自由度;考虑翘曲自由度(Restrained),用户选择该选项后,BEAM188 单元每个节点具有 7 个自由度,其中第 7 个自由度为翘曲自由度,可以用来约束翘曲,并会输出双力矩和双曲线。

(2) K2 关键字。K2 关键字用来设置单元横截面缩放比例，该关键字只有激活大变形才有效。ANSYS 提供了两种选择：横截面与轴线伸长成比例函数关系（Func of stretch），这是 ANSYS 的默认选项；横截面为刚性没有变形（Rigid(classic)），这是经典梁理论。

(3) K3 关键字。K3 关键字用来设置单元沿长度方向的型函数。ANSYS 提供了 3 种选项：线性型函数（Linear Form），这是 ANSYS 的默认选项；二次型函数（Quadratic Form），该选项使用中间节点来提高单元的精度，能够精确地计算线性变化的弯矩，但用户不能在中间节点上施加载荷；三次型函数（Cubic Form），该选项使用两个内部节点，并且采用三次型函数，能够精确

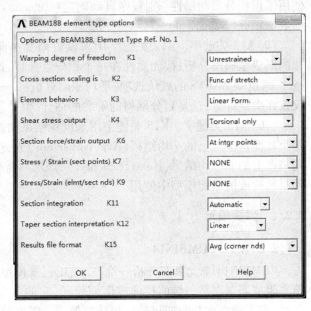

图 2-43 "BEAM188 单元关键字设置"对话框

地计算弯矩的二次变化规律，但用户不能在中间节点上施加载荷。建议用户在下列情况下使用二次或三次型函数选项：单元与渐变型横截面相关联；单元上存在非均匀载荷，此时三次型函数选项能够提供更准确的解答；单元经历了非均匀的变形。

(4) K4 关键字。K4 关键字用来定义剪切应力输出选项。ANSYS 提供了 3 种选项：仅输出扭转相关的剪切应力（Torsional only），这是 ANSYS 的默认选项；仅输出挠曲相关的横向剪应力（Transverse）；输出前两种类型的组合状态（Include Both）。K6、K7 和 K9 关键字仅在输出控制中激活输出单元结果，才能使用。

(5) K6 关键字。K6 关键字用来控制输出的截面力、力矩、应变和曲率。ANSYS 提供了 4 种选项：在沿着长度方向上的积分点输出截面力、力矩、应变和曲率（At intgr points），这是 ANSYS 的默认选项；与 K6=0 相同，加上当前的截面单元（+Current Area）；与 K6=1 相同，加上单元基本方向（X、Y、Z）（+Basis vectors）；输出截面力、弯矩和应力、曲率，外推到单元节点（At element nodes）。

(6) K7 关键字。K7 关键字用来控制积分点输出，当截面类型为 ASEC 时，该关键字不可用。ANSYS 提供了 3 种选项：不输出（NONE），这是 ANSYS 的默认选项；输出积分点的最大和最小应力/应变（Max and Min only）；与 K7=1 设置相同，并且也输出每个截面点上的应力和应变（All Section）。

(7) K9 关键字。K9 关键字用来控制截面节点和单元的外推值，当截面类型为 ASEC 时，该关键字不可用。ANSYS 提供了 4 种选项：不输出（NONE），这是 ANSYS 的默认选项；最大和最小应力/应变（Max and Min only）；输出最大和最小应力/应变，同时也输出沿截面的外边界上的应力和应变（Ext Bondary nodes）；输出最大和最小应力/应变，同时也输出截面节点上的应力和应变（All Section nodes）。

(8) K11 关键字。K11 关键字用来设置截面属性。ANSYS 提供了 2 种选项：如果用户

使用了预积分截面属性,则程序自动确定(Automatic),这是 ANSYS 的默认选项;使用横截面数值积分(Numerical)。

(9) K12 关键字。K12 关键字用来设置渐变截面梁。ANSYS 提供了两种选项:线性变化的渐变型截面分析;截面属性在每个积分点计算,这种方法更加精确,但是计算量大(Linear),这也是 ANSYS 的默认选项;平均截面分析(Constant),对于渐变型截面单元,截面属性仅仅在中点计算,这是划分网格的阶数的估计,但是速度快。

(10) K15 关键字。K15 关键字用来设置结果文件格式。ANSYS 提供了 2 种选项:存储每个截面角节点上的平均结果(Avg(corner nds)),这是 ANSYS 的默认选项;存储每个截面角节点上的非平均结果(No avg(int pts)),该选项需存储的数据量较高,建议用户在进行多种材料构成的截面模型中使用。

2.2.4 弹簧单元

2.2.4.1 COMBIN14

COMBIN14 单元具有分析一维、二维或三维模型的轴向拉伸或扭转的功能。轴向的弹簧 – 阻尼器选项是一维的拉伸或压缩单元,它的每个节点具有 3 个自由度:X、Y、Z 的轴向移动,它不能考虑弯曲或扭转。扭转的弹簧 – 阻尼器选项是一个纯扭转单元,它的每个节点具有 3 个自由度:X、Y、Z 的旋转,它不能考虑弯曲或轴向力。

弹簧 – 阻尼器没有质量。质量可以通过其他合适的质量单元添加。二维单元必须位于 Z 为常数的 $X – Y$ 平面中。

如图 2 – 44 所示,COMBIN14 由两个节点组成。阻尼特性不能用于静力或无阻尼的模态分析中。单元的阻尼部分只是把阻尼系数传递到结构阻尼矩阵中。阻尼力 F 或扭矩 T 由下式计算:

$$F_x = -C_V \frac{du_x}{dt} \quad (2-9)$$

$$T_\theta = -C_V \frac{d\theta}{dt} \quad (2-10)$$

式中,C_V 为阻尼系数,由 $C_V = C_{V1} + C_{V2}$ 确定。

V 是上一子步计算得到的速度;第二个阻尼系数 C_{V2} 用于某些液体环境下产生的非线性阻尼情况。

图 2 – 45 所示为"COMBIN14 element type options(COMBIN14 单元关键字设置)"对话框。COMBIN14 单元包括 K1、K2 和 K3 关键字。

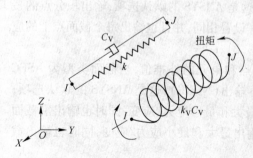

图 2 – 44　COMBIN14 单元几何图

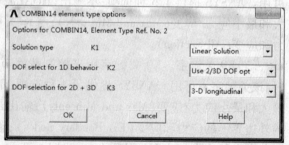

图 2 – 45　"COMBIN14 单元关键字设置"对话框

(1) K1 关键字。K1 关键字用来设置求解类型。ANSYS 提供 2 种选项:线性求解(Linear Solution),这是 ANSYS 的默认选项;非线性求解(Nonlinear),用户如果选择该选项,则需要输入实常数。

(2) K2 关键字。K2 关键字用来设置一维模型的自由度。ANSYS 提供了 9 种选项:使用 K3 关键字的设置(Use 2/3D DOF opt),这是 ANSYS 的默认选项;只考虑 UX 方向自由度的一维轴向弹簧 – 阻尼器(Longitude UX DOF);只考虑 UY 方向自由度的一维轴向弹簧 – 阻尼器(Longitude UX DOF);只考虑 UZ 方向自由度的一维轴向弹簧 – 阻尼器(Longitude UZ DOF);只考虑 ROTX 方向自由度的一维扭转弹簧 – 阻尼器(Torsional ROTX);只考虑 ROTY 方向自由度的一维扭转弹簧 – 阻尼器(Torsional ROTY);只考虑 ROTZ 方向自由度的一维扭转弹簧 – 阻尼器(Torsional ROTZ);压力自由度(Pressure DOF);温度自由度(Temperature)。K2 关键字的设置会覆盖 K3 关键字的设置。

(3) K3 关键字。K3 关键字用来设置二维和三维模型的自由度。ANSYS 提供了 3 种选项:三维轴向弹簧 – 阻尼器(3 – D longitudinal),这是 ANSYS 的默认选项;三维扭转弹簧 – 阻尼器(3 – D torsional);二维轴向弹簧 – 阻尼器(二维单元必须位于 X – Y 面内)(2 – D longitudinal)。

图 2 – 46 所示为"Real Constant Set Number 1, for COMBIN14(COMBIN14 单元实常数输入)"对话框,该对话框中可输入 5 个实常数,分别是弹簧刚度常数(Spring constant);阻尼系数(Damping coefficient)、非线性阻尼系数(Nonlinear damping coeff),如果用户需要使用该实常数,则必须设置 K1 关键字为非线性求解(Nonlinear);初始长度(Initial Length);初始力(Initial Force),在三维扭转分析中表示扭矩。

弹簧的预载荷可以通过以下两种方式进行设置:用户可以使用初始长度或初始力,但仅有二维和三维模型支持该方法。如果初始长度与通过节点坐标系输入的长度存在差别,则程序认为存储弹簧预载荷。如果用户输入了初始力,则负值表示弹簧初始为压缩状态,正值表示弹出初始为拉伸状态。

2.2.4.2 COMBIN214

COMBIN214 单元是二维弹簧阻尼轴承单元,该单元只能应用于二维分析并且具有轴向和交叉耦合分析功能。如图 2 – 47 所示,COMBIN214 单元由 3 个节点组成,其中一个节点为可选择方向的节点,每个节点只有 X、Y 或 Z 方向的拉伸和压缩两个自由度。COMBIN214

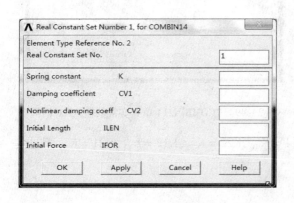

图 2 – 46 "COMBIN14 单元实常数输入"对话框

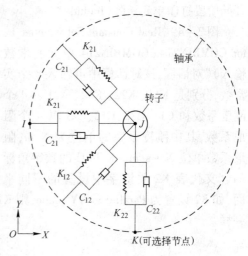

图 2 – 47 COMBIN214 单元几何图

单元不能考虑弯曲和扭转。COMBIN214 单元不包括质量,如果用户需要考虑质量可以使用质量单元 MASS21。

图 2-48 所示为"COMBIN214 element type options(COMBIN214 单元关键字设置)"对话框。COMBIN214 单元包括 K2、K3 和 K4 关键字。

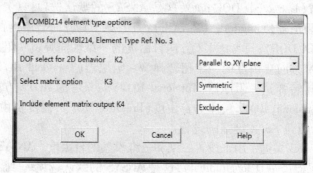

图 2-48 "COMBIN214 单元关键字设置"对话框

(1) K2 关键字。K2 关键字用来设置二维模型的自由度。ANSYS 提供了 3 种选项:单元位于平行于 $X-Y$ 平面的平面中,具有 UX 和 UY 自由度(Parallel to XY plane),这是 ANSYS 的默认选项;单元位于平行于 $Y-Z$ 平面的平面中,具有 UY 和 YZ 自由度(Parallel to YZ plane);单元位于平行于 $X-Z$ 平面的平面中,具有 UX 和 UZ 自由度(Parallel to XZ plane)。

(2) K3 关键字。K3 关键字用来设置单元的对称性。ANSYS 提供了 2 种选项:单元是对称的(Symmetric),这是 ANSYS 的默认选项,用户选择该选项后,在实常数中存在 K12 = K21 和 C12 = C21;单元是不对称的(Unsymmetric)。

(3) K4 关键字。K4 关键字用来控制单元刚度和阻尼矩阵的输出。ANSYS 提供了 2 种选项:不打印单元矩阵(Exclude),这是 ANSYS 的默认选项;在求解开始阶段打印单元矩阵(Include)。

图 2-49 "Real Constant Set Number 1, for COMBIN214(COMBIN214 单元实常数输入)"对话框,该对话框中可输入 8 个实常数,分别是 K11、K22、K12、K21 共 4 个刚度系数和 C11、C22、C12、C21 共 4 个阻尼系数,其中刚度系数的单位为 N/m,阻尼系数单位 N·s/m。K 和 C 的数字角标的含义代表 K2 关键字中设置的不同平面,如 K2 设置为 Parallel to XY plane,则 $K11 = K_{XX}$,$K22 = K_{YY}$,$K12 = K_{XY}$,$K21 = K_{YX}$,C 也是一样。

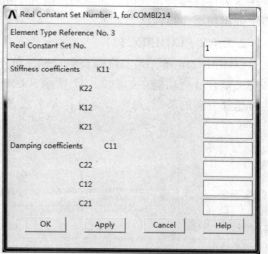

图 2-49 "COMBIN214 单元实常数输入"对话框

3 模型的建立

3.1 ANSYS 建模概述

ANSYS 使用的模型可分为两类:实体模型和有限元模型。基于 CAD 技术表达结构的几何形状,即实体模型,该类模型可以在其中填充节点和单元,也可以在模型边界上施加载荷和约束。

而有限元模型是由结点和单元组成的,专门供有限元分析程序计算用的一类模型,不单独依存几何模型。实体模型并不参与有限元分析,所有施加在实体模型边界上的载荷或约束必须传递到有限元模型上,即在节点和单元上进行求解,节点解为基础解包括位移、温度等,单元解为扩充解包括应力、应变等。

ANSYS 程序提供了 3 种创建模型的方法分别是直接法、实体建模、CAD 导入模型。

3.1.1 直接建模

这种建模方法是在 ANSYS 显示窗口直接创建节点和单元,模型中没有实体(点、线、面)出现,其特点如下所述。

3.1.1.1 优点

直接建模的优点:(1)适合于小型模型、简单模型以及规律性较强的模型。(2)可实现对每个节点和单元编号的完全控制。

3.1.1.2 缺点

直接建模的缺点:(1)需人工处理的数据量大,效率低。(2)不能使用自适应网格划分功能。(3)网格修正非常困难。(4)不适合进行优化设计。(5)容易出错。

3.1.2 实体建模

实体建模是先创建由关键点、线段、面和体构成的几何模型,然后利用 ANSYS 网格划分工具对其进行网格划分,生成节点和单元,最终建立有限元模型的一种建模方法。这种建模方法具有以下特点。

3.1.2.1 优点

实体建模的优点是:(1)适合于复杂模型,尤其适合于3D实体建模。(2)需人工处理的数据量小,效率高。(3)允许对节点和单元实施不同的几何操作。(4)支持布尔操作(相加、相减、相交等)。(5)支持 ANSYS 优化设计功能。(6)可以进行自适应网格划分。(7)可以进行局部网格划分。(8)便于修改和改进。

3.1.2.2 缺点

实体建模的缺点是:(1)有时需要大量的 CPU 处理时间。(2)对小型、简单的模型有时很繁琐。(3)在特定的条件下可能会失败(即程序不能生成有限元网格)。

3.1.3 导入 CAD 模型

该方法是利用 CAD 系统在网格划分和几何模型建立方面的优势,预先将实体模型划分为有限元模型或几何模型,然后通过一定的格式或接口直接导入到 ANSYS。导入到 ANSYS 中的有限元模型在使用之前一般需要经过检验和修正。

ANSYS 中建立几何建模相对其他 CAD 软件更复杂,特别对于存在大量曲面的复杂模型;因此,除非模型便于使用参数化建模方法而且需要反复建立,一般不在 ANSYS 中建立极为复杂的模型。

为了弥补几何建模能力的不足,ANSYS 提供了与其他 CAD 软件的接口,用来导入其他 CAD 软件建立的几何模型。通过这样的接口,ANSYS 实现了与其他 CAD 软件的分工,而更专注于 CAE 分析。ANSYS 支持导入的模型文件格式有:(1) IGES。(2) CATIA V4。(3) CATIA V5。(4) Pro/E。(5) UG。(6) Parasolid。

3.2 ANSYS 的坐标系

建立模型时,用户先考虑在何种坐标系下定义模型的坐标参数方便。ANSYS 中可以使用多种坐标系,这些坐标系有不同的使用场合与用法。ANSYS 的坐标系均为右手正交系。

3.2.1 坐标系分类

ANSYS 中可以使用的坐标系主要有以下几种。

3.2.1.1 全局坐标系

(1) CS,0:全局直角坐标系,也即全局笛卡儿坐标系。(2) CS,1:全局柱坐标系,以 Z 方向为轴向。(3) CS,2:全局球坐标系。(4) CS,5:全局柱坐标系,以 Y 方向为轴向。

如图 3-1 所示,即为四种不同的全局坐标系。

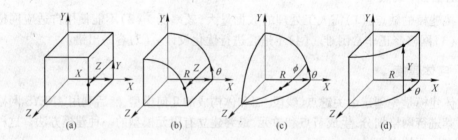

图 3-1 全局坐标系
(a)全局笛卡儿坐标系;(b)全局柱坐标系(Z 方向为轴向);(c)全局球坐标系;(d)全局柱坐标系(Y 方向为轴向)

不同的坐标系中,常数代表的面如图 3-2 所示。

3.2.1.2 局部坐标系

局部坐标系由用户定义,激活的坐标系是分析中特定时间的参考系。当创建了一个新的坐标系,则新的坐标系变为当前激活坐标系,如图 3-3 所示。

为了方便使用,用户甚至可以定义环形的局部坐标系,如图 3-4 所示。

3.2 ANSYS 的坐标系

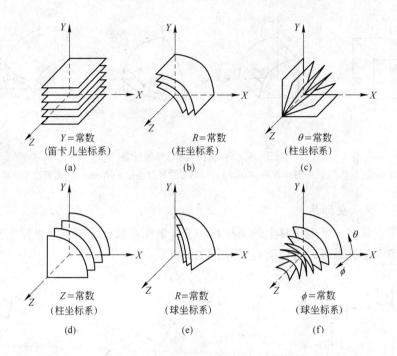

图 3-2 不同坐标系下的常数面

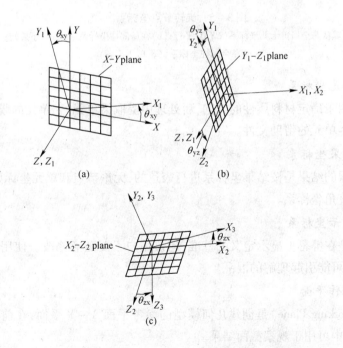

图 3-3 由全局坐标系旋转得到局部坐标系

(a)第一旋转,在 $X-Y$ 平面旋转 θ_{xy}(以 Z 为旋转轴,X 轴向 Y 轴旋转);(b)第二旋转,在 Y_1-Z_1 平面旋转 θ_{yz}(以 X_1 为旋转轴,Y_1 轴向 Z_1 轴旋转);(c)第三旋转,在 Z_2-X_2 平面旋转 θ_{zx}(以 Y_2 为旋转轴,Z_2 轴向 X_2 轴旋转)

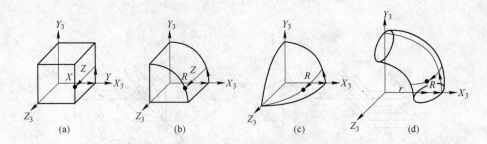

图 3-4 不同类型的局部坐标系
(a)笛卡儿坐标系(X,Y,Z);(b)柱坐标系(R,θ,Z);(c)带参数环形坐标系(R,θ,ϕ);(d)环形坐标系(R,θ,ϕ)

3.2.1.3 节点坐标系

每一个节点都有一个附于其上的坐标系。节点坐标系默认为笛卡儿坐标系且与全局坐标系平行。节点坐标系可以进行旋转,如图 3-5 所示。

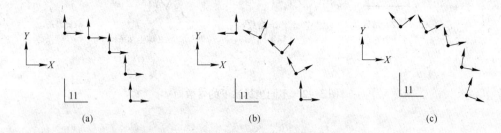

图 3-5 旋转节点坐标系
(a)默认与全局笛卡儿坐标系$(CS,0)$平行;(b)在局部柱坐标系$(CS,11)$下旋转;
(c)在全局柱坐标系$(CS,1)$下旋转

3.2.1.4 单元坐标系

单元坐标系用于确定材料属性的方向,后处理中提取梁单元、壳单元的膜力等。单元坐标系的朝向参见各单元的帮助文件。

3.2.1.5 结果坐标系

通用后处理器的结果是按结果坐标系进行表达的,无论节点和单元坐标如何设定,结果坐标系都默认为直角坐标系。

3.2.1.6 显示坐标系

显示坐标系是在屏幕上显示定义的基准,建议用户不要随意修改。使用柱坐标显示圆弧将显示成直线,可能引起理解的混乱。

3.2.1.7 工作平面

工作平面(Working Plane)是创建几何模型的参考平面$X-Y$平面,在前处理器中用来建模型,后处理器中可用于观察截面结果。

3.2.2 全局坐标系与局部坐标系

全局坐标系可以用 CSYS 命令确定要激活哪一种坐标系。

CSYS,KCN

其中,KCN:坐标系编号,可以取如下值:(1)0(默认):直角坐标系;(2)1:以 Z 为轴的柱坐标系;(3)2:球坐标系;(4)4(WP):工作平面;(5)5:以 Y 为轴的柱坐标系;(6)11 及以上:局部坐标系。

用户也可以使用 GUI 界面中的如下命令:

Utility Menu > WorkPlane > Change Active CS to > Global Cartesian。
Utility Menu > WorkPlane > Change Active CS to > Global Cylindrical。
Utility Menu > WorkPlane > Change Active CS to > Global Spherical。
Utility Menu > WorkPlane > Change Active CS to > Specified Coord Sys。
Utility Menu > WorkPlane > Change Active CS to > Working Plane。
Utility Menu > WorkPlane > Offset WP to > Global Origin。

在图 3-6 所示的"Change Active CS to Specified CS"对话框中,输入坐标系编号,单击 OK 按钮即可。

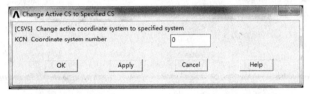

图 3-6 "Change Active CS to Specified CS"对话框

局部坐标系可以使用 LOCAL,CS 命令。

LOCAL,KCN,KCS,XC,YC,ZC,THXY,THYZ,THZX,PAR1,PAR2

其中,KCN 表示局部坐标系编号,必须大于 10;KCS 表示坐标系类型;XC,YC,ZC,THXY,THYZ,THZX,PAR1,PAR2 用于定义坐标系的原点、坐标轴及坐标平面的位置。

用户也可以选择 GUI 界面中的命令:

Utility Menu > WorkPlane > Local Coordinate System > Create Local CS > At Specified Loc。

在弹出如图 3-7 所示的"Create Local CS at Specified Location"对话框中完成设置即可。

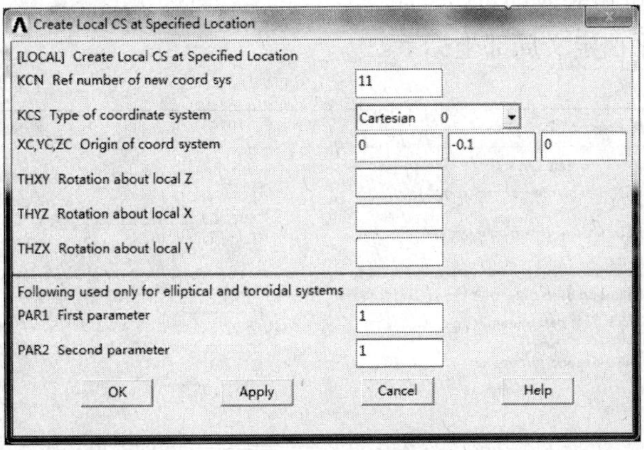

图 3-7 "Create Local CS at Specified Location"对话框

CS 命令由已有的 3 个节点定义局部坐标系。

CS,KCN,KCS,NORIG,NXAX,NXYPL,PAR1,PAR2。

其中,KCN 表示局部坐标系编号,必须大于 10;KCS 表示坐标系类型;NORIG 用于定义原点的节点号;NXAX 用于定义坐标系方向;NXYPL 定义 XY 平面。

也可以使用 GUI 命令:

Utility Menu > WorkPlane > Local Coordinate System > Create Local CS > By 3 Nodes

根据提示拾取 3 个节点,弹出图 3-8 所示的"Create CS By 3 Nodes"对话框。设置坐标系编号与类型,单击 OK 按钮完成即可。

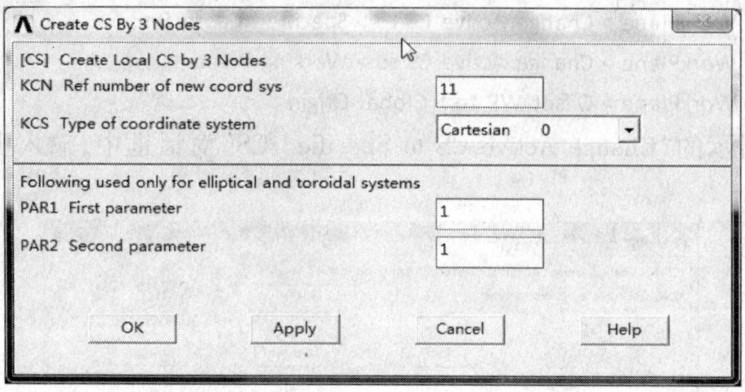

图 3-8 "Create CS By 3 Nodes"对话框

CSKP 通过已有的 3 个关键点来定义坐标系。

CSKP,KCN,KCS,PORIG,PXAX,PXYPL,PAR1,PAR2。

其中,KCN 表示局部坐标系编号,必须大于 10;KCS 表示坐标系类型;PORIG 用于定义原点的关键点号;PXAX 用于定义坐标系方向;PXYPL 定义 XY 平面。

也可以使用 GUI 命令:

Utility Menu > WorkPlane > Local Coordinate System > Create Local CS > By 3 Keypoints。

根据提示拾取 3 个关键点,弹出图 3-9 所示的"Create CS By 3 KPs"对话框。设置坐标系编号与类型,单击 OK 按钮完成即可。

通过当前工作平面定义局部坐标系。

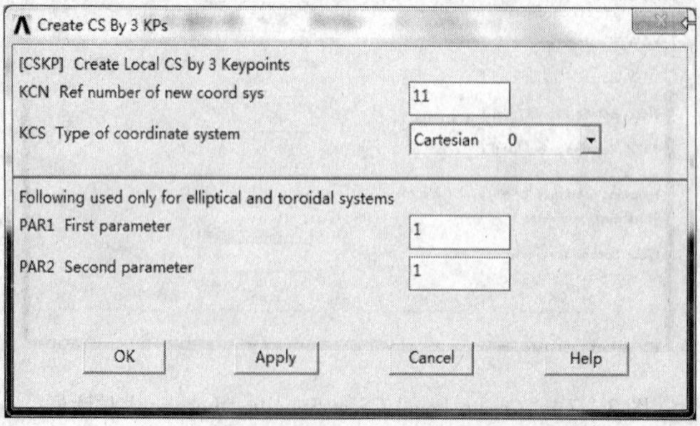

图 3-9 "Create CS By 3 KPs"对话框

CSWPLA,KCN,KCS,PORIG,PAR1,PAR2。

其中,KCN 表示局部坐标系编号,必须大于 10;KCS 表示坐标系类型。

也可以使用 GUI 命令:

Utility Menu > WorkPlane > Local Coordinate System > Create Local CS > At WP Origin。

弹出"Create Local CS At WP Origin"对话框。设置坐标系编号与类型,单击 OK 完成即可。

3.2.3 显示坐标系

在默认状态下,显示的总是笛卡儿坐标系,要改变显示坐标系可以使用 DSYS 命令。

命令:DSYS,KCN。

GUI:Utility Menu > WorkPlane > Change Display CS to > Global Cartesian。
　　　 Utility Menu > WorkPlane > Change Display CS to > Global Cylindrical。
　　　 Utility Menu > WorkPlane > Change Display CS to > Global Spherical。
　　　 Utility Menu > WorkPlane > Change Display CS to > Specified Coord Sys。

3.2.4 节点坐标系和单元坐标系

每一个节点都有一个附于其上的坐标系。节点坐标系默认为笛卡儿坐标系且与全局坐标系平行。单元坐标系用于规定各向异性材料的方向、结果输出的方向等。单元坐标系可以使用 ESYS 命令。

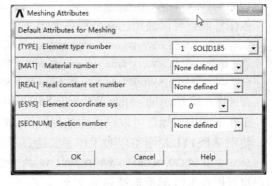

命令:ESYS,KCN。

GUI:Main Menu > Preprocessor > Meshing > Mesh Attributes > Default Attribs。
　　　 Main Menu > Preprocessor > Modeling > Create > Elements > Elem Attributes。

在弹出图 3 – 10 所示的"Meshing Attributes"对话框中,根据提示完成设置。

图 3 – 10 "Meshing Attributes"对话框

3.2.5 结果坐标系

结果存储时数据会被转换到结果坐标系。结果坐标系默认为全局坐标系,用户可以使用 RSYS 命令进行设置。

命令:RSYS, KCN。

GUI:Main Menu > General Postproc > Options for Outp。
　　　 Utility Menu > List > Results > Options。

3.2.6 工作平面

工作平面是一个无限平面,有原点、二维坐标系,同一时间只能定义一个工作平面,与坐标系是独立的。默认的工作平面是笛卡儿坐标系下的 $X-Y$ 平面。

图 3 – 11 可以让用户更好地理解工作平面。

工作平面可以由 3 个点来定义。用户可以在 GUI 界面选择 Utility Menu > WorkPlane > Align WP with > XYZ Locations 命令,拾取工作区中的一个点,单击 OK 完成即可。或者使用

WPLANE 命令。

WPLANE,WN,XORIG,YORIG,XXAX,YXAX,ZXAX,XPLAN,YPLAN,ZPLAN。

工作平面也可以由节点来确定。在 GUI 界面中选择 Utility Menu > WorkPlane > Align WP with > Nodes 命令,拾取节点并单击 OK 按钮或者使用 NWPLAN 命令。

NWPLAN, WN,NORIG}NXAX,NPLAN。

工作平面可以定义在关键点上。在 GUI 界面中选择 Utility Menu > WorkPlane > Align WP with > Keypoints 命令,拾取关键点并单击 OK 按钮。或者使用 KWPLAN 命令。

KWPLAN,WN,KORIG,KXAX,KPLAN。

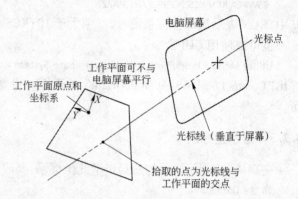

图 3-11 工作平面在空间的意义

工作平面可以通过与线垂直来定义。在 GUI 界面中选择 Utility Menu > WorkPlane > Align WP with > Plane Normal to Line 命令,在弹出"Align WP at Ratio of Line"对话框中设置即可。或者使用 LWPLAN 命令。

LWPLAN, WN,NL1,RATIO。

工作平面也可以通用已有坐标系来定义。

GUI:Utility Menu > WorkPlane > Align WP with > Active Coord Sys。
　　Utility Menu > WorkPlane > Align WP with > Global Cartesian。
　　Utility Menu > WorkPlane > Align WP with > Specified Coord Sys。

在图 3-12 所示的"Align WP with Specified CS"对话框中选择坐标系,单击 OK 完成即可。工作平面中的操作可以设置为捕捉网格,如图 3-13 所示。

使用 WPSTYL 命令可以对工作平面的显示与状态进行控制。

SNAP,GRSPAC,GRMIN,GRMAX,WPTOL,WPCTYP,GRTYPE,WPVIS,SNAPANG。

用户也可以在 GUI 界面选择如下命令。

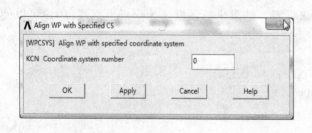

图 3-12 "Align WP with Specified CS"对话框

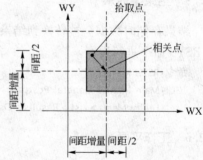

图 3-13 捕捉网格

Main Menu > Preprocessor > Modeling > Create > Circuit > Budder > ROW ElecStruc。
Main Menu > Preprocessor > Modeling > Create > Circuit > Set Grid。
Utility Menu > List > Status > Working Plane。

Utility Menu > WorkPlane > Display Working Plane。
Utility Menu > WorkPlane > Offset WP by Increments。
Utility Menu > WorkPlane > Show WP Status。
Utility Menu > WorkPlane > WP settings。

弹出的图3-14所示的"WP Settings"对话框，可以对工作平面进行设置，工作平面可以设置使用与显示不同坐标下的网格，如图3-15所示为工作平面的极坐标网格。

默认状态下用户输入的坐标是以全局坐标系定义的，如用户输入K, 1205, 0, 0, 0得到的点是位于全局坐标的原点而非工作平面原点，如图3-16所示。

使用CSYS, WP命令可以使用坐标匹配，之后输入K, 1205, 0, 0, 0命令即可将1205号点定义到工作平面的原点，如图3-17所示。

这些数据结果，将首先被旋转到结果坐标系下。如图3-18所示，利用下列方法即可改变结果坐标系。

命令：RSYS。

GUI：Main Menu > General Postproc > Options for Output。

图3-14 "WP Settings"对话框

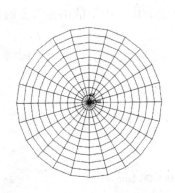

图3-15 工作平面的极坐标网格

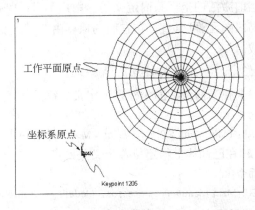

图3-16 坐标未匹配

3.2.7 坐标系的激活

用户可定义任意多个坐标系，但某一时刻只能有一个坐标系被激活。激活坐标系的方法如下：首先自动激活总体笛卡儿坐标系。每当用户定义一个新的局部坐标系，这个新的坐标系就会自动被激活。如果要激活一个总体坐标系或以前定义的坐标系，可用下列方法。

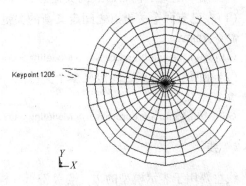

图3-17 工作平面与全局坐标匹配

命令:CSYS。

GUI: Utility Menu > Change Active CS to > Global Cartesian。

在 ANSYS 程序运行的任何阶段都可以激活某个坐标系。若没有明确地改变激活的坐标系,则当前激活的坐标系将一直保持有效。在定义节点或关键点时,不管哪个坐标系是激活的,程序都将坐标标为 X、Y 和 Z,但是如果激活的不是笛卡儿坐标系,则用户应将 X、Y 和 Z 理解为柱坐标中的 r、θ 和 Z 或球坐标系中的 r、θ 和 ϕ。

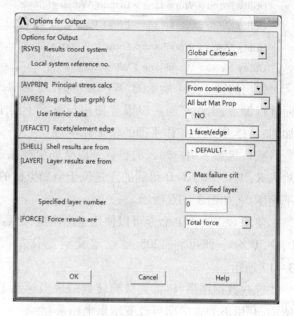

图 3-18 "输出选项"对话框

3.3 自下向上建模

3.3.1 关键点

在使用自下向上的方法建立模型时,首先定义最低级的图元:关键点。关键点是在当前激活的坐标系内定义的。用户不必总是按从低级到高级的办法定义所有的图元来生成高级图元,可以直接在它们的顶点由关键点直接建立面和体。中间的图元需要时可自动生成。

3.3.1.1 定义关键点

(1) 在当前激活的坐标系下定义关键点。

命令:K。

GUI: Main Menu > Preprocessor > Modeling > Create > Keypoints > In Active CS。

(2) 在已知线上给定位置定义关键点。

命令:KL。

GUI: Main Menu > Preprocessor > Modeling > Create > Keypoints > On Line。

3.3.1.2 从已有关键点定义关键点

一旦用户定义了初始形式的关键点,可以利用下列方法定义另外的关键点。

(1) 在已有两个关键点之间定义新的关键点。

命令:KBETW。

GUI: Main Menu > Preprocessor > Modeling > Create > Keypoints > KP between KPs。

(2) 在两个关键点之间定义多个关键点。

命令:KFILL。

GUI: Main Menu > Preprocessor > Modeling > Create > Keypoints > Fill between KPs。

3.3.2 线

线主要用于表示模型的边。与关键点一样,线是在当前激活的坐标系内定义的,但是用户并不总是需要明确地定义所有的线,因为 ANSYS 程序在定义面和体时,会自动生成相关的线。只有在定义线单元或想通过线来定义面时,才需要定义线。

3.3.2.1 定义线

对已确定需要明确定义线的情况,可适当地选用下列方法。
(1)在两个指定关键点之间生成直线或三次曲线。

命令:L。
GUI:Main Menu > Preprocessor > Modeling > Create > Lines > Lines > In Active Coord。

(2)通过3个关键点或两个关键点外加一个半径定义一条弧线。

命令:LARC。
GUI:Main Menu > Preprocessor > Modeling > Create > Lines > Arcs > Through 3 KPs。

(3)定义一条由若干个关键点通过样条拟合的三次曲线。

命令:BSPLIN。
GUI:Main Menu > Preprocessor > Modeling > Create > Lines > Splines > Spline thru KPs。

(4)两条相交线之间定义倒角线。

命令:LFILLT。
GUI:Main Menu > Preprocessor > Modeling > Create > Lines > Line Fillet。

(5)不管激活的是何种坐标系都定义直线。

命令:LSTR。
GUI:Main Menu > Preprocessor > Modeling > Create > Lines > Straight Line。

3.3.2.2 从已有线定义新线

可使用下列方法将已有线复制生成另外的线。

命令:LGEN。
GUI:Main Menu > Preprocessor > Modeling > Copy > Lines。

3.3.2.3 修改线

修改线通过 L 命令或用下列方法。
(1)把一条线分成更小的线段。

命令:LDIV。
GUI:Main Menu > Preprocessor > Modeling > Operate > Booleans > Divide > Line into NLn's。

(2)把一条线与另一条线合并。

命令:LCOMB。
GUI:Main Menu > Preprocessor > Modeling > Operate > Booleans > Add > Lines。

3.3.3 面

平面可以表示二维实体模型。曲面和平面都可表示三维的面,如壳、三维实体的面等。在用到面单元或由面生成体时,才需定义面。定义面的命令也将自动地定义依附于该面的线和关键点。同样,面也可在定义体时自动生成。

3.3.3.1 定义面

(1)通过关键点定义面。

命令:A。
GUI:Main Menu > Preprocessor > Modeling > Create > Areas > Arbitrary > Through KPs。

(2)通过其边界线定义面。
命令：AL。
GUI：Main Menu > Preprocessor > Modeling > Create > Areas > Arbitrary > By Lines。

3.3.3.2 通过已有面定义面
命令：AGEN。
GUI：Main Menu > Preprocessor > Modeling > Copy > Areas。

3.3.4 体
体用于描述三维实体，仅当需要用体单元时才建立体。用生成体的命令会自动生成低级的图元。

3.3.4.1 定义体
(1)通过关键点定义体。
命令：V。
GUI：Main Menu > Preprocessor > Modeling > Create > Volumes > Arbitrary > Through KPs。
(2)通过边界定义体。
命令：VA。
GUI：Main Menu > Preprocessor > Modeling > Create > Volumes > Arbitrary > By Areas。
(3)把面沿某个路径扫掠生成体。
命令：VDRAG。
GUI：Main Menu > Preprocessor > Modeling > Operate > Extrude > Areas > Along Lines。

3.3.4.2 扫掠体
通过扫掠相邻面的网格使已有未划分网格的体填充单元。
命令：VSWEEP。
GUI：Main Menu > Preprocessor > Meshing > Mesh > Volume Sweep > Sweep。

3.3.4.3 从已有体定义体
从已有体定义另外的体，使用如下命令。
(1)从一种模式的体定义另外的体。
命令：VGEN。
GUI：Main Menu > Preprocessor > Modeling > Copy > Volumes。
(2)把体转到另外一种坐标系。
命令：VTRAN。
GUI：Main Menu > Preprocessor > Modeling > Move / Modify > Transfer Coord > Volumes。

3.4 自上向下建模

几何体是可用单个 ANSYS 命令来创建的。常用的实体建模的形状，如球体或长方体。因为体是高级图元，所以可不用首先定义任何关键点而形成。几何体是在工作平面内生成的。

3.4.1 自上向下建模

3.4.1.1 定义矩形
(1)在工作平面的任意位置定义矩形。
命令：RECTNG。

GUI：Main Menu > Preprocessor > Modeling > Create > Areas > Rectangle > By Dimensions。

(2)通过角点定义一个矩形。

命令：BLC3。

GUI：Main Menu > Preprocessor > Modeling > Create > Areas > Rectangle > By 2 Corners。

(3)通过中心和角点定义矩形。

命令：BLC5。

GUI：Main Menu > Preprocessor > Modeling > Create > Areas > Rectangle > By Centr & Corn。

3.4.1.2　定义圆或环形

(1)在工作平面的原点定义环形。

命令：PCIRC。

GUI：Main Menu > Preprocessor > Modeling > Create > Areas > Circle >> By Dimensions。

(2)在工作平面的任意位置定义环形。

命令：CYL3。

GUI：Main Menu > Preprocessor > Modeling > Create > Areas > Circle > Annulus。

3.4.1.3　定义正多边形

(1)在工作平面的原点定义正多边形。

命令：RPOLY。

GUI：Main Menu > Preprocessor > Modeling > Create > Areas > Polygon > By Circumscr Rad。

(2)在工作平面的任意位置定义正多边形。

命令：RPR3。

GUI：Main Menu > Preprocessor > Modeling > Create > Areas > Polygon > Hexagona。

3.4.2　定义体

3.4.2.1　定义长方体

(1)在工作平面的坐标上定义长方体。

命令：BLOCK。

GUI：Main Menu > Preprocessor > Modeling > Create > Volumes > Block > By Dimensions。

(2)通过角点定义长方体。

命令：BLC3。

GUI：Main Menu > Preprocessor > Modeling > Create > Volumes > Block > By 2 Corners&Z。

3.4.2.2　定义柱体

(1)在工作平面的原点定义圆柱体。

命令：CYLIND。

GUI：Main Menu > Preprocessor > Modeling > Create > Volumes > Cylinder > By Dimensions。

(2)在工作平面的任意位置定义圆柱体。

命令：CYL3。

GUI：Main Menu > Preprocessor > Modeling > Create > Volumes > Cylinder > Hollow Cylinder。

3.4.2.3　定义多棱柱体

(1)在工作平面的原点定义正棱柱体。

命令：RPRISM。

GUI：Main Menu > Preprocessor > Modeling > Create > Volumes > Prism > By Circumscr Rad。

(2)在工作平面的任意位置定义多棱柱体。

命令：RPR3。

GUI：Main Menu > Preprocessor > Modeling > Create > Volumes > Prism > Hexagona。

3.4.2.4 定义球体或部分球体

(1)在工作平面的原点定义球体。

命令：SPHERE。

GUI：Main Menu > Preprocessor > Modeling > Create > Volumes > Sphere > By Dimensions。

(2)在工作平面的任意位置定义球体。

命令：SPH3。

GUI：Main Menu > Preprocessor > Modeling > Create > Volumes > Sphere > Hollow Sphere。

3.4.2.5 定义锥体

(1)在工作平面的原点定义锥体。

命令：CONE。

GUI：Main Menu > Preprocessor > Modeling > Create > Volumes > Cone > By Dimensions。

(2)在工作平面的任意位置定义锥体。

命令：CONS。

GUI：Main Menu > Preprocessor > Modeling > Create > Volumes > Cone > By Picking。

3.4.2.6 定义环体或部分环体

定义环体或部分环体。

命令：TORUS。

GUI：Main Menu > Preprocessor > Modeling > Create > Volumes > Torus。

3.5 建立有限元模型

直接生成有限元模型是一种直接定义节点和单元的方法，尽管程序提供了许多方便的命令，用于节点和单元的复制、对称、缩放等操作，但用直接生成法构造模型的工作量是建立实体模型建模法构造同样模型的数十倍。直接生成方法对于小模型的计算十分方便。

3.5.1 节点

3.5.1.1 定义节点

(1)在激活的坐标系中定义单个节点。

命令：N。

GUI：Main Menu > Preprocessor > Modeling > Create > Nodes > In Active CS。

(2)在已有关键处定义节点。

命令：NKPT。

GUI：Main Menu > Preprocessor > Modeling > Create > Nodes > On Keypoint。

(3)移动一个节点到坐标系平面的一个交点。

命令：MOVE。

GUI：Main Menu > Preprocessor > Modeling > Move/Modify > To Intersect。

3.5.1.2 从已有节点定义另外的节点

(1)在已有两个节点间的连线上定义节点。

命令:FILL。

GUI: Main Menu > Preprocessor > Modeling > Create > Nodes > Fill between Nds。

(2)从一种模式的节点定义另外的节点。

命令:NGEN。

GUI: Main Menu > Preprocessor > Modeling > Copy > Nodes > COPY。

(3)从一种模式的节点定义缩放的节点集。

命令:NSCALE。

GUI:Main Menu > Preprocessor > Modeling > Copy > Scale&Copy。

(4)在三节点的二次线上定义节点。

命令:QUAD。

GUI:Main Menu > Preprocessor > Modeling > Create > Nodes > Quadratic Fill。

3.5.1.3 查看和删除节点

(1)列表节点。

命令:NLIST。

GUI:Utility Menu > List > Nodes。

(2)显示节点。

命令:NPLOT。

GUI:Utility Menu > Plot > Nodes。

(3)删除节点。

命令:NDELE。

GUI: Main Menu > Preprocessor > Delete > Nodes。

删除节点也可删除包括节点在内的任何边界条件及任何耦合或约束方程。

3.5.2 单元

3.5.2.1 定义单元属性的前提条件

定义一个单元之前需要做两件事:(1)必须已定义该单元所需的最少节点。(2)必须已指定合适的单元属性。

(1)用下列方法定义单元属性表。

1)在单元库中定义一种单元类型。

命令:ET。

GUI: Main Menu > Preprocessor > Element Type > Add/Edit/Delete。

2)定义单元实常数。

命令:R。

GUI:Main Menu > Preprocessor > Real Constants。

3)定义线性材料属性。

命令:MP、MPDATA、MPTEMP。

GUI:Main Menu > Preprocessor > Material Props > Material Models > analysis type。

(2)一旦生成了单元属性表,ANSYS 程序把表中的属性赋给单元。

设置单元类型、单元实常数、单元材料属性或单元坐标系属性,可用下列方法。

命令:TYPE、REAL、MAI 或 ESYS。

GUI: Main Menu > Preprocessor > Modeling > Create > Elements > Elem Attributes。

(3)查看当前已定义单元类型的列表。

命令：ETLIST。

GUI：Utility Menu > List > Properties > Element Type。

(4)列表实常数的设置。

命令：RLIST。

GUI：Utility Menu > List > Properties > All Real Constants。

(5)列表线性材料属性。

命令：MPLIST。

GUI：Utility Menu > List > Properties > All Materials。

(6)列表数据表。

命令：TBLIST。

GUI：Main Menu > Preprocessor > Material Props > Data Tables > List。

(7)列表坐标系。

命令：CSLIST。

GUI：Utility Menu > List > Other > Local Coord Sys。

3.5.2.2 定义单元

如果定义了节点并设置了其单元属性，就可以定义单元。利用下列方法，可通过确定其节点定义单元，必须输入的节点数和节点输入顺序由单元类型决定。例如，二维梁单元 BEAM188 要求两个节点，三维块单元 SOLID185 要求 8 个节点。节点输入顺序决定了单元法方向。用下列方法定义单元。

命令：E。

GUI：Main Menu > Preprocessor > Create > Elements > Auto Numb > Thru Nodes。

如果交互进行工作，则可用上面 GUI 途径在图上拾取节点定义单元，如果用命令输入，则只有 8 个节点可用 E 命令输入。对于需要超过 8 个节点的单元类型，用 EMORE 命令定义另外的节点。

3.5.2.3 查看和删除单元

(1)单元列表。

命令：ELIST。

GUI：Utility Menu > List > Elements。

(2)显示单元。

命令：EPLOT。

GUI：Utility Menu > Plot > Elements。

(3)删除单元。

命令：EDELE。

GUI：Main Menu > Preprocessor > Delete > Elements。

3.5.2.4 从已有单元定义另外的单元

(1)使用自动编号从已有单元复制产生新的单元。

命令：EGEN。

GUI：Main Menu > Preprocessor > Modeling > Copy > Auto Numbered。

(2)使用自动编号从已有单元对称新的单元。

命令：ESYM。

GUI：Main Menu > Preprocessor > Modeling > Reflect > Auto Numbered。

（3）使用用户自定义编号已有单元复制产生新的单元。

命令：ENGEN。

GUI：Main Menu > Preprocessor > Modeling > Copy > User Numbered。

（4）使用用户自定义编号从已有单元对称产生新的单元。

命令：ENSYM。

GUI：Main Menu > Preprocessor > Modeling > Reflect > User Numbered。

这些命令并不生成节点，必须事先定义必要的节点。而且，生成单元属性依赖于原来模式的单元属性而不依赖于当前指定的设置。

3.5.2.5 用特殊方法定义单元

有些特殊的单元可用下列特殊方法生成。

（1）从已生成单元外表面上生成表面效应单元。

命令：ESURF。

GUI：Main Menu > Preprocessor > Modeling > Create > Elements > On Contact Surf > option。

在某些热分析中用 ESURF，MODE 命令生成带有任选节点的 SURF151 或 SURF152 单元。

（2）在已有面单元的边上生成重叠的表面单元并分配额外的节点作为最近的流体单元节点。

命令：LFSURF

GUI：Main Menu > Preprocessor > Modeling > Create > Elements > Surface Effect > Line to Fluid。

在某些热分析中，用 LFSURF 命令生成带有可选节点的 SURF151 单元。

（3）在已有实体单元的表面上生成重叠的表面单元并分配额外的节点作为最近的流体单元节点。

命令：AFSURF。

GUI：Main Menu > Preprocessor > Modeling > Create > Elements > Surface Effect > Area to Fluid。

在某些热分析中，用 AFSURF 命令生成带有可选节点的 SURF152 单元。

（4）如果模型是由直接生成方法装配的，则可以直接在已有单元的表面叠加生成表面单元并分配另外的节点作为最近流体单元的节点。

命令：NDSURF。

GUI：Main Menu > Preprocessor > Modeling > Create > Elements > Surf/Contact > Surf Effect > Attach to Fluid > Node to Fluid。

在某些热分析中，用 NDSURF 生成带有可选择节点的 SURF151 或 SURF152 单元。

（5）按下列方法用二维线单元连接重合的节点。

命令：EINTF。

GUI：Main Menu > Preprocessor > Modeling > Create > Elements > At Coincid Nd。

（6）按下列方法生成一般的接触单元。

命令：GCGEN。

GUI：Main Menu > Preprocessor > Modeling > Create > Elements > At ContactSrf。

3.6 导入 CAD 模型

用户可以在 ANSYS 里直接建立模型。当然，作为一种可供替换的方案，也可以先在用户擅长的 CAD 系统里建立实体模型，把模型存为 ANSYS 可以导入的文件格式，然后把这个模型输入到 ANSYS 中。

(1) IGES 格式导入。使用下面的 GUI 可以实现把 IGES 格式的模型导入到 ANSYS 中。

GUI：File > Import > IGES。

在文件夹中，找到需要的文件单击 OK 按钮，就可以顺利地把 x_t 格式的模型导入到 ANSYS 中。

(2) x_t 格式导入。使用下面的 GUI 可以实现把 x_t 格式的模型导入到 ANSYS 中。

GUI：File > Import > PARA。

在文件夹中，找到需要的文件单击 OK 按钮，就可以顺利地把 x_t 格式的模型导入到 ANSYS 中。

(3) sat 格式导入。使用下面的 GUI 可以实现把 sat 格式的模型导入到 ANSYS 中。

GUI：File > Import > SAT。

在文件夹中，找到需要的文件单击 OK 按钮，就可以顺利地把 sat 格式的模型导入到 ANSYS 中。

3.7 参数化建模

3.7.1 参数化建模概念

参数化建模主要依托 ANSYS 自带的 APDL 语言，来实现对模型的参数化建模。APDL 是 ANSYS 参数化设计语言，它是一种解释性语言，可用来自动完成一些通用性强的任务，也可以用于根据参数建立模型。APDL 还包括其他许多特性，如重复执行某条命令、宏、IF-THEN-ELSE 分支、DO 循环、标量、向量及矩阵操作等。APDL 不仅是设计优化和自适应网格划分等经典特性的实现基础，而且它也为日常分析提供了很多便利。

3.7.2 使用参数

3.7.2.1 参数

参数是 APDL 的变量，它们更像 Fortran 变量，而不像 Fortran 参数。不必明确声明参数类型，所有数值变量都以双精度数储存。被使用但未声明的参数都被赋一个接近 0 的值或极小值。例如，参数 A 被定义为 A = B，但 B 没被定义，则赋给 A 一个极小值。

3.7.2.2 参数命名规则

参数名称必须以字母开头，且只能包含字母、数值和下划线。

下面列出一些有效和无效的参数名。

有效参数名：ABC，PI，X_ OR_Y。

无效参数名：NEW VALUE（超过 8 个字节），2CF3（以数值开头），M&E（含有非法字符"&"）。

需要注意的是，要避免参数名与经常使用的 ANSYS 标识字相同，如自由度（DOF）标识字（TEMP、UX、PRES 等）；常用标识字（ALL、PICK、STAT 等）；用户定义标识字（如用 ETABLE 命令定义的标识字）；数组类型标识字（如 CHAR、ARRAY、TABLE 等）。参数名不能以下划线 0 开头。这类参数名只能用于 GUI 和应用于 ANSYS 的宏中。需要注意的是，名称为 ARG1 ~ ARG9 和 AR11 ~ AR99 的参数被保留为局部参数。

3.7.2.3 定义参数

定义参数的方法主要有值赋给参数；提取 ANSYS 提供的值，再把这些值赋给参数；可以

用 *GET 命令或各种内嵌获取函数从 ANSYS 中提取值,下面对其进行详细说明。

A 在运行过程中给参数赋值

可以用 *SET 命令定义参数。如:

　　　*SET,ABC,-23
　　　*SET,QR,2.07E11
　　　*SET,XORY,ABC
　　　*SET,CPARM,'CASE1'

也可以用"="作为一种速记符来调用 *SET 命令,其格式为 Name = Value。式中,Name 是参数名;Value 是赋给该参数的数值或字符。对于字符参数,赋给的值必须被括在单引号中,并不能超过 8 个字符。下面的例子说明"="的用法。

　　　ABC = 23
　　　QR = 2.07E 11
　　　XORY = ABC
　　　CPARM = ' CASE1 '

在 GUI 中,可以直接在 ANSYS 输入窗口或标量参数对话框的"Selection"域(通过 Utility Menu > Parameters > Scalar Parameters 菜单项访问)中输入"="。

B 将 ANSYS 提供的值赋给参数

a *GET 命令的用法

GUI: Utility Menu > Parameters > Get Scalar Data。

从某个特定的项目如一个点、一个单元、一个面等提取 ANSYS 提供的数据并赋给某个用户命名的参数。各种关键词、标识字和数字结合在一起来确定被提取的项目。例如,*GET,A,ELEM,5,CENT,X,表示返回单元 5 的质心的 X 坐标值并赋给参数 A。

　　*GET 命令的使用格式为

　　　　*GET,Par,Entity,ENTNUM,Item1,IT1NUM,Item2,IT2NUM

其中,Par 是将被赋值的参数名;Entity 是被提取项目的关键词,有效的关键词是 NODE,ELEM,KP,LINE,AREA,VOLU 等,在 ANSYS Commands Reference 中的 *GET 部分对之有完整的说明;ENTNUM 是实体的编号(若为 0 指全部实体);Item1 是指某个指定实体的项目名。例如,如果 Entity 是 ELEM,那么 Item1 要么是 NUM(选择集中的最大或最小的单元编号),要么是 COUNT(选择集中的单元数目)。

可以把 *GET 命令看成是对一种树形结构从上至下的路径搜索,即从一般到特殊的确定。

可用下面的例子来说明 *GET 命令的用法。下面的第一条命令用于获得单元 97 的材料属性(MAT 参考号)并赋给单元 BCD。

　　　*GET,BCD,ELEM,97,ATTR,MAT　　! BCD = 单元 97 的材料号
　　　*GET,V37,ELEM,37,VOLU　　　　! V37 = 单元 37 的体积
　　　*GET,EL52,ELEM,52,HGEN　　　 ! EL52 = 在单元 52 生成的热值
　　　*GET,OPER,ELEM,102,HCOE,2　　! OPER,单元 102 面 2 上的热系数
　　　*GET,TMP,ELEM,16,TBULY,3　　 ! TMP = 单元 16 面 3 上的体积温度
　　　*GET,NMAX,NODE,NUM,MAX　　　 ! NMAX = 最大激活节点数
　　　*GET,HNOD,NODE,12,HGEN　　　 ! HNOD = 在节点 12 生成的热值
　　　*GET,COORD,ACTIVE,CSYS　　　 ! COORD = 激活的坐标系值

b 内嵌获取函数的用法

对于某些项目,可以用内嵌的获取函数来代替 *GET 命令。获取函数返回项目的值并直接用于当前运行之中。这样就不必先把值赋给参数,然后再在运行中调用该参数,从而可以省去起中间作用的参数。例如,要计算两个节点的 X 坐标的平均值,可以采用 *GET 函数。

(1)使用下面的命令把节点 1 的 X 坐标值赋给参数 L1。

*GET,L1,NODE,1,LOC,X

(2)再使用 *GET 命令把节点 2 的 X 坐标值赋给参数 L2。

(3)计算中间值 MID = (L1 + L2)/2。

更简便的方法是使用节点坐标获取函数 NX[N],该函数返回节点 N 的 X 坐标值。这样就可以不用中间参数 L1 和 L2,如:

MID = (NX(1) + NX(2))/2

获取函数的参数可以是参数,也可以是其他的获取函数。例如,获取函数 NELEM(ENUM,NPOS)返回在单元 ENUM 上 NPOS 处的节点编号,则联合函数 NX(NELEM(ENUM,NPOS))返回该节点的 X 坐标值。

C 排列显示参数

一旦定义了参数,就可以用 *STATUS 命令把它们排列显示出来。如果仅用 *STATUS 命令(没有附加参数),则列表显示目前所有已定义的参数。

通过 Utility Menu > List > Other > Parameters 或 Utility Menu > List > Status > Parameters > All Parameters 菜单项也可以得到参数的列表显示。

3.7.2.4 删除参数

可通过两种途径删除参数。

(1)使用"="命令,其右边为空。例如,使用该命令删除参数 QR。QR =

(2)使用 *SET 命令(Utility Menu > Parameters > Scalar Parameters),但不给参数赋值。例如,使用该命令删除参数 QR。

*SET,QR

令某个数值参数为 0,并没有删除该参数。同样,令某个字符参数为空的单引号(' ')或单引号中为空格也没有删除该参数。

3.7.2.5 数字参数值的置换

只要在有关数字命令的地方用到参数,该参数值都会被自动置换。假如没有给该参数赋值(即该参数还没被定义),程序会自动赋给它一个接近 0 的值,通常不会发出警告。大多数情况下,某参数在一个命令中使用之后,再被定义,不会再更新该命令。例如:

```
Y = 0
X = 2.7
N,1,X,Y        ! 节点 1 在(2.7,0)
Y = 3.5        ! 重新定义参数 Y 不会更新节点 1
```

3.7.2.6 参数公式

参数公式包括对参数和数值的运算,如加、减、乘、除等。例如:

```
X = A + B
p = (R2 + R1)/2
D = -B + (E**2)-(3*A*C)        ! 求值 D = -B + E² - 3AC
```

（1）运算符号操作。

+：加；-：减；*：乘；/：除；**：求幂；<：小于；>：大于。

（2）也可以使用圆括号。ANSYS 运算的顺序为：

1）圆括号中的运算（最里面最优先）。2）求幂（从右到左）。3）乘和除（从左到右）。4）一元联合（如 +A 或 -A）。5）加和减（从左到右）。6）逻辑判断（从左到右）。

因此，一个诸如 Y2 = A + B**C/D*E 的公式按如下顺序求值：最先求 B**C，第二步为/D，第三步为*E，最后 +A。为了更清楚，可以在公式中使用圆括号。圆括号最多可嵌套 3 层，在每套圆括号中最多可有 9 次运算。一般来说，在公式的运算符之间不要有空格。特别是在*之前不能有空格，这是因为如果这样，接下来的输入行（以*开头）将被作为一条命令来解释，而不再是公式的一部分了。

3.7.2.7 带参数的函数

一个带参数的函数是数学运算的程序序列，并返回一个值，如 SIN(X)、SQRT(X) 和 LOG(13.2)。表 3-1 完整地列出了当前可用的 ANSYS 函数。

表 3-1 ANSYS 可用的函数

函数	说明
ABS(x)	x 的绝对值
SIGN(x,y)	x 的绝对值，但取 y（正负）符号，y = 0 时结果取正号
EXP(x)	x 的指数值
LOG(x)	x 的自然对数值 ln(x)
LOGlO(x)	x 的常用对数值 $\log_{10}(x)$
SQRT(x)	x 的平方根值
NINT(x)	x 的整数部分
MOD(x,y)	x/y 的余数部分。若 y = 0，则返回 0
RAND(x,y)	在 x 到 y 范围内产生随机数（一致分布）（x 为下限，y 为上限）
GDIS(x,y)	生成平均值为 x 且偏差为 y 的正态分布的随机数
SIN(x), COS(x), TAN(x)	x 的正弦、余弦及正切值。x 的默认单位为弧度，但可用 *AFUN 命令转化为度数
SINH(x), COSH(x), TANH(x)	x 的双曲线正弦、余弦及正切值
ASIN(x), ACOS(x), ATAN(x)	x 的反正弦、反余弦及反正切值。对于 ASIN 和 ACOS，x 必须在 -1.0 ~ +1.0 之间。输出的默认单位为弧度，但可用 *AFUN 命令转化为度数。对于 ASIN 和 ATAN，输出值的范围在 -pi/2 ~ +pi/2 之间；对于 ACOS，输出值的范围在 0 ~ Pi 之间
ATAN2(y,x)	y/x 的反正切值。输出的默认单位为弧度，但可用 AFUN 命令转化为度数。输出值的范围在 -pi ~ +pi 之间
VALCHR (CPARM)	返回 CPARM 的数字值（如果 CPARM 是一个数值，则返回 0.0）
CHRVAL(PARM)	数字参数 PARM 的字符值。小数位数取决于数值大小
UPCASE(CPARM)	把 CPARM 转化为大写
LWCASE(CPARM)	把 CPARM 转化为小写

下面是一些带参数函数的例子。

```
PI = ACOS(-1)                    ! PI = -1 的反余弦值,PI 的精确度由机器确定
Z3 = COS(2*TBETA) - Z1**2
R2 = SQRT(ABS(R1-3))
X = RAND(-23,82)                 ! X = 在-23 和 82 的随机值
*AFUN,DEG                        ! 把角度的单位转换为度数
THETA = ATAN(SQRT(3))            ! THETA 等于 600
PHI = ATAN2(-SQRT(3), 1)         ! PHI 等于 -1200
*AFUN,RAD                        ! 把角度的单位转换为弧度
X239 = NX(239)                   ! 节点 239 的 X 轴坐标
SLOPE = (KY(2)-KY(1))/(KX(2)-KX(1))
                                 ! 连接关键点 1 和 2 的线的斜率
CHNUM = CHRVAL(X)                ! CHNUM = X 的字符值
UPPER = UPCASE(LABEL)            ! UPPER = 参数 LABEL 的大写字符
```

3.7.3 APDL 中控制程序

3.7.3.1 无条件分支：*Go

最简单的转向命令 *GO 指示程序转到某个指定标识字行处,不执行中间的任何命令。程序继续从该指定标识字行处开始执行。例如：

```
* GO,:BRANCH1
---                      ! 这个程序体被跳过(不执行)
---
:BRANCH1
---
```

由 *GO 命令指定的标识字必须以冒号(:)开头,并不能超过 8 个字符(包括冒号)。该标识字可位于同一个文件中的任何地方。不鼓励使用 *GO 命令。最好使用其他的分支命令来制律程序流。

3.7.3.2 条件分支：*IF 命令

APDL 允许根据条件执行某些供选择的程序体中的一个。条件的值通过比较两个数的值,或等于某数值的参数来确定。

*IF 命令的语法为：*IF, VAL1, Oper, VAL2, Base

其中,VAL1 是比较的第一个数值(或数字参数);Oper 是比较运算符;VAL2 是比较的第二个数值(或数字参数);若比较的值为真,则执行 Base 指定的操作。APDL 提供了 8 个比较运算符。EQ:等于(VAL1 = VAL2);NE:不等于(VAL1 ≠ VAL2);LT:小于(VAL1 < VAL2);GT:大于(VAL1 > VAL2);LE:小于或等于(VAL1 ≤ VAL2);GE:大于或等于(for VAL1 ≥ VAL2);ABLT:绝对值小于;ABGT:绝对值大于。

通过给 Base 变量赋值 THEN,*IF 命令就变成了 IF-THEN-ELSE 结构(与 Fortran 中的该结构类似)的开始。该结构如下：

一个 * IF 命令
一个或多个 * ELSEIF 命令选项
一个 * ELSE 命令选项
一个必需的 * ENDIF 命令,标识字该结构的结束。

在最简单的形式中,*IF 命令判断比较的值,若为真,则转向 Base 变量所指定的标识字。结合一些*IF 命令,将能得到和其他编程语言中 CASE 语句相同的功能。注意,不要转向某个位于 IF – THEN – ELSE 结构或 do 循环中的带标识字的行。

通过给 Base 变量赋值 STOP,可以离开 ANSYS。

IF-THEN-ELSE 结构仅仅判断条件并执行接下来的程序体或跳到*ENDIF 命令的下一条语句(用"Continue"注释表示)。

```
*IF,A,EQ,1,THEN
        !Block1
   *ENDIF
!  继续执行
```

3.7.3.3 循环:DO 循环

DO 循环允许按指定的次数循环执行一系列的命令。*DO 和*ENDDO 命令分别是循环开始和结束点的标识字。

下面的 DO 循环例子读取 5 个载荷步文件(从 1 到 5)并对 5 个文件做了同样的更改。

```
*DO,I,1,5              !I = 1 to 5
LSREAD,1               !读取载荷步文件 1
OUTPR,ALL,NONE         !改变输出控制
ERESX,NO
LSWRITE,1              !重写载荷步文件 1
*ENDDO
```

在构造 DO 循环时,要遵循以下原则:

(1)不要通过在*IF 或*GO 命令中带有:Label 来从 DO 循环结构中跳出。

(2)不要在 DO 循环结构中用:Label 跳到另一行语句,可用 IF-THEN-ELSE 结构来代替。

(3)在 DO 循环结构中,第一次循环后,自动禁止命令结果输出。如果想得到所有循环的结果输出,就在 DO 循环结构中使用/GOPR 或/GO(无响应行)命令。

3.8 布尔运算

3.8.1 交运算

交运算的结果是由每个初始图元的共同部分形成一个新图元。也就是说,交表示两个或多个图元的重复区域。这个新的图元可能与原始的图元有相同的维数,也可能低于原始图元的维数。例如,两条线的交可能只是一个关键点或关键点的集合,也可能是一条线或线的集合。布尔交命令有如下形式。

(1)生成线与线的交。

命令:LINL。

GUI:Main Menu > Preprocessor > Modeling > Operate > Intersect > Common > Lines。

(2)生成面与面的交。

命令:AINA。

GUI:Main Menu > Preprocessor > Modeling > Operate > Intersect > Common > Areas。

(3)生成体与体的交。

命令：VINV。

GUI：Main Menu > Preprocessor > Modeling > Operate > Intersect > Common > Volumes。

(4) 生成线与面的交。

命令：LIMA。

GUI：Main Menu > Preprocessor > Modeling > Operate > Intersect > Line with Area。

(5) 生成面与体的交。

命令：AINV。

GUI：Main Menu > Preprocessor > Modeling > Operate > Intersect > Area with Volume。

图 3-19 为相交的例子。

(6) 线的两两相交。

命令：LINP。

GUI：Main Menu > Preprocessor > Modeling > Operate > Intersect > Pairwise > Lines。

(7) 面的两两相交。

命令：AINP。

GUI：Main Menu > Preprocessor > Modeling > Operate > Intersect > Pairwise > Areas。

(8) 体的两两相交。

命令：VINP。

GUI：Main Menu > Preprocessor > Modeling > Operate > Intersect > Pairwise > Volumes。

图 3-20 为两两相交的例子。

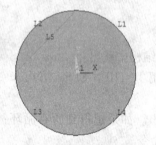

图 3-19　线与面相交　　　　　　图 3-20　线的两两相交

3.8.2　加运算

(1) 把分开的面相加生成一个面。

命令：AADD。

GUI：Main Menu > Preprocessor > Modeling > Operate > Add > Areas。

(2) 把分开的体相加生成一个体。

命令：VADD。

GUI：Main Menu > Preprocessor > Modeling > Operate > Add > Volumes。

加运算的结果是得到一个包含各个原始图元所有部分的新图元。这种运算也可称为并、连接或和。这样形成的新图元是一个单一的整体，没有接缝，如图 3-21 所示。实际上，加运算形成的图元在网格划分时常不如搭接形成的图元好。在 ANSYS 程序中，只能对三维实

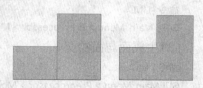

图 3-21　两个面的加运算

体或二维共面的面进行加操作。

3.8.3 减运算

如果从某个图元(E1)减去另一个图元(E2),其结果可能有两种情况:一是生成一个或多个新图元 E3（E1 – E2 = E3）,E3 与 E1 有同样的维数,且与 E2 无搭接部分;另一种情况是 E1 与 E2 的搭接部分是一个低维的实体,结果将 E1 分成两个或多个新的实体。

(1) 从线中减去线。

命令:LSBL。

GUI: Main Menu > Preprocessor > Modeling > Operate > Subtract > Lines。

(2) 从面中减去面。

命令:ASBA。

GUI: Main Menu I Preprocessor > Modeling > Operate > Subtract > Areas。

(3) 从体中减去体。

命令:VSBV。

GUI: Main Menu > Preprocessor > Modeling > Operate > Subtract > Volumes。

(4) 从线中减去面。

命令:LSBA。

GUI: Main Menu > Preprocessor > Modeling > Operate > Divide > Line by Area。

(5) 从线中减去体。

命令:LSBV。

GUI: Main Menu > Preprocessor > Modeling > Operate > Divide > Line by Volume。

(6) 从面中减去体。

命令:ASBV。

GUI: Main Menu > Preprocessor > Modeling > Operate > Divide > Area by Volume。

(7) 从面中减去线。

命令:ASBL,使用 ASBL 命令时不出现 SEPO 域。

GUI: Main Menu > Preprocessor > Modeling > Operate > Divide > Area by Line。

(8) 从体中减去面。

命令:VSBA。

GUI: Main Menu > Preprocessor > Modeling > Operate > Divide > Volume by Area。

图 3 – 22 为减运算的例子。

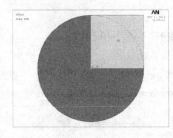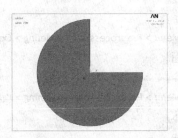

图 3 – 22　面面相减

3.8.4 分割运算

本小节主要讲解如何使用工作平面进行分割运算。工作平面可用来做分割运算将一个图元分成两个或更多的图元。使用以下命令或 GUI 操作可以实现工作平面分割线、面或体。

工作平面常用来分割未划分映射网格的模型。

(1) 工作平面分割线。

命令：LSBW。

GUI：Main Menu > Preprocessor > Modeling > Operate > Divide > Line by WrkPlane。

(2) 工作平面分割面。

命令：ASBW。

GUI：Main Menu > Preprocessor > Modeling > Operate > Divide > Area by WrkPlane。

(3) 工作平面分割体。

命令：VSBW。

GUI：Main Menu > Preprocessor > Modeling > Operate > Divide > Volu by WrkPlane。

图 3-23 为用工作平面做分割运算的例子。

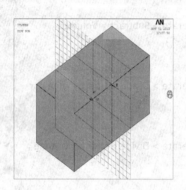 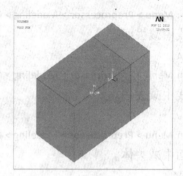

图 3-23 用工作平面分割体

3.8.5 搭接运算

搭接运算用于连接两个或多个图元,以生成 3 个或更多新图元的集合。搭接运算除了在搭接域周围生成了多个边界外,与加运算非常类似。也就是说,搭接运算生成的是多个相对简单的区域,加运算生成一个相对复杂的区域。因而,搭接运算生成的图元比加运算生成的图元更容易划分网格。搭接区域必须与原始图元有相同的维数。布尔搭接命令及其相应的 GUI 途径如下。

(1) 搭接线。

命令：LOVLAP。

GUI：Main Menu > Preprocessor > Modeling > Operate > Overlap > Lines。

(2) 搭接面。

命令：AOVLAP。

GUI：Main Menu > Preprocessor > Modeling > Operate > Overlap > Areas。

(3) 搭接体。

命令：VOVLAP。

GUI：Main Menu > Preprocessor > Modeling > Operate > Overlap > Volumes。

图 3 - 24 为搭接运算的例子。

3.8.6 互分运算

互分运算用于连接两个或多个图元,以生成 3 个或更多新图元的集合。如果搭接区域与原始图元有相同的维数,那么互分结果与搭接结果相同。但是与搭接运算不同的是,没有参加搭接的输入图元将不被删去。布尔互分命令如下。

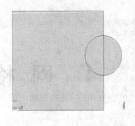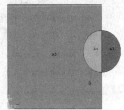

图 3 - 24 面与面搭接

(1) 对线进行互分。

命令:LPTN。

GUI: Main Menu > Preprocessor > Modeling > Operate > Partition > Lines。

(2) 对面进行互分。

命令:APTN。

GUI:Main Menu > Preprocessor > Modeling > Operate > Partition > Areas。

(3) 对体进行互分。

命令:VPTN。

GUI:Main Menu > Preprocessor > Modeling > Operate > Partition > Volumes。

图 3 - 25 为互分运算的例子。

3.8.7 黏接运算

黏接命令与搭接命令类似,只是图元之间仅在公共边界处相关,且公共边界的维数低于原始图元一维。这些图元间仍然相互独立,只在边界上连接(它们相互对话),如图 3 - 26 所示。布尔黏接命令如下。

图 3 - 25 对面进行互分　　图 3 - 26 通过黏接面生成新的面

(1) 通过黏接线生成新的线。

命令:LGLUE。

GUI:Main Menu > Preprocessor > Modeling > Operate > Glue > Lines。

(2) 通过黏接面生成新的面。

命令:AGLUE。

GUI:Main Menu > Preprocessor > Modeling > Operate > Glue > Areas。

(3) 通过黏接体生成新的体。

命令:VGLUE。

GUI:Main Menu > Preprocessor > Modeling > Operate > Glue > Volumes。

图 3 - 26 为黏接运算的例子。

4 网 格 划 分

4.1 有限元网格概论

生成节点和单元的网格划分过程包括3个步骤。

(1) 定义单元属性。

(2) 定义网格生成控制(非必需,因为默认的网格生成控制对多数模型生成都是合适的。如果没有指定网格生成控制,程序会用 DSIZE 命令使用默认设置生成网格。当然,也可以手动控制生成质量更好的自由网格),ANSYS 程序提供了大量的网格生成控制,可按需要选择。

(3) 生成网格。在对模型进行网格划分之前,甚至在建立模型之前,要明确是采用自由网格还是采用映射网格来分析。自由网格对单元形状无限制,并且没有特定的准则。而映射网格则对包含的单元形状有限制,而且必须满足特定的规则。映射面网格只包含四边形或三角形单元,映射体网格只包含六面体单元。另外,映射网格具有规则的排列形状,如果想要这种网格类型,所生成的几何模型必

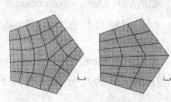

图 4-1 自由网格和映射网格

须具有一系列相当规则的体或面。自由网格和映射网格示意图如图4-1所示。

可用 MSHESKEY 命令或相应的 GUI 路径选择自由网格或映射网格。注意,所用网格控制将随自由网格或映射网格划分而不同。

4.2 设定单元属性

在生成节点和单元网格之前,必须定义合适的单元属性,包括如下几项。

(1)单元类型(例如 BEAM181,SHELL131 等)。(2)实常数(例如厚度和横截面积)。(3)材料性质(例如杨氏模量、热传导系数等)。(4)单元坐标系。(5)截面号(只对 BEAM188,BEAM189 单元有效)。

4.2.1 定义单元属性

为了定义单元属性,首先必须建立一些单元属性表。典型的包括单元类型(命令 ET 或者 GUI 路径:Main Menu > Preprocessor > Element Type > Add/Edit/Delete)、实常数(命令 R 或者 GUI 路径:Main Menu > Preprocessor > Real Constants、材料性质(命令 MP 和 TB 或者 GUI 路径:Main Menu > Preprocessor > Material Props > Material option)。

利用 LOCAL,CLOCAL 等命令可以组成坐标系表(GUI 路径:Utility Menu > WorkPlane > Local Coordinate Systems > Create Local CS > Option)。这个表用来给单元分配单元坐标系。并非所有的单元类型都可用这种方式来分配单元坐标系。

对于用 BEAM188，BEAM189 单元划分的梁网格，可利用命令 SECTYPE 和 SECDATA（GUI 路径：Main Menu > Preprocessor > Sections）创建截面号表格。

方向关键点是线的属性而不是单元的属性，不能创建方向关键点表格。

可以用命令 ETLIST 来显示单元类型，命令 RUST 来显示实常数，MPLIST 来显示材料属性，上述操作对应的 GUI 路径为：Utility Menu > List > Properties > Property type。另外，还可以用命令 CSUST（GUI 路径：Utility Menu > List > Other > Local Coord Sys）来显示坐标系，命令 SLIST（GUI 路径：Main Menu > Preprocessor > Sections > List Sections）来显示截面号。

4.2.2 分配单元属性

一旦建立了单元属性表，通过指向表中合适的条目即可对模型的不同部分分配单元属性。指针就是参考号码集，包括材料号(MAT)、实常数号(TEAL)、单元类型号(TYPE)、坐标系号(ESYS)，以及使用 BEAM188 和 BEAM189 单元时的截面号(SECNUM)。可以直接给所选的实体模型图元分配单元属性，或者定义默认的属性在生成单元的网格划分中使用。

如前面提到的，在给梁划分网格时给线分配的方向关键点是线的属性而不是单元属性，所以必须是直接分配给所选线，而不能定义默认的方向关键点以备后面划分网格时直接使用。

4.2.2.1 直接给实体模型图元分配单元属性

给实体模型分配单元属性时，允许对模型的每个区域预置单元属性，从而避免在网格划分过程中重置单元属性。清除实体模型的节点和单元不会删除直接分配给图元的属性。

利用表 4-1 中的命令和相应的 GUI 路径可直接给实体模型分配单元属性。

表 4-1 直接给实体模型分配单元属性命令

用 法	命令	GUI
给关键点分配属性	KATT	Main Menu > Preprocessor > Meshing > Mesh Attributes > All Keypoints(Picked KPs)
给线分配属性	LATT	Main Menu > Preprocessor > Meshing > Mesh Attributes > All Lines (Picked Lines)
给面分配属性	AATT	Main Menu > Preprocessor > Meshing > Mesh Attributes > All Areas (Picked Areas)
给体分配属性	VATT	Main Menu > Preprocessor > Meshing > Mesh Attributes > All Volumes(Picked Volumes)

4.2.2.2 分配默认属性

可以通过指向属性表的不同条目来分配默认的属性，在开始划分网格时，ANSYS 程序会自动将默认属性分配给模型。直接分配给模型的单元属性将取代上述默认属性，而且，当清除实体模型图元的节点和单元时，其默认单元属性也将被删除。

可利用如下方式分配默认的单元属性：

命令：TYPE。

GUI：Main Menu > Preprocessor > Meshing > Mesh Attributes > Default Attribs

或 Main Menu > Preprocessor > Modeling > Create > Elements > Elem Attributes。

4.2.2.3 自动选择维数正确的单元类型

有些情况下，ANSYS 程序能对网格划分或拖拉操作选择正确的单元类型，当选择明显正确时，不必人为地转换单元类型。

特殊地，当未将单元属性(xATT)直接分给实体模型时，或者默认的单元属性(TYPE)对于要执行的操作维数不对时，而且已定义的单元属性表中只有一个维数正确的单元，ANSYS 程序会自动利用该种单元类型执行这个操作。

受此影响的网格划分和拖拉操作命令有:KMESH、LMESH、AMESH、VMESH、FVMESH、VOFFST、VEXT、VDRAG、VROTAT、VSWEEP。

4.2.2.4 在节点处定义不同的厚度

可以利用下列方式对壳单元在节点处定义不同的厚度:

命令:RTHICK。

GUI:Main Menu > Preprocessor > Real constants > Thickness Func。

壳单元可以模拟复杂的厚度分布,以 SHELL181 为例,允许给每个单元的 4 个角点指定不同的厚度,单元内部的厚度假定是在 4 个角点厚度之间光滑变化。给一群单元指定复杂的厚度变化是有一定难度的,特别是每一个单元都需要单独指定其角点厚度的时候,在这种情况下,利用命令 RTHICH 能大大简化模型定义。

下面用一个实例来详细说明该过程,该实例的模型为 10×10 的矩形板,用 0.5×0.5 的方形 SHELL181 单元划分网格。现在在 ANSYS 程序里输入如下命令流:

```
/TITLE,RHICK EXAMPLE
/PREP7
ET,1,181
RECT,,10,,10
ESHAPE,2
ESIZE,,20
AMESH,1
EPLO
```

得到初始的网格图如图 4-2 所示。假定板厚按下述公式变化:$h = 0.5 + 0.2x + 0.02y^2$,为了模拟该厚度变化,创建一组参数给节点设定相应的厚度值。换句话说,数组里面的第 N 个数对应于第 N 个节点的厚度,命令流如下:

```
MXNODE = NDINQR(0,14)
*DIM,THICK,MXNODE
*DO,NODE,1,MXNODE
    *IF,NSEL(NODE),EQ,1,THEN
        THICH(NODE) = 0.5 + 0.2*NX(NODE) + 0.02*NY(NODE)**2
    *ENDIF
*ENDDO
NODE = $ MXNODE
```

最后,利用 RTHICK 函数将这组表示厚度的参数分配到单元上,结果如图 4-3 所示。

图 4-2 初始的网络

图 4-3 不同厚度的壳单元

```
RTHICK,THICK(1),1,2,3,4
/ESHAPE,1.0
```

```
/USER,1
/DIST,1,7
/VIEW,1,-.75,-.28,.6
/ANG,1,-1
/FOC,1,5.3,5.3,0.27
EPLO
```

4.3 网格划分控制

网格划分控制能建立用在实体模型划分网格的参数,例如单元形状、中间节点位置、单元大小等。此步骤是整个分析中最重要的步骤之一,因为此阶段得到的有限元网格将对分析的准确性和经济性起决定作用。

4.3.1 ANSYS 网格划分工具

ANSYS 网格划分工具(GUI 路径:Main Menu > Preprocessor > Meshing > MeshTool)提供了最常用的网格划分控制和最常用的网格划分操作的便捷途径。其主要功能为:(1)控制"SmartSizing"水平。(2)设置单元尺寸控制。(3)指定单元形状。(4)指定网格划分类型(自由或映射)。(5)对实体模型图元划分网格。(6)清除网格。(7)细化网格。

4.3.1.1 单元形状

ANSYS 程序允许在同一个划分区域出现多种单元形状,例如同一区域的面单元可以是四边形也可以是三角形,但建议尽量不要在同一个模型中混用六面体和四面体单元。

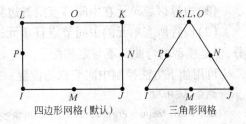

图 4-4 四边形单位形状退化

下面简单介绍一下单元形状的退化,如图 4-4 所示。在划分网格时,应该尽量避免使用退化单元。

用下列方法指定单元形状:

命令:MSHAPE。

GUI:Main Menu > Preprocessor > Meshing > MeshTool。

如果正在使用 MSHAPE 命令,维数(2D 或 3D)的值表明待划分的网格模型的维数,KEY 值(0 或 1)表示划分网格的形状:

KEY=0,如果 Dimension=2D,ANSYS 将用四边形单元划分网格,如果 Dimension=3D,ANSYS 将用六面体单元划分网格。

KEY=1,如果 Dimension=2D,ANSYS 将用三角形单元划分网格,如果 Dimension=3D,ANSYS 将用四面体单元划分网格。

有些情况下,MSHAPE 命令及合适的网格划分命令(AMESH,YMESH 或相应的 GUI 路径:Main Menu > Preprocessor > Meshing > Mesh > meshing option)就是对引入模型划分网格的全部所需。每个单元的大小由指定的默认单元大小(AMRTSIZE 或 DSIZE)确定。例如图 4-5 的左边的模型用 VMESH 命令生成右边

图 4-5 默认单元尺寸

的网格。

4.3.1.2 选择自由或映射网格划分

除指定单元形状外,还需指定对模型进行网格划分的类型(自由划分或映射划分):

命令:MSHAPE。

GUI:Main Menu > Preprocessor > Meshing > MeshTool。

单元形状(MSHAPE)和网格划分类型(MSHEKEY)的设置共同影响网格的生成,表4-2列出了ANSYS程序支持的单元形状和网格划分类型。

表4-2 ANSYS程序支持的单元形状和网格划分类型

单元形状	自由划分	映射划分	既可映射划分又可自由划分
四边形	Yes	Yes	Yes
三角形	Yes	Yes	Yes
六面体	No	Yes	No
四面体	Yes	No	No

4.3.1.3 控制单元边中节点的位置

当使用二次单元划分网格时,可以控制中间节点的位置,有两种选择。

(1)边界区域单元在中间节点沿着边界线或者面的弯曲方向,这是默认设置。

(2)设置所有单元的中间节点且单元边是直的,此选项允许沿曲线进行粗糙的网格划分,但是模型的弯曲并不与之相配。

可用如下方法控制中间节点的位置:

命令:MSHMID

GUI:Main Menu > Preprocessor > Meshing > Mesher opts

4.3.1.4 划分自由网格时的单元尺寸控制(SmartSizing)

默认地,DESIZE命令方法控制单元大小在自由网格划分中的使用,但一般推荐使用SmartSizing,为打开SmartSizing,只要在SMRTSIZE命令中指定单元大小即可。

ANSYS里面有两种SmartSizing控制:基本的和高级的。

(1)基本的控制。利用基本的控制,可以简单地指定网格划分的粗细程度,从0(粗糙)到10(精细),程序会自动设置一系列独立的控制值用来生成想要的大小,方法如下:

命令:SMRTSIZE,SIZLVL。

GUI: Main Menu > Preprocessor > Meshing > MeshTool。

图4-6表示利用几个不同的SmartSizing设置生成的网格。

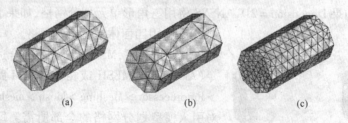

图4-6 同一模型用Smartsizing划分结果
(a)Level=6(默认);(b)Level=0(粗糙);(c)Level=10(精细)

(2) 高级的控制。ANSYS 还允许使用高级方法专门设置人工控制网格质量,方法如下:

命令:SAMTSIZE 或 ESIZEGUI。
GUI:Main Menu > Preprocessor > Meshing > Size Cntrls > Smartsize > Adv Opts。

4.3.2 映射网格划分中单元的默认尺寸

DESIZE 命令(GUI 路径:Main Menu > Preprocessor > Meshing > Size Cntrls > ManualSize > Global > Other)常用来控制映射网格划分的单元尺寸,同时也用在自由网格划分的默认设置,但是,对于自由网格划分,建议使用 SmartSizing(SMRTSIZE)。

对于较大的模型,通过 DESIZE 命令查看默认的网格尺寸是明智的,可通过显示线的分割来观察将要划分的网格情况。预查看网格划分的步骤为:(1)建立实体模型。(2)选择单元类型。(3)选择容许的单元形状(MSHAPE)。(4)选择网格划分类型(自由或映射)(MSHKEY)。(5)键入 LESIZE,ALL(通过 DESIZE 规定调整线的分割数)。(6)显示线(LPLOT)。

如果觉得网格太粗糙,可用通过改变单元尺寸或者线上的单元份数来加密网格,方法为:

首先选择 GUI 路径:Main Menu > Preprocessor > Meshing > Size Cntrls > ManualSize > Layers > Picked Line。

这时弹出"Elements Sizes on Picked Lines"拾取菜单,用鼠标单击拾取屏幕上的相应线段,如图 4-7 所示。单击"OK"按钮,弹出如图 4-8 所示对话框,在"SIZE Element edge length"后面输入具体数值(它表示单元的尺寸),或者是在"NDIV No. of line divisions"后面输入正整数(它表示所选择的线段上的单元份数),单击"OK"按钮。然后重新划分网格,如图 4-9 所示。

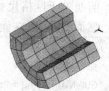

图 4-7 粗糙的网格

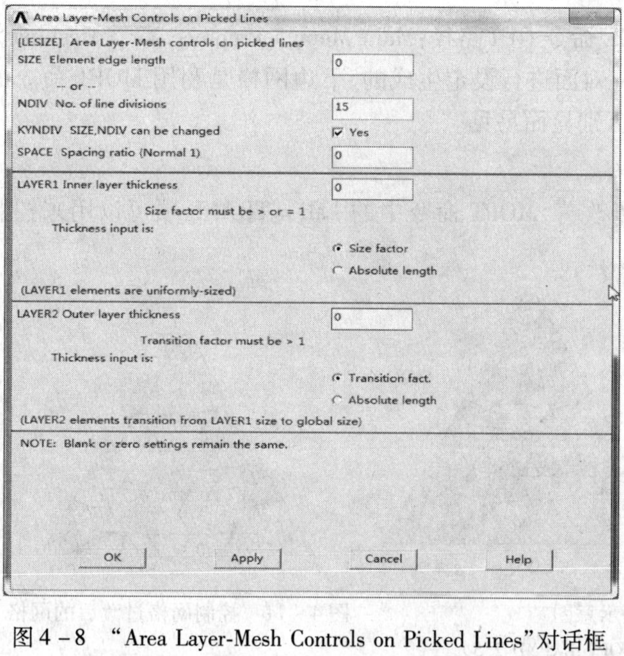

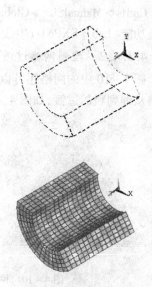

图 4-8 "Area Layer-Mesh Controls on Picked Lines"对话框

图 4-9 改进后的网格

4.3.3 局部网格划分控制

在许多情况下,对结构的物理性质来说用默认单元尺寸生成的网格不合适,例如有应力集中或奇异的模型。在这个情况下,需要将网格局部细化,详细说明如表4-3所示。

表4-3 直接给实体模型图元分配单元属性

操作	命令	GUI
控制每条线划分的单元数	ESIZE	Main Menu > Preprocessor > Meshing > Size Cntrls > ManualSize > Global > Size
控制关键点附近的单元尺寸	KESIZE	Main Menu > Preprocessor > Meshing > Size Cntrls > ManualSize > Keypoints > All KPs(Picked KPs/Or Size)
控制给定线上的单元数	LESIZE	Main Menu > Preprocessor > Meshing > Size Cntrls > ManualSize > Lines > All Lines(Picked Lines/Or Size)

上述所有定义尺寸的方法都可以一起使用,但遵循一定的优先级别,具体说明为。
(1)用 DESIZE 定义单元尺寸时,对任何给定线,沿线定义的单元尺寸优先级为:用LESIZE 指定的为最高级,KESIZE 次之,ESIZE 再次之,DESIZE 最低级。(2)用 SMRTSIZE 定义单元尺寸时,优先级为:LESIZE 为最高级,KESIZE 次之,SMRTSIZE 为最低级。

4.3.4 内部网格划分控制

前面关于网格尺寸的讨论集中在实体模型边界的外部单元尺寸的定义(LESIZE,ESIZE 等),然而,也可以在面的内部(即非边界处)没有可以引导网格划分的尺寸线处控制网格划分,方法为:

命令:MOPT

GUI:Main Menu > Preprocessor > Meshing > Size Cntrls > ManualSize > Global > Area cntrls。

4.3.4.1 控制网格的扩展

MOPT 命令中的 Lab = EXPND 选项可以用来引导在一个面的边界处将网格划分较细,而内部则较粗,如图4-10所示。

图4-10中,上边网格是由 ESIZE 命令 GUI 路径:Main Menu > Preprocessor > Meshing > Size Cntrls > ManualSize > Global > Size 对面进行设定生成的,下边网格是利用 MOPT 命令的扩展功能(Lab = EXPND)生成的,其区别显而易见。

4.3.4.2 控制网格过渡

图4-10中的网格还可以进一步改善,MOPT 命令中的 Lab = TRANS 项可以用来控制网格从细到粗的过渡,如图4-11所示。

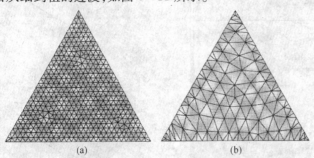
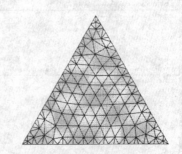

图4-10 网格扩展示意图
(a)没有扩张网格;(b)扩展网(MOPT,EXPND,2.5)

图4-11 控制网格过渡后的网格

4.3.4.3 控制 ANSYS 的网格划分器

可用 MOPT 命令控制表面网格划分器(三角形和四边形)和四面体网格划分器,使 ANSYS 执行网格划分操作(AMESH,VMESH)。

命令:MOPT。

GUI:Main Menu > Preprocessor > Meshing > Mesher Opts。

系统会弹出"Mesher Options"对话框,如图 4 – 12 所示,该对话框中,AMESH 后面的下拉列表对应三角形表面网格划分,包括 Program chooses(默认)、Main、Alternate 和 Alternate24 等选项;QMESH 对应四边形表面网格划分,包括 Program chooses(默认)、Main 和 Alternate 3 项,其中 Main 又称为 Q-Morph(quad-morphing)网格划分器,它多数情况下能得到高质量的单元,如图 4 – 13 所示,另外,Q-Morph 网格划分器要求面的边界线的分割总数是偶数,否则将产生三角形单元;VMESH 对应四面体网格划分,包括 Program choose(默认)、Alternate 和 Main3 项。

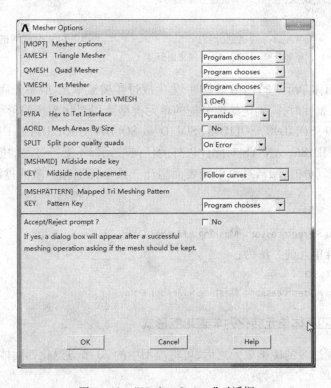

图 4 – 12 "Mesher Options"对话框

4.3.4.4 控制四面体单元的改进

ANSYS 程序允许对四面体单元作进一步改进,方法为:

命令: MOPT。

GUI: Main Menu > Preprocessor > Meshing > Mesher Opts

弹出的"Mesher Options"对话框如图 4 – 12 所示,该对话框中,TIMP 后面的下拉列表表示四面体单元改进的程度,从 1 到 6,1 表示提供最小的改进,5 表示对线性四面体单元提供最大的改进,6 表示对二次四面体单元提供最大的改进。

4.3.5 生成过渡棱锥单元

ANSYS 程序在下列情况下会生成过渡棱锥单元。(1)准备用四面体单元划分网格,待划分的体直接与已用六面体单元划分网格的体相连。(2)准备用四面体单元划分网格,而目标体上至少有一个面已经用四边形网格划分。

图 4-14 所示为一个过渡网格的实例。

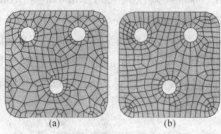
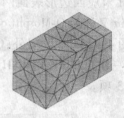

图 4-13　网格划分器　　　　　　图 4-14　过渡网格的实例
(a)Alternate 网格划分器;(b)Q-Morph 网格划分器

当对体用四面体单元进行网格划分时,为生成过渡棱锥单元,应事先满足的条件为:

(1)设定单元属性时,需确定给体分配的单元类型可以退化为棱锥形状,这种单元包括 SOLID62、VISCO89、SOLID90、SOLID95、SOLID96、SOLID97、SOLID117、HF120、SOLID122、FLLTID142 和 SOLID186。ANSYS 对除此以外的任何单元都不支持过渡的棱锥单元。

(2)设置网格划分时,激活过渡单元表面想让三维单元退化。激活过渡单元(默认)的方法为:

命令:MOPT。

GUI:Main Menu > Preprocessor > Meshing > Mesher Opts。

生成退化三维单元的方法为:

命令:MSHAFF, 1, 3D

GUI:Main Menu > Preprocessor > Meshing > Mesher Opts。

4.3.6 将退化的四面体单元转化为非退化的形式

在模型中生成过渡的棱锥单元之后,可将模型中的 20 节点退化四面体单元转化成相应的 10 节点非退化单元,方法为:

命令:TCHG,ELEM1,ELEM2,ETYPE2。

GUI:Main Menu > Preprocessor > Meshing > Modify Mesh > Change Tets。

不论是使用命令方法还是 GUI 路径,都将按表 4-4 转换合并的单元。执行单元转化的好处在于:节省内存空间,加快求解速度。

表 4-4　允许单元合并

物理特性	ELEM1	ELEM2
结构	SOLID95	SOLID92
热学	SOLID90	SOLID87
静电学	SOLID122	SOLID123

4.3.7 执行层网格划分

ANSYS 程序的层网格划分功能(当前只能对二维面)能生成下述线性梯度的自由网格。
(1)沿线只有均匀的单元尺寸(或适当的变化)。(2)垂直于线的方向单元尺寸和数量有急剧过渡。

这样的网格适于模拟 CFD 边界层的影响以及电磁表面层的影响等。

可以通过 ANSYS GUI 也可以通过命令对选定的线设置层网格划分控制。如果用 GUI 路径,则选择 Main Menu > Preprocessor > Meshing > Mesh Tool,显示网格划分工具控制器,单击"Layer"相邻的设置按钮打开选择线的对话框,接下来是" Area LayerMesh Controls on Picked Lines"对话框,可在其上指定单元尺寸(SIZE)、线分割数(NDIV)、线间距比率(SPACE),以及内部网格的厚度(LAYER1)和外部网格的厚度(LAYER2)。

LAYER1 的单元是均匀尺寸的,等于在线上给定的单元尺寸;LAYER2 的单元尺寸会从 LAYER1 的尺寸缓慢增加到总体单元的尺寸;另外,LAYER1 的厚度可以用数值指定也可以利用尺寸系数(表示网格层数),如果是数值,则应该大于或等于给定线的单元尺寸,如果是尺寸系数,则应该大于1,图 4 – 15 表示层网格的实例。

图 4 – 15 层网格实例

如果想删除选定线上的层网格划分控制,选择网格划分工具控制器上包含"Layer"的清除按钮即可。也可用 LESIZE 命令定义层网格划分控制和其他单元特性。

用下列方法可查看层网格划分尺寸规格:

命令:LLIST。

GUI:Utility Meun > List > Lines。

4.4 自由网格划分和映射网格划分控制

前面主要讲述可用的不同网格划分控制,现在集中讨论适合于自由网格划分和映射网格划分的控制。

4.4.1 自由网格划分

自由网格划分操作,对实体模型无特殊要求。任何几何模型,尽管是不规则的,也可以进行自由网格划分。所用单元形状依赖于是对面还是对体进行网格划分,对面时,自由网格可以是四边形,也可以是三角形,或两者混合;对体时,自由网格一般是四面体单元,棱锥单元作为过渡单元也可以加入到四面体网格中。

如果选择的单元类型严格地限定为三角形或四面体(例如 PLANE82 和 SOLID92),程序划分网格时只用这种单元。但是,如果选择的单元类型允许多于一种形状例如 PLANE82 和 SOLID95),可通过下列方法指定用哪一种(或几种)形状:

命令:MSHAPE。

GUI:Main Menu > Preprocessor > Meshing > Mesher Opts。

另外还必须指定对模型用自由网格划分:

命令:MSHKEY,0。

GUI:Main Menu > Preprocessor > Meshing > Mesher Opts。

对于支持多于一种形状的单元,默认会生成混合形状(通常四边形单元占多数)。可用"MSHAPE,1,2D 和 MSHKEY,0"来要求全部生成三角形网格。

可能会遇到全部网格都必须为四边形网格的情况。当面边界上总的线分割数为偶数时,面的自由网格划分会全部生成四边形网格,并且四边形单元质量还比较好。通过打开 SmartSizing 项并让它来决定合适的单元数,可以增加面边界线的分割总数为偶数的概率(而不是通过 LESIZE 命令人工设置任何边界划分的单元数)。应保证四边形分裂项关闭"MOPT,SPLIT,OFF",以使 ANSYS 不将形状较差的四边形单元分裂成三角形。

使体生成一种自由网格,应当选择只允许一种四面体形状的单元类型,或利用支持多种形状的单元类型并设置四面体一种形状功能"MSHAPE,1,3D 和 MSHKEY,0"。

对自由网格划分操作,生成的单元尺寸依赖于 DESIZE、ESIZE、KESIZE 和 LESIZE 的当前设置。如果 SmartSizing 打开,单元尺寸将由 AMRTSIZE 及 ESIZE、DESIZE 和 LESIZE 决定,对自由网格划分推荐使用 SmartSizing。

另外,ANSYS 程序有一种成为扇形网格划分的特殊自由网格划分,适于涉及 TARGE 170 单元对三边面进行网格划分的特殊接触分析。当三个边中有两个边只有一个单元分割数,另外一边有任意单元分割数,其结果成为扇形网格,如图 4-16 所示。

记住,使用扇形网格必须满足下列条件。

(1)必须对三边面进行网格划分,其中两边必须只分一个网格,第三边分任何数目。

(2)必须使用 TARGE 170 单元进行网格划分。

(3)必须使用自由网格划分。

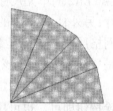

图 4-16 扇形网格划分实例

4.4.2 映射网格划分

映射网格划分要求面或体有一定的形状规则,它可以指定程序全部用四边形面单元、三角形面单元或者六面体单元生成网格模型。

对映射网格划分,生成的单元尺寸依赖于 DESIZE 及 ESIZE、KESIZE、LESIZE 和 AESIZE 的设置(或相应 GUI 路径:Main Menu > Preprocessor > Meshing > Size Cntrls > option)。SmartSizing(SMRTSIZE)不能用于映射网格划分,硬点不支持映射网格划分。

4.4.2.1 面映射网格划分

面映射网格包括全部是四边形单元或者全部是三角形单元,面映射网格须满足以下条件。

(1)该面必须是 3 条边或者 4 条边(有无连接均可)。

(2)如果是 4 条边,面的对边必须划分为相同数目的单元,或者是划分一过渡型网格。如果是 3 条边,则线分割总数必须为偶数且每条边的分割数相同。

(3)网格划分必须设置为映射网格。

图 4-17 所示为一面映射网格的实例。

如果一个面多于 4 条边,不能直接用映射网格划分,但可以是某些线合并或者连接,总线数减少到 4 条之后再用映射网格划分,如图 4-18 所示,方法如下。

4.4 自由网格划分和映射网格划分控制

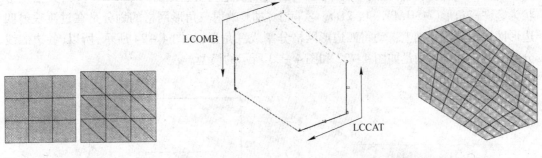

图 4-17 面映射网格实例

图 4-18 合并和连接线进行映射网格划分

（1）连接线：

命令：LCCAT。

GUI：Main Menu > Preprocessor > Meshing > Mesh > Areas > Mapped > Concatenates > Lines。

（2）合并线：

命令：LCOMB。

GUI：Main Menu > Preprocessor > Modeling > Operate > Booleans > Add > Lines。

必须指出的是，线、面或体上的关键点将生成节点，因此，一条连接线至少有线上已定义的关键点数同样多的分割数，而且，指定的总体单元尺寸（ESIZE）是针对原始线，而不是针对连接线，如图 4-19 所示。不能直接给连接线指定线分割数，但可以对合并线（LCOMB）指定分割数，所以通常来说，合并线比连接线有一些优势。

命令 AMAP（GUI：Main Menu > Preprocessor > Meshing > Mesh > Areas > Mapped > By Corners）提供了获得映射网格划分的最便捷途径，它使用所指定的关键点作为角点并连接关键点之间的所有线，面自动地全部用三角形或四边形单元进行网格划分。

考察前面连接的例子，现利用 AMAP 方法进行网格划分。注意到在已选定的几个关键点之间有多条线，在选定面之后，已按任意顺序拾取关键点 1、3、4 和 6，则得到映射网格如图 4-20 所示。

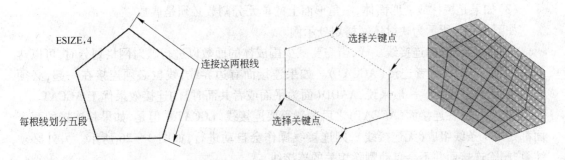

图 4-19 ESIZE 针对原始线示意图

图 4-20 AMAP 方法得到的映射网格

另一种生成映射面网格的途径是指定面的对边的分割数，以生成过渡映射四边形网格。如图 4-21 所示。必须指出的是，指定的线分割数必须与如图 4-12 和图 4-13 所示的模型相对应。

除了过渡映射四边形网格之外，还可以生成过渡映射三角形网格。为生成过渡映射三角形网格,必须使用支持三角形的单元类型,且须设定为映射划分(MSHKEY,1),并指定形状为容许三角形(MSHAPE,1,2D)。实际上,过渡映射三角形网格的划分是在过渡映射四边形网格划分的基础上自动将四边形网格分割成三角形,如图4-24所示,所以,各边的线分割数目依然必须满足如图4-22和图4-23所示的模型。

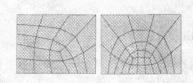

图4-21 过渡映射四边形网格

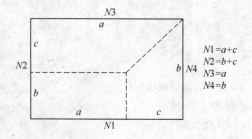

图4-22 过渡四边形映射网格的线分割模型(1)

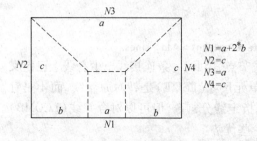

图4-23 线分割模型(2)

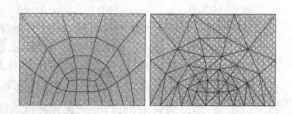

图4-24 过渡映射三角形网格示意图

4.4.2.2 体映射网格划分

要将体全部划分为六面体单元,必须满足以下条件。
(1)该体的外形应为块状(6个面)、楔形或棱柱(5个面)、四面体(4个面)。
(2)对边上必须划分相同的单元数,或分割符合过渡网格形式适合六面体网格划分。
(3)如果是棱柱或者四面体,三角形面上的单元分割数必须是偶数。
如图4-25所示为映射体网格划分示例。

与面网格划分的连接线一样,当需要减少围成体的面数以进行映射网格划分时,可以对面进行加(AADD)或者连接(ACCAT)。如果连接面有边界线,线也必须连接在一起,必须线连接面,再连接线。一般来说,AADD(面为平面或者共面时)的连接效果优于ACCAT。

如上所述,在连接面(ACCAT)之后一般需要连接线(LCCAT),但是,如果相连接的两个面都是由4条线组成(无连接线),则连接线操作会自动进行,如图4-26所示。另外必须注意,删除连接面并不会自动删除相关的连接线。

连接面的方法如下:

命令:ACCAT。

GUI:Main Menu > Preprocessor > Meshing > Concatenates > Areas。

将面相加的方法:

命令:AADD。

GUI:Main Menu > Preprocessor > Modeling > Operate > Booleans > Add > Areas。

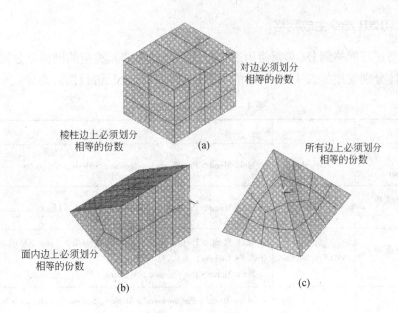

图 4-25 映射体网格划分示例
(a)块状体；(b)棱柱体；(c)四面体

ACCAT 命令不支持用 IGES 功能输入的模型，但是，可用 ARMERGE 命令合并由 CAD 文件输入模型的两个或更多面。而且，当以此方法使用 ARMERGE 命令时，在合并线之间删除了关键点的位置不会有节点。

与生成过渡映射面网格类似，ANSYS 程序允许生成过渡映射体网格。过渡映射体网格的划分只适合于 6 个面的体(有无连接面均可)，如图 4-27 所示。

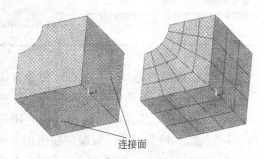

图 4-26 连接线操作自动进行

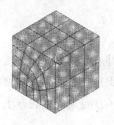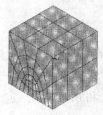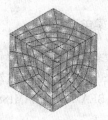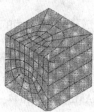

图 4-27 过渡映射体网格示例

4.5 实体模型有限元网格划分控制

构造好几何模型，定义了单元属性和网格划分控制之后，即可生成有限元网格，通常建议在划分网格之前先保存模型。

4.5.1 用 xMESH 命令生成网格

为对模型进行网格划分,必须使用适合于待划分网格图元类型的网格化分操作,对关键点、线、面和体分别使用如表 4-5 所示的下列命令和 GUI 途径进行网格划分。

表 4-5 xMESH 命令表

操 作	命 令	GUI
在关键点处生成点单元(如 MASS21)	KMESH	Main Menu > Preprocessor > Meshing > Mesh > Keypoints
在线上生成线单元(如 LINK31)	LMESH	Main Menu > Preprocessor > Meshing > Mesh > Lines
在面上生成面单元(如 PLANE82)	AMESH,AMAP	Main Menu > Preprocessor > Meshing > Mesh > Areas > Mapped > 3 or 4 sided(By Comers) Main Menu > Preprocessor > Meshing > Mesh > Areas > Free (Target Surf)
在体上生成体单元(如 SOLID90)	VMESH	Main Menu > Preprocessor > Meshing > Mesh > Volumes > Mapped > 4 to 6 sided Main Menu > Preprocessor > Meshing > Mesh > Volumes > Free
在分界线或者分界面处生成单位厚度的界面单元(如 INTER192)	IMESH	Main Menu > Preprocessor > Meshing > Mesh > Interface Mesh > 2D Interface(3D Interface)

另外还需说明的是,使用 xMESH 命令有如下几点注意事项。

(1)有时需要对复杂体模型用不同维数的多种单元划分网格。例如,带筋的壳有梁单元(线单元)和壳单元(面单元),另外还有用表面作用单元(面单元)覆盖于三维实体单元(体单元)。这种情况可按任意顺序使用相应的网格划分操作(KMESH、LMESH、AMESH 和 VMESH),只需在划分网格之前设置合适的单元属性。

(2)无论选取何种网格划分器(MOPT,VMESH,value),在不同的硬件平台上对同一模型划分可能会得到不同的网格结果,这是正常的。

4.5.2 生成带方向节点的梁单元网格

可定义方向关键点作为线的属性对梁进行网格划分,方向关键点与待划分的线是独立的,在这些关键点位置处,ANSYS 会沿着梁单元自动生成方向节点。支持这种方向节点的单元有:BEAM4、BEAM24、BEAM44、BEAM161、BEAM188 和 BEAM189。定义方向关键点的方法为:

命令:LATT。

GUI:Main Menu > Preprocessor > Meshing > Mesh Attributes > All Lines。

如果一条线由两个关键点(KP1 和 KP2)组成且两个方向关键点(KB 和 KE)已定义为线的属性,方向矢量在线的开始处 KP1 延伸到 KB,在线的末端从 KP2 延伸到 KE。ANSYS 通过上面给定两个方向矢量的插入方向来计算方向节点,如图 4-28 所示。

下面简单介绍定义带方向节点梁单元的 GUI 菜单路径。

(1)选择菜单路径:Main Menu > Preprocessor > Meshing > Mesh Attributes > Picked Lines,

4.5 实体模型有限元网格划分控制 · 73 ·

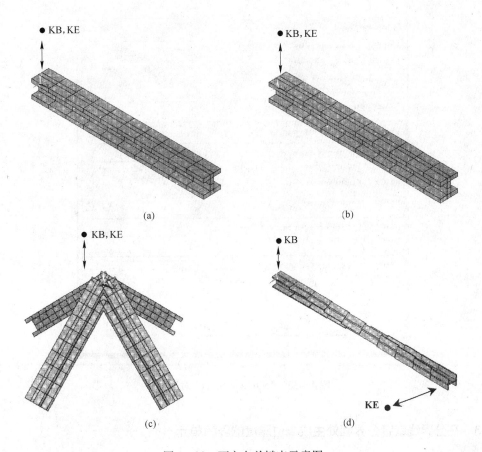

图 4-28 两方向关键点示意图

弹出"Line Attributes"对话框,如图 4-29 所示,在其中选择相应材料号(MAT)、实常数号(REAL)、单元类型号(TYPE)和梁截面号(SECT),然后在"Pick Orientation Keypoint(s)"后面单击使其显示为"Yes",单击"OK"按钮。继续弹出选择关键点对话框,选择适当的关键点作为方向关键点。第一个选中的关键点将作为 KB,第二个将作为 KE,如果只选择了一个,那么 KE = KB。这之后就可以按普通的梁那样划分梁单元,在此不详述。

(2)如果想屏幕显示带方向点的梁单元,选择菜单路径:Utility Menu > PlotCtrls > Style > Size and Shape,弹出"Size and Shape"对话框,如图 4-30 所示,在"ES-HAPE",后面单击"On",单击"OK"按钮,屏幕即会显示类似图 4-28 所示的梁单元。

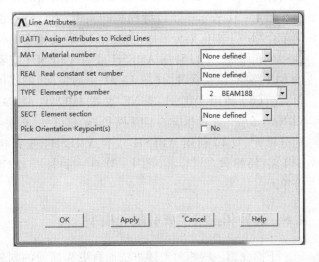

图 4-29 "Line Attributes"对话框

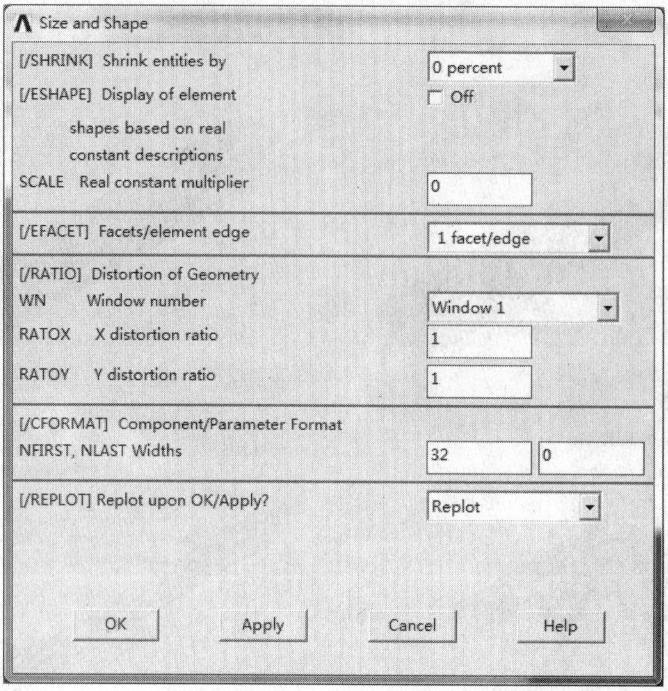

图 4-30 "Size and Shape"对话框

4.5.3 在分界线或者分界面处生成单位厚度的界面单元

为了真实模拟模型的接缝,有时候必须划分界面单元,可以用线性的或者非线性的 3-D 或者 3-D 界面单元在结构单元之间的接缝层划分网格。图 4-31 表示一个接缝模型的实例,下面针对该模型简单介绍一下如何划分界面网格。(1)定义相应的材料属性和单元属性。(2)利用 AMESH 或者 VMESH(或者相应的 GUI 路径)给包含源面(图 4-31 中的源面)的实体划分单元。(3)利用 IMESH, LINE 或者 IMESH, AREA 或者 VDRAG 命令(或者相应的 GUI 路径)给接缝处(即分界层)划分单元。(4)利用 AMESH 或者 VMESH(或者相应的 GUI 路径)给包含目标面(图 4-31 中的目标面)的实体划分单元。

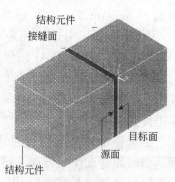

图 4-31 分界面处的网格划分

4.6 延伸和扫略生成有限元模型

下面介绍一些相对上述方法而言更为简便的划分网格模式——拖拉、旋转和扫略生成有限元网格模型。其中延伸方法主要用于利用二维模型和二维单元生成三维模型和三维单元,如果不指定单元,那么就只会生成三维几何模型,有时候它可以成为布尔操作的替代方法,而且通常更简便。扫略方法是利用二维单元在已有的三维几何模型上生成三维单元,该方法对于在 CAD 中输入的实体模型通常特别有用。显然，延伸方法与扫略方法最大的区别在于：前者能在二维几何模型的基础上生成新的三维模型同时划分好网格，而后者必须是在完整的几何模型基础上来划分网格。

4.6.1 延伸生成网格

先指定延伸（Extrude）的单元属性，如果不指定的话，后面的延伸操作都只会产生相应的几何模型而不会划分网格，另外值得注意的是：如果想生成网格模型，则在源面（或者线）上必须划分相应的面网格（或者线网格）：

命令：EXTOPT。

GUI：Main Menu > Preprocessor > Modeling > Operate > Extrude > Flem Ext Opts。

弹出"Element Extrusion Options"对话框，如图 4-32 所示，指定想要生成的单元类型（TYPE）、材料号（MAT）、实常数（REAL）、单元坐标系（ESYS）、单元数（VAL1）、单元比率（VAL2），以及指定是否要删除源面（ACLEAR）。

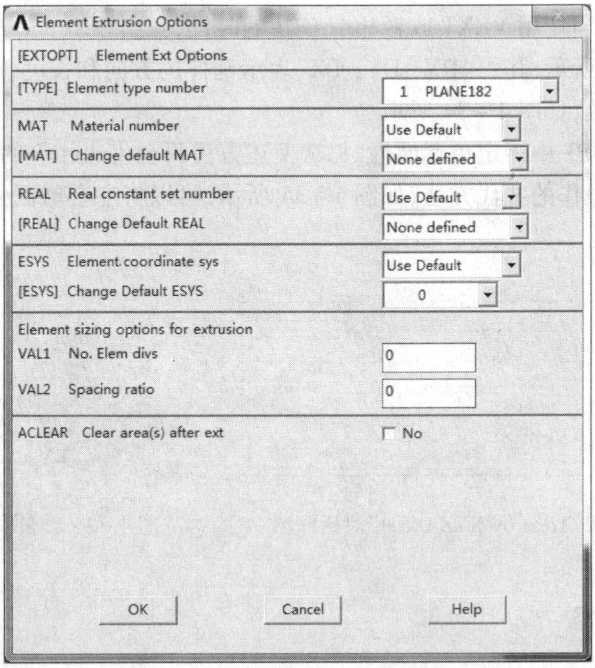

图 4-32 "Element Extrusion Options"对话框

用以下如表 4-6 所示命令可以执行具体的延伸操作。

表 4-6 延伸生成网格命令

操 作	命令	GUI
面沿指定轴线旋转生成体	VROTATE	Main Menu > Preprocessor > Modeling > Operate > Extrude > Areas > About Axis
面沿指定方向延伸生成体	VEXT	Main Menu > Preprocessor > Modeling > Operate > Extrude > Areas > By XYZ Offset

续表 4-6

操 作	命令	GUI
面沿其法线生成体	VOFFST	Main Menu > Preprocessor > Modeling > Operate > Extrude > Areas > Along Normal
面沿指定路径延伸生成体	VDRAG	Main Menu > Preprocessor > Modeling > Operate > Extrude > Areas > Along Lines
线沿指定轴线旋转生成面	AROTATE	Main Menu > Preprocessor > Modeling > Operate > Extrude > Lines > About Axis
线沿指定路径延伸生成面	ADRAG	Main Menu > Preprocessor > Modeling > Operate > Extrude > Lines > Along Lines
关键点沿指定轴线旋转生成线	LROTATE	Main Menu > Preprocessor > Modeling > Operate > Extrude > Keypoints > About Axis
关键点沿指定路径延伸生成线	LDRAG	Main Menu > Preprocessor > Modeling > Operate > Extrude > Keypoints > Along Lines

另外必须提醒,当使用 VEXT 或者相应 GUI 的时候,弹出"Extrude Areas by XYZ Offset"对话框,如图 4-33 所示,其中"DX, DY, DZ"表示延伸的方向和长度,而"RX, RY, RZ"表示延伸时的放大倍数,如图 4-34 所示。

如果不在 EXTOPT 中指定单元属性,那么上述方法只会生成相应的几何模型,有时候可以将它们作为布尔操作的替代方法,如图 4-35 所示,可以将空心球截面绕直径旋转一定角度直接生成。

图 4-33 "Extrude Areas by XYZ Offset"对话框

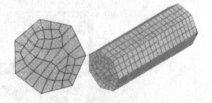

图 4-34 将网格面延伸生成网格体

4.6.2 扫略生成网格

(1)确定体的拓扑模型能够进行扫略,如果是下列情况之一则不能扫略:体的一个或多个侧面包含多于一个环;体包含多于一个壳;体的拓扑源面与目标面不是相对的。

(2)确定已定义合适的二维和三维单元类型,例如,如果对源面进行预网格划分,并想扫略成包含二次六面体的单元,应当先用二次二维面单元对源面划分网格。

图 4-35 用延伸方法生成空心圆球

(3)确定在扫略操作中如何控制生成单元层数,即沿扫略方向生成的单元数。可用如下方法控制:

命令:EXTOPT。

GUI:Main Menu > Preprocessor > Mesh > Volume Sweep > Sweep Opts。

弹出"Sweep Options"对话框，如图 4-36 所示。框中各项的意义依次为：是否清除源面的面网格，在无法扫略处是否用四面体单元划分网格，程序自动选择源面和目标面还是手动选择，在扫略方向生成多少单元数，在扫略方向生成的单元尺寸比率。其中关于源面、目标面、扫略方向和生成单元数的含义如图 4-37 所示。

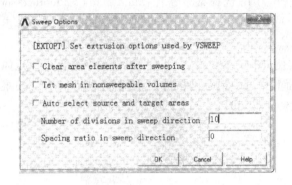

图 4-36 "Sweep Options"对话框

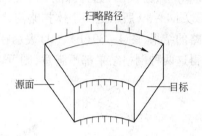

图 4-37 扫略示意图

（4）确定体的源面和目标面。ANSYS 在源面上使用的是面单元模式（三角形或者四边形），用六面体或者楔形单元填充体。目标面是仅与源面相对的面。

（5）有选择地对源面、目标面和边界面划分网格。

体扫略操作的结果会因在扫略前是否对模型的任何面（源面、目标面和边界面）划分网格而不同。典型情况是在扫略之前对源面划分网格，如果不划分，则 ANSYS 程序会自动生成临时面单元，在确定了体扫略模式之后就会自动清除。

在扫略前确定是否预划分网格应当考虑以下因素：

（1）如果想让源面用四边形或者三角形映射网格划分，那么应当预划分网格。

（2）如果想让源面用初始单元尺寸划分网格，那么应当预划分。

（3）如果不预划分网格，ANSYS 通常用自由网格划分。

（4）如果不预划分网格，ANSYS 使用有 MSHAPE 设置的单元形状来确定对源面的网格划分。MSHAPE，0，2D 生成四边形单元，MSHAPE，1，2D 生成三角形单元。

（5）如果与体关联的面或者线上出现硬点则扫略操作失败，除非对包含硬点的面或者线预划分网格。

（6）如果源面和目标面都进行预划分网格，那么面网格必须相匹配。不过，源面和目标面并不要求一定都划分成映射网格。

（7）在扫略之前，体的所有侧面（可以有连接线）必须是映射网格划分或者四边形网格划分，如果侧面为划分网格，则必须有一条线在源面上，还有一条线在目标面上。

（8）有时候尽管源面和目标面的拓扑结构不同，但扫略操作依然可以成功，只需采用适当的方法即可。如图 4-38 所示，将模型分解成两个模型，分别从不同方向扫略就可生成合适的网格。

可用如下方法激活体扫略：

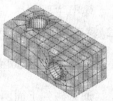

图 4-38 扫略相邻体

命令：VSWEEP。

GUI：Main Menu > Preprocessor > Meshing > Mesh > Volume Sweep > Sweep。

如果用VSWEEP命令扫略体，必须指定下列变量值：待扫略体（VNUM）、源面（SRCA）、目标面（TRGA），另外可选用LSMO变量指定ANSYS在扫略体操作中是否执行线的光滑处理。如果采用GUI途径，则按下列步骤进行。（1）选择菜单途径：Main Menu > Preprocessor > Meshing > Mesh > Volume Sweep > Sweep，弹出体扫略选择框。（2）选择待扫略的体并单击"Apply"按钮。（3）选择源面并单击"Apply"按钮。（4）选择目标面，单击"OK"按钮。

图4-39所示是一个体扫略网格的实例，图4-39(a)、(c)表示没有预网格直接执行体扫略的结果，图4-39(b)、(d)表示在源面上划分映射预网格然后执行体扫略的结果，如果觉得这两种网格结果都不满意，则可以考虑图4-39(e)、(f)、(g)形式，步骤为：

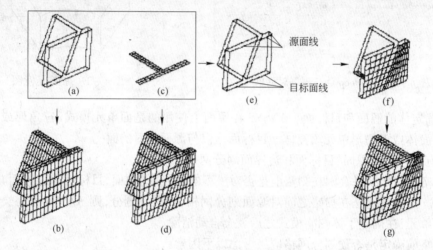

图4-39 体扫略网格示意图

（1）清除网格（VCLEAR）。

（2）通过在想要分割的位置创建关键点来对源面的线和目标面的线进行分割（LDIV），如图4-39(e)所示。

（3）按图4-39(e)将源面上增线的线分割复制到目标面的相应新增线上（新增线是步骤(2)产生的）。该步骤可以通过网格划分工具实现，菜单途径：Main Menu > Preprocessor > Meshing > MeshTool。

（4）手工对步骤(2)修改过的边界面划分映射网格，如图4-39(f)所示。

（5）重新激活和执行体扫略，结果如图4-39(g)所示。

4.7 修正有限元模型

本节主要叙述一些常用的修改有限元模型的方法，主要包括以下：(1)局部细化网格。(2)移动和复制节点和单元。(3)控制面、线和单元的法向。(4)修改单元属性。

4.7.1 局部细化网格

通常碰到下面两种情况时，需要考虑对局部区域进行网格细化。

（1）已经将一个模型划分了网格，但想在模型的指定区域内得到更好的网格。

(2) 已经完成分析,同时根据结果想在感兴趣的区域得到更精确的解。

对于由四面体组成的体网格,ANSYS 序允许在指定的节点、单元、关键点、线或者面的周围进行局部细化网格,但非四面体单元(例如六面体、楔形、棱锥等)不能进行局部细化网格。

表 4-7 所示是如何利用命令或者相应 GUI 菜单途径来进行网格细化并设置细化控制。

表 4-7　局部网格细化命令

操　　作	命令	GUI
围绕节点细化网格	NREFINE	Main Menu > Preprocessor > Meshing > Modify Mesh > Refine At > Nodes
围绕单元细化网格	EREFINE	Main Menu > Preprocessor > Meshing > Modify Mesh > Refine At > Elements (All)
围绕关键点细化网格	KREFINE	Main Menu > Preprocessor > Meshing > Modify Mesh > Refine At > Keypoints
围绕线细化网格	LREFINE	Main Menu > Preprocessor > Meshing > Modify Mesh > Refine At > Lines
围绕面细化网格	AREFINE	Main Menu > Preprocessor > Meshing > Modify Mesh > Refine At > Areas

图 4-40~图 4-43 所示为一些网格细化的范例。从图中可以看出,控制网格细化时常用的 3 个变量为 LEVEL,DEPTH 和 POST。下面对 3 个变量作分别介绍,在此之前,先介绍在何处定义这 3 个变量值。

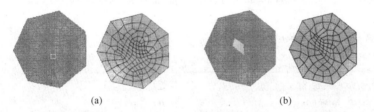

图 4-40　网格细化示例(1)
(a)在节点处细化网格(NREFINE);(b)在单元处细化网格(EREFINE)

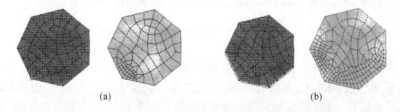

图 4-41　网格细化示例(2)
(a)在关键点处细化网格(KREFINE);(b)在线附件细化网格(LREFINE)

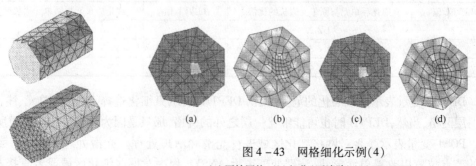

图 4-42　网格细化示例(3)

图 4-43　网格细化示例(4)
(a)原始网格;(b)细化(不清除)(POST = OFF);
(c)原始网格;(d)细化(清除)(POST = CLEAN)

以用菜单路径围绕节点细化网格为例：

GUI: Main Menu > Preprocessor > Meshing > Modify Mesh > Refine At > Nodes。

弹出拾取节点对话框，在模型上拾取相应节点，弹出"Refine Mesh at Node"对话框，如图 4-44 所示，在 LEVEL 后面的下拉列表选择合适的数值作为 LEVEL 值，单击"Advanced options"后面的复选框使其显示为"Yes"，单击"OK"按钮，弹出"Refine mesh at nodes advanced options"对话框，如图 4-45 所示，在"DEPTH"后面输入相应数值，在 POST 后面选择相应选项，其余默认，单击"OK"按钮，即可执行网格细化操作。

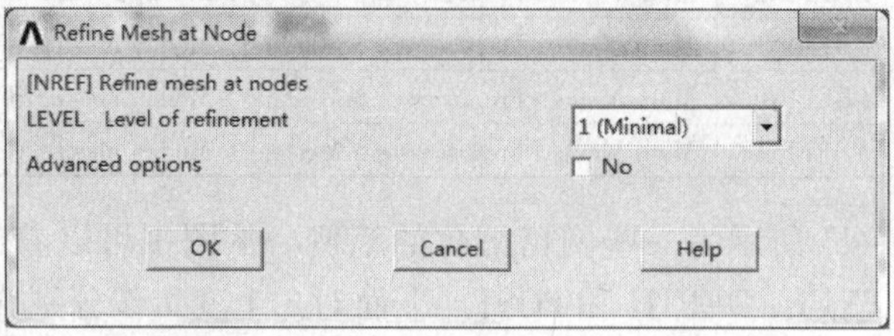

图 4-44 "Refine Mesh at Node"对话框

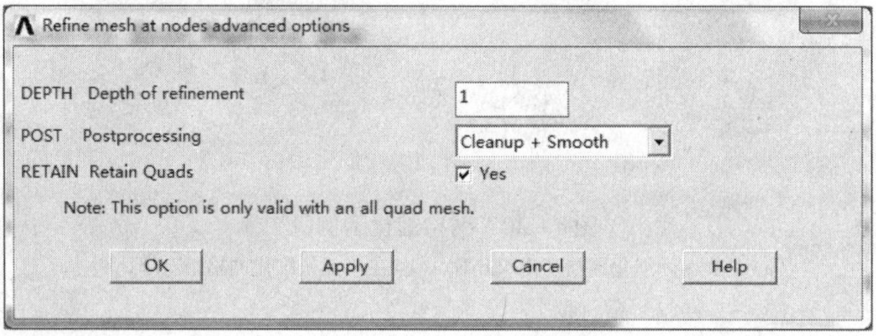

图 4-45 "Refine mesh at nodes advanced options"对话框

面对 3 个变量分别解释。LEVEL 变量用来指定网格细化的程度，它必须是从 1 到 5 的整数，1 表示最小程度的细化，其细化区域单元边界的长度大约为原单元边界长度的 1/2，5 表示最大程度的细化，其细化区域单元边界的长度大约为原单元边界长度的 1/9，其余值的细化程度如表 4-8 所示。

表 4-8 细化比

LEVEL 值	细化后单元与原单元边长的比值	LEVEL 值	细化后单元与原单元边长的比值
1	1/2	4	1/8
2	1/3	5	1/9
3	1/4		

DEPTH 变量表示网格细化的范围，默认 DEPTH，表示只细化选择点（或者单元、线、面等）处一层网格，当然，DEPTH 时也可能细化一层之外的网格，那只是因为网格过渡的要求所致。

POST 变量表示是否对网格细化区域进行光滑和清理处理。光滑处理表示调整细化区域的节点位置以改善单元形状，清理处理表示 ANSYS 程序对那些细化区域或者直接与细化区域相连的单元执行清理命令，通常可以改善单元质量。默认情况是进行光滑和清理处理。

4.7.2 移动和复制节点和单元

当一个已经划分了网格的实体模型图元被复制时,可以选择是否连同单元和节点一起复制,以复制面为例,在选择菜单路径 Main Menu > Preprocessor > Modeling > Copy > Areas 之后,将弹出"Copy Areas"对话框,如图 4-46 所示,可以在"NOELEM",后面的下拉列表中选择是否复制单元和节点。

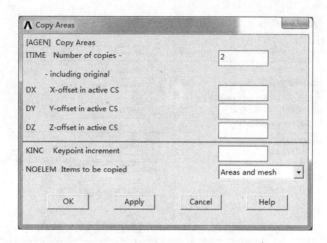

图 4-46 "Copy Areas"对话框

可以移动和复制节点和单元,方法如表 4-9 所示。

表 4-9 移动和复制节点和单元命令

操作	命令	GUI
移动和复制面	AGEN	Main Menu > Preprocessor > Modeling > Copy > Areas Main Menu > Preprocessor > Modeling > Move/Modify > Areas > Areas
移动和复制体	VGEN	Main Menu > Preprocessor > Modeling > Copy > Volumes Main Menu > Preprocessor > Modeling > Move/Modify > Volumes
对称映像生成面	ARSYM	Main Menu > Preprocessor > Modeling > Reflect > Areas
对称映像生成体	VSYMM	Main Menu > Preprocessor > Modeling > Reflect > Volumes
转换面的坐标系	ATRAN	Main Menu > Preprocessor > Modeling > Move/Modify > Transfer Coord > Areas

4.7.3 控制面、线和单元的法向

如果模型中包含壳单元,并且加的是面载荷,那么就需要了解单元面以便能对载荷定义正确的方向。通常,壳的表面载荷将加在单元的某一个面上,并根据右手法则(I,J,K,L 节点序号方向,如图 4-47 所示)确定正向。

如果是用实体模型面进行网格划分的方法生成壳单元,那么单元的正方向将与面的正方向相一致。有几种方法来进行图形检查。

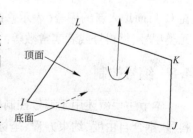

图 4-47 面的正方向

（1）壳执行/NORMAL 命令（GUI：Utility Menu > PlotCtrls > Style > Shell Normals），接着再执行 EPLOT 命令（GUI：Utility Menu > Plot > Elements），该方法可以对壳单元的正法线方向进行一次快速的图形检查。

（2）利用命令/GRAPHICS，POWER（GUI：Utility Menu > PlotCtrls > Style > Hidden - Line Options，如图 4-48 所示）打开"PowerGraphics"的选项（通常该选项是默认打开的），"PowerGraphics"将用不同颜色显示壳单元的底面和顶面。

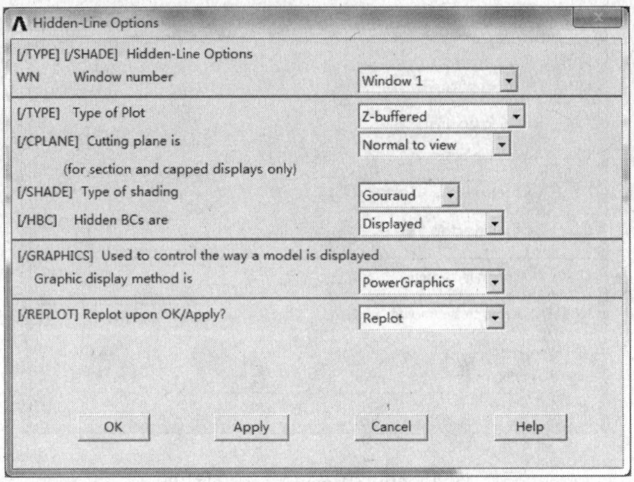

图 4-48 "PowerGraphics"的选项

4.7.4 修改单元属性

通常，要修改单元属性时，可以直接删除单元，重新设定单元属性后再执行网格划分操作，这个方法最直观，但也是最费时、最不方便的操作。

下面提供另外一种不必删除网格的简便方法：

命令：EMODIFY

GUI：Main Menu > Preprocessor > Modeling > Move/Modify > Elements > Modify Attrib。

弹出拾取单元对话框，用鼠标在模型上拾取相应单元之后即弹出"Modify Elem Attributes"对话框，如图 4-49 所示，在 STLOC 后面的下拉列表中选择适当选项（例如单元类型、材料号、实常数等），然后在 I1 后面填入新的序号（表示修改后的单元类型号、材料号或者实常数等）。

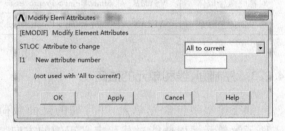

图 4-49 "Modify Elem Attributes"对话框

4.8 编号控制

本节主要叙述用于编号控制（包括关键点、线、面、体、单元、节点、单元类型、实常数、材料号、耦合自由度、约束方程、坐标系等）的命令和 GUI 途径。这种编号控制对于将模型的各个独立部分组合起来是相当有用和必要的。

布尔运算输出图元的编号并非完全可以预估，在不同的计算机系统中，执行同样的布尔运算，其生成图元的编号可能会不同。

4.8.1 合并重复项

如果两个独立的图元在相同或者非常相近的位置，可用下列方法将它们合并成一个图元：

命令：NUMKRG。

GUI：Main Menu > Preprocessor > Numbering Ctrls > Merge Items。

弹出"Merge Coincident or Equivalently Defined Items"对话框，如图 4 – 50 所示。在 Label 后面选择合适的项（如关键点、线、面、体、单元、节点、单元类型、时常数、材料号等）；TOLER 后面的输入值表示条件公差（相对公差），GTOLER 后面的输入值表示总体公差（绝对公差），通常采用默认值（即不输入具体数值），图 4 – 51 和图 4 – 52 给出了两个合并的实例；ACTION 变量表示是直接合并选择项还是先提示然后再合并（默认是直接合并）；SWITCH 变量表示保留合并图元中较高的编号还是较低的编号（默认是较低的编号）。

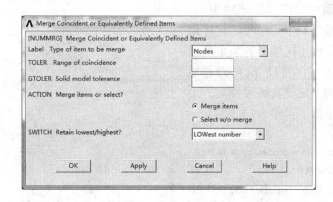

图 4 – 50 "Merge Coincident or Equivalently Defined Items"对话框

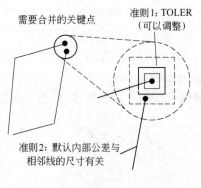

图 4 – 51 默认的合并公差

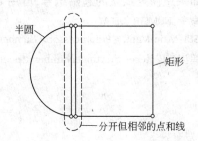

图 4 – 52 合并示例

4.8.2 编号压缩

构造模型时，由于删除、清除、合并或者其他操作可能在编号中产生许多空号，可采用如下方法清除空号并且保证编号的连续性：

命令：NUMCMP

GUI：Main Menu > Preprocessor > Numbering Ctrls > Compress Numbers。

弹出的"Compress Numbers"对话框见图4-53，在Label后面的下拉列表中选择适当的项（如关键点、线、面、体、单元、节点、单元类型、时常数、材料号等）即可执行编号压缩操作。

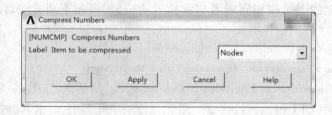

图4-53 "Compress Numbers"对话框

4.8.3 设定起始编号

在生成新的编号项时,可以控制新生成的系列项的起始编号大于已有图元的最大编号。这样做可以保证新生成图元的连续编号,不会占用已有编号序列中的空号。这样做的另一个理由可以使生成模型的某个区域在编号上与其他区域保持独立,从而避免将这些区域连接到一块使其编号冲突。设定其实编号的方法如下：

命令：NUMSTF。

GUI：Main Menu > Preprocessor > Numbering Ctrls > Set Start Number。

弹出的"Starting Number Specifications"对话框如图4-54所示,在节点、单元、关键点、线、面后面指定相应的起始编号即可。

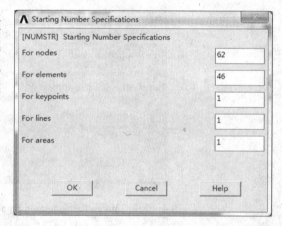

图4-54 "Starting Number Specifications"对话框

如果想恢复默认的起始编号,可用如下方法：

命令：NUMSTR, DEFA。

GUI：Main Menu > Preprocessor > Numbering Ctrls > Reset Start Number。

弹出的"Reset Starting Number Specifications"对话框如图4-55所示,单击"OK"按钮。

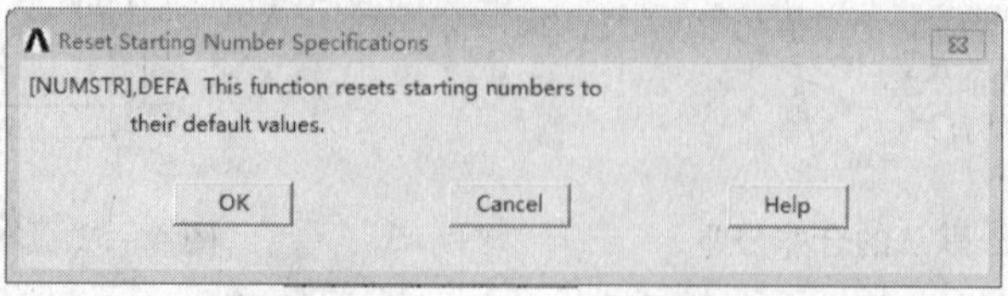

图4-55 "Reset Starting Number Specifications"对话框

5 加 载

5.1 载荷的概念

在 ANSYS 术语中,载荷包括边界条件和外部或内部作用力函数。不同学科中的载荷实例为。(1)结构分析:位移、速度、加速度、力、压力、温度(热应变)和重力。(2)热分析:温度、热流速率、对流、内部热生成和无限表面。(3)磁场分析:磁势、磁通量、磁场段、源流密度和无限表面。(4)电场分析:电势(电压)、电流、电荷、电荷密度和无限表面。(5)流体分析:速度和压力。

载荷分为6类:自由度约束、力、表面载荷、体积载荷、惯性载荷和耦合场载荷。

(1) 自由度约束是指施加于模型的位移边界条件。例如,在结构分析中自由度约束被指定为位移、对称边界条件或反对称边界;在热力分析中,自由度约束被指定为温度和对流换热边界条件。(2) 力是指施加于模型节点的集中载荷。例如,在结构分析中,力被指定为力和力矩;在热力分析中,力被指定为热流速率。(3) 表面载荷是指施加于某个表面上的分布载荷。例如,在结构分析中,表面载荷为压力;在热力分析中,表面载荷为对流和热通量。(4) 体积载荷是指体积或场载荷。例如,在结构分析中,体积载荷为温度和 fluences;在热力分析中,体积载荷为热生成速率。(5) 惯性载荷是指由物体惯性引起的载荷,如重力加速度、角速度和角加速度。惯性载荷主要在结构分析中使用。(6) 耦合场载荷是指以上载荷的一种特殊情况,从一种分析得到的结果作为另一种分析的载荷。例如,热分析中的温度场应用于结构分析。

5.2 载荷步、子步和平衡迭代

5.2.1 载荷步

载荷步仅仅是为了获得解答的载荷需要。在线性静态或稳态分析中,用户可以使用不同的载荷步施加不同的载荷组合。例如,在第一个载荷步中施加风载荷,在第二个载荷步中施加重力载荷,在第三个载荷步中施加风和重力载荷以及一个不同的支承条件等。在瞬态分析中,多个载荷步加到载荷历程曲线的不同区段。

图 5-1 显示了一个包含3个载荷步的载荷历程曲线。第一个载荷步用于线性载荷,第二个载荷步用于恒定载荷,第三个载荷步用于载荷卸载。

5.2.2 子步

子步表示求解过程中载荷步包括的点,一个载荷

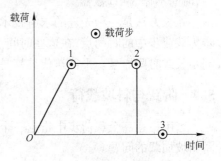

图 5-1 载荷历程曲线

步根据需要可以包括无数个子步。例如一个载荷的求解时间为1s,则可以每隔0.1s设置一个子步,也可以每隔0.2s设置一个子步。

使用子步的原因为:(1)在非线性静态或稳态分析中,使用子步逐渐施加载荷以便能获得精确解。(2)在线性或非线性瞬态分析中,使用子步满足瞬态时间累积法则。(3)在谐响应分析中,使用子步获得激励频率范围内多个频率处的解。

5.2.3 平衡迭代

平衡迭代是在给定子步下为了收敛而计算的附加解。仅用于收敛起着很重要作用的静态或瞬态非线性分析中的迭代修正。

例如,如图5-2所示,对二维非线性静态分析,为获得精确解,通常使用两个载荷步。

(1)第一个载荷步,将载荷逐渐加到5~10个子步以上,每个子步仅用一次平衡迭代。

(2)第二个载荷步,得到最终收敛解,且仅有一个使用15~25次平衡迭代的子步。

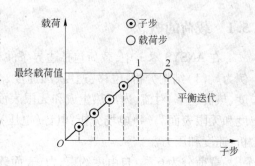

图5-2 载荷步、子步和平衡迭代

5.3 跟踪中时间的作用

在静态和瞬态分析中,不论分析是否依赖于时间,ANSYS都使用时间作为跟踪参数。显然,在瞬态分析或与速率有关的静态分析中,如蠕变或黏塑性分析,时间代表实际的、按年月顺序的时间,用秒、分钟或小时表示且具有物理意义。用户可以使用TIME命令指定每个载荷步结束的时间。

然而,在不依赖于速率的分析中,时间仅仅成为一个识别载荷步和子步的计数器。在默认情况下,程序自动地对TIME赋值,在载荷步1结束时,赋TIME=1;在载荷步2结束时,赋TIME=2;依次类推。载荷步中的任何子步将被赋给合适的、用线性插值得到的时间值。在这样的分析中,通过赋给自定义的时间值,就可建立自己的跟踪参数。那么,在后处理器中,如果得到一个变形—时间关系图,则其含义与变形—载荷关系相同。这种技术非常有用,如在大变形屈曲分析中,其任务是跟踪结构载荷增加时结构的变形。

当求解中使用弧长方法时,时间还表示另一个含义。在这种情况下,时间等于载荷步开始时的时间值加上弧长载荷系数,即当前所施加载荷放大系数的数值。因此,在弧长求解中,时间不作为"计数器"。

弧长方法是一种先进的求解技术。载荷步是作用在给定时间间隔内的一系列载荷。子步为载荷步中的时间点,在这些时间点,求得中间解。两个连续的子步之间的时间差称为时间步长或时间增量。平衡迭代纯粹是为了收敛而在给定时间点进行计算的迭代求解方法。

5.4 阶跃与斜坡载荷

当用户在一个载荷步中指定一个以上的子步时,就出现了载荷加载方式是阶跃加载还是斜坡加载的问题。

(1)如果载荷是阶跃的,那么全部载荷施加于第一个载荷子步,且在载荷步的其余部分中载荷保持不变,如图5-3(a)所示。(2)如果载荷是逐渐递增的,那么每个载荷子步,载荷值会逐渐增加,且全部载荷出现在载荷步结束时,如图5-3(b)所示。

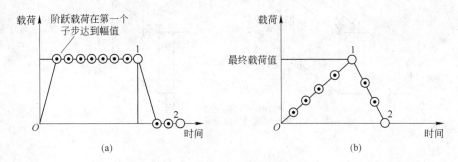

图 5-3 阶跃载荷与斜坡载荷
(a)阶跃载荷；(b)斜坡载荷
⊙—子步；○—载荷步

5.5 定义载荷

本节主要讲解定义结构载荷的设置方法,对于热分析载荷的设置方法,用户可参见热分析章节。

5.5.1 自由度约束

自由度约束也可理解为模型的边界条件,对于结构问题主要指位移约束。结构自由度包括3个方向的平动位移和3个方向的转动位移,还有静水压力,这些自由度在ANSYS的标识符分别是UX,UY,UZ,ROTX,ROTY,ROTZ和HDSF。

(1) 在线上施加约束。

命令:DL。

GUI:Main Menu > Solution > Define Loads > Apply > Structural > Displacement > On Lines。

(2) 在面上施加约束。

命令:DA。

GUI:Main Menu > Solution > Define Loads > Apply > Structural > Displacement > On Areas。

(3) 在关键点上施加约束。

命令:DK。

GUI:Main Menu > Solution > Define Loads > Apply > Structural > Displacement > On Keypoints。

(4) 在节点上施加约束。

命令:D。

GUI:Main Menu > Solution > Define Loads > Apply > Structural > Displacement > On Nodes。

5.5.2 对称与反对称约束

5.5.2.1 对称与反对称约束基本概念

使用DSYM命令在节点平面上施加对称或反对称边界条件。该命令可以产生合适的DOF约束。如图5-4所示,在结构分析中,对称边界条件指平面外平动自由度和平面内转动自由度被设置为0,而反对称边界条件指平面内平动自由度和平面外转动自由度被设置为0。

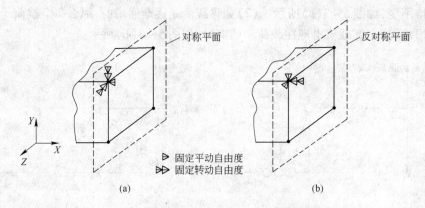

图 5-4 结构分析中的对称和反对称边界条件
(a)对称边界条件；(b)反对称边界条件

在对称平面上的所有节点根据 DSYM 命令的 KCN 字段被旋转到指定的坐标系中。图 5-5 所示为对称和反对称边界条件的应用实例。当在线和面上施加对称或反对称边界条件时，DL 和 DA 命令的作用方式与 DSYM 命令相同。

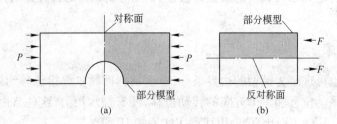

图 5-5 使用对称和反对称边界条件的实例
(a)二维对称平面模型；(b)二维反对称平面模型

需注意在使用通用后处理器(POST1)时，如数据库中的节点旋转角度与正在处理的解中所用的节点旋转角度不同，POST1 可能会显示不正确的结果，如果在第二个或其后的载荷步中通过施加对称或反对称边界条件引入节点旋转，通常会导致这种状况。当执行 SET 命令(Utility Menu > List > Results > Load Step Summary)时，在 POST1 中会弹出以下警告信息。

****** WARNING *******

Cumulative iteration 1 may have been solved using different model or boundary condition data than is currently stored. POST1 results maybe erroneous unless you resume from a.db file matching this solution。

5.5.2.2 施加对称边界条件

(1)在节点处施加对称边界条件。

命令:DSYM, SYMM。

GUI:Main Menu > Solution > Define Loads > Apply > Structural > Displacement > Symmetry B. C. > On Nodes。

(2)在线上施加对称边界条件。

命令:DL, LINE, SYMM。

GUI:Main Menu > Solution > Define Loads > Apply > Structural > Displacement > Symmetry B. C. > On Lines。

(3)在与线相邻的面上施加对称边界条件。

命令:DL, AREA, SYMM。

GUI:Main Menu > Solution > Define Loads > Apply > Structural > Displacement > Symmetry B. C. > … With Area。

(4)在面上施加对称边界条件。

命令:DA, AREA, SYMM。

GUI:Main Menu > Solution > Define Loads > Apply > Structural > Displacement > Symmetry B. C. > On Areas。

5.5.2.3 施加反对称边界条件

(1)在节点处施加反对称边界条件。

命令:DSYM,ASYM。

GUI:Main Menu > Solution > Define Loads > Apply > Structural > Displacement Antisymm B. C. > On Nodes。

(2)在线上施加反对称边界条件。

命令:DL, LINE, ASYM。

GUI:Main Menu > Solution > Define Loads > Apply 1 Structural > Displacement > Antisymm B. C. > On Lines。

(3)在与线相邻的面上施加反对称边界条件。

命令:DL, AREA, ASYM。

GUI:Main Menu > Solution > Define Loads > Apply > Structural > Displacement > Antisymm B. C. > … With Area。

(4)在面上施加反对称边界条件。

命令:DA, AREA, ASYM。

GUI:Main Menu > Solution > Define Loads > Apply > Structural > Displacement > Antisymm B. C. > On Areas。

5.5.3 施加力载荷

结构分析中的力载荷包括集中力(FX, FY 和 FZ)、力矩(MX, MY 和 MZ)和流体质量流动率(DVOL)。

(1)在节点施加力或力矩。

命令:D。

GUI:Main Menu > Solution > Define Loads > Apply > Structural > Force/Moment > On Nodes。

(2)在关键点施加力求力矩。

命令:FK。

GUI:Main Menu > Solution > Define Loads > Apply > Structural > Force/Moment > On Keypoints。

(3)在节点组件上施加力、力矩。

命令:F。

GUI:Main Menu > Solution > Define Loads > Apply > Structural > Force/Moment > On Node Components。

5.5.4 施加表面载荷

结构分析中的表面载荷只有压力(PRES),用户不仅可将表面载荷施加在线和面上,还可加在节点和单元上。

(1)在节点上施加压力。

命令:SF。

GUI:Main Menu > Solution > Define Loads > Apply > Structural > Pressure > On Nodes。

(2)在节点组件上施加压力。

命令:SF。

GUI:Main Menu > Solution > Define Loads > Apply > Structural > Pressure > On Node Components。

(3)在单元上施加压力。

命令:SFE。

GUI:Main Menu > Solution > Define Loads > Apply > Structural > Pressure > On Elements。

(4)在单元组件上施加压力。

命令:SFE。

GUI:Main Menu > Solution > Define Loads > Apply > Structural > Pressure > On Element Components。

(5)在线上施加压力。

命令:SFL。

GUI:Main Menu > Solution > Define Loads > Apply > Structural > Pressure > On Lines。

(6)在面上施加压力。

命令:SFA。

GUI:Main Menu > Solution > Define Loads > Apply > Structural > Pressure > On Areas。

(7)在梁上施加压力。

命令:SFBEAM。

GUI:Main Menu > Solution > Define Loads > Apply > Structural > Pressure > On Beams。

弹出对话框,用鼠标选择要施加压力的梁,单击 OK 按钮。弹出图 5-6 所示的"Apply PRES on Beams(在梁上施加压力)"对话框。该对话框包括 6 个控制选项,即载荷号(LKEY)、在节点 I 处的载荷值(VALI)、在节点 J 处的载荷值(VALJ)、在节点 I 处的偏移距离(IOFFST)、在节点 J 处的偏移距离(JOFFST)和载荷偏移的依据(LENRAT)。

可以施加横向压力,其大小为每单位长度的力,分别沿法向和切向。压力可以沿单元长度线性变化,可指定在单元的部分区域,如图 5-7 所示。

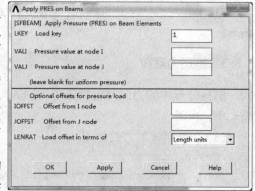

图 5-6 "在梁上施加压力"对话框

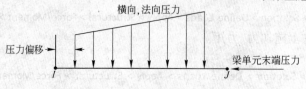

图 5-7 梁表面载荷的示例

5.5.5 施加体积载荷

结构分析中的体积载荷包括温度(TEMP)、频率(FREQ)和能量密度(FLUE)。用户不能把该温度与热分析中的温度自由度相混淆。频率仅在谐响应分析中应用。用户可将体积载荷施加在节点、单元、关键点、线、面和体上。

5.5.5.1 在点、线、面、体和节点上施加温度

命令:BFK/BFL/BFA/BFV|BF。

Main Menu > Solution > Define Loads > Apply > Structural > Temperature > Enty 弹出对话框,用鼠标选择相应的实体,单击 OK 按钮。弹出图 5-8 所示的"Apply TEMP on Lines(在点、线、面、体和节点上施加温度)"对话框。该对话框包括一个控制选项,即温度载荷施加方式:施加常数值(Constant value),使用已有表格施加

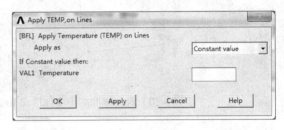

图 5-8 "在点、线、面、体和节点上施加温度"对话框

载荷(Existing table)和使用新表格施加载荷(New table)。如果用户选择施加常数值,则在 Temperature 文本框中输入温度值。施加在实体模型线上的体积载荷被转换到对应的有限元模型的节点;施加在实体模型的面或体上的体积载荷被转换到对应的有限元模型的单元上。

5.5.5.2 在单元上施加温度

A 施加方法

命令:BFE。

Main Menu > Solution > Define Loads > Apply > Structural > Temperature > On Elements 弹出对话框,用鼠标选择要施加温度的单元,单击 OK 按钮,弹出"Apply TEMP on Elems(在单元施加温度)"对话框(见图 5-9)。该对话框包括两个控布选项,即施加温度开始位置(STLOC)和施加方式(Apply as)。STLOC 默认值为 1,Apply as 包括施加常数值(Constant value)、使用已有表格施加载荷(Existing Table)和使用新表格施加载荷(New Table)。

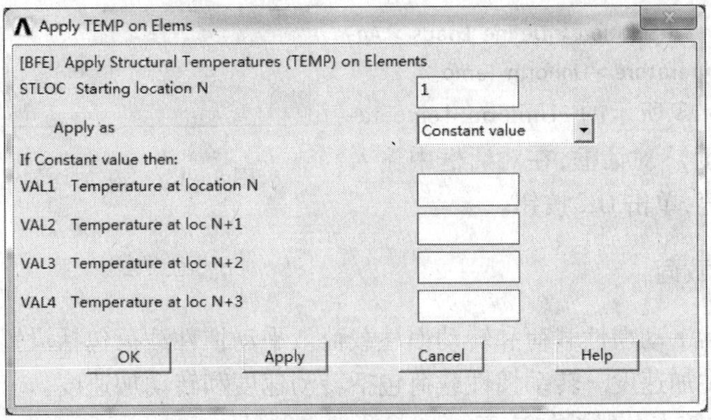

图 5-9 "在单元施加温度"对话框

B 不同单元施加温度的差异

BFE 命令逐个对单元施加温度。然而,对应需要施加多个载荷值的单元,可以在一个单元上的多个位置指定体积载荷。所使用的位置随单元类型的不同而异,默认位置也随单元类型的不同而异。

(1)对二维和三维实体单元,体积载荷的位置通常位于单元角点,如图 5-10 所示。

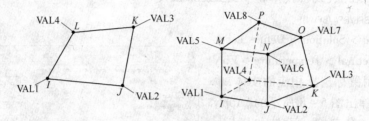

图 5-10 对二维和三维实体单元 BFE 命令施加的体积载荷位置

(2)对壳单元,体积载荷的位置通常位于顶面和底面的"伪节点",如图 5-11 所示。

(3)一维单元与壳单元相同,体积载荷的位置通常位于单元每端的"伪节点"见图 5-12。

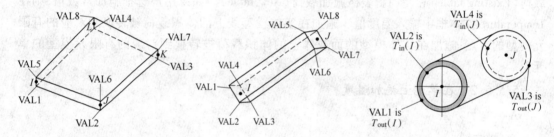

图 5-11 对壳单元 BFE 命令施加的体积载荷位置

图 5-12 对于一维单元 BFE 命令施加的体积载荷位置

(4)在所有情况下,如果包含退化单元,则必须在所有位置指定单元载荷,包括在重合节点处施加重复载荷值。

5.5.5.3 施加均布温度

命令:BFUNIF。

GUI:Main Menu > Solution > Define Loads > Apply > Structural > Temperature > Uniform Temp。

弹出如图 5-13 所示的"Uniform Temperature(施加均匀温度)"对话框,在对话框中输入施加的均匀温度值,单击 OK 按钮。

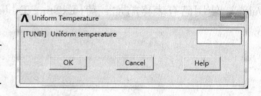

图 5-13 "施加均匀温度"对话框

5.5.6 施加惯性载荷

惯性载荷包括平动惯性载荷和转动惯性载荷。平动惯性载荷包括设置总体笛卡儿线性加速度和单元组件加速度。转动惯性载荷包括转动速度和转动加速度。

(1)施加总体笛卡儿线性加速度。

命令:ACEL。

GUI：Main Menu > Solution > Define Loads > Apply > Structural > Inertia > Gravity > Global。

（2）在单元组件上施加平动加速度。

命令：CMACEL。

GUI：Main Menu > Solution > Define Loads > Apply > Structural > Inertia > Gravity > On Components。

（3）施加结构的转动速度。

命令：OMEGA。

GUI：Main Menu > Solution > Define Loads > Apply > Structural > Inertia > Angular Veloc > Global。

（4）施加结构的转动加速度。

命令：DOMEGA。

GUI：Main Menu > Solution > Define Loads > Apply > Structural > Inertia > Angular Accel > Global。

（5）施加单元组件关于用户指定轴的转动速度。

命令：CMOMEGA。

GUI：Main Menu > Solution > Define Loads > Apply > Structural > Inertia > Angular Veloc > On Components > Eity。

（6）施加单元组件关于用户指定轴的转动加速度。

命令：CMDOMEGA。

GUI：Main Menu > Solution > Define Loads > Apply > Structural > Inertia > Angular Accel > On Components > Eity。

（7）施加结构关于总体原点的转动速度。

命令：CGOMGA。

GUI：Main Menu > Solution > Define Loads > Apply > Structural > Inertia > Coriolis Effects。

（8）施加结构关于总体原点的转动加速度。

命令：DCGOMG。

GUI：Main Menu > Solution > Define Loads > Apply > Structural > Inertia > Coriolis Effects。

ACEL，OMEGA 和 DOMEGA 命令分别用于指定在整体笛卡儿坐标系中的加速度、角速度和角加速度。

需要注意 ACEL 命令用于对物体施加加速度。因此，如果要施加作用于负 Y 方向的重力，则应指定一个正 Y 方向的加速度。

使用 CGOMGA 和 DCGOMG 命令指定一个旋转物体的角速度和角加速度，该物体本身正相对于另一个参考坐标系旋转。

惯性载荷仅当模型具有质量时有效。惯性载荷通常是通过指定密度来施加的。对所有的其他数据，ANSYS 程序要求质量为恒定单位。

只有在下列情况下可使用重量密度代替质量密度。(1)模型仅用于静态分析。(2)未施加角速度或角加速度。(3)重力加速度为单位值($g = 1.0$)。

为了能够以"方便的"重力密度形式或以"一致的"质量密度形式使用密度，指定密度的一种简便方法是将重力加速度(g)定义为参数(见表 5 – 1)。

表 5 – 1　指定密度的方式

方便形式	一致形式	说　明
$g = 1.0$	$g = 385.0$	参数定义
MP,DENS,1,0.283/g	MP,DENS,1,0.283/g	钢的密度
ACEL_g	ACEL_g	重力载荷

5.5.7 施加轴对称载荷和反作用力

对约束、表面载荷、体积载荷和某一方向的加速度,施加方法与非轴对称模型没有区别。但是,对集中载荷的定义,施加轴对称载荷过程有所不同。因为这些载荷大小、输入的力、力矩等数值是在360°范围内进行的,即根据沿周边的总载荷输入载荷值。例如,如果1500N/cm 圆周的轴对称轴向载荷被施加到直径为10cm的管上,如图5-14所示。$1500 \times 2\pi \times 5 = 47124$ 的总载荷将按 F,N,FY,47124 方法被施加到节点 N 上。

5.5.8 施加表格形式载荷

5.5.8.1 定义表格

命令:*DIM。
GUI:Utility Menu > Parameters > Array Parameters > Define/Edit。

在弹出的对话框中,单击 Add 按钮,弹出如图 5-15 所示的"Add New Array Parameter (定义数组参数)"对话框。该对话框包括3个控制选项,即参数名(Par),参数类型(Type),参数类型对应的行、列和面的数量。为了定义表格,用户在 Par 文本框中输入表格的名字,选择参数类型为 Table,根据需要输入表格的行数、列数和面数,并指定行变量(Row Variable)、列变量(Column Variable)和面变量(Plane Variable)。如果用户想要指定表格参数的行变量为时间,列变量为温度,则输入 Var 1 为 TIM,Var 2 为 TEMP。

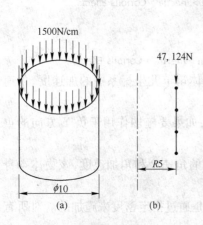

图 5-14 在 360°范围内定义集中轴对载荷
(a)三维模型;(b)二维模型

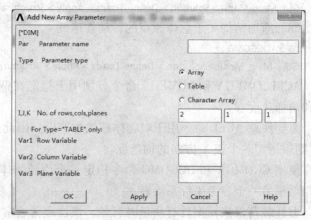

图 5-15 "定义数组参数"对话框

5.5.8.2 施加表格型载荷

当用命令定义载荷时,必须把表格名装入%symbols%。例如,为了指定一个对流值表,用户应该执行类似如下的命令。

SF,all,conv,% sycnv% ,tbulk

如果用户使用 GUI 施加表格型载荷,则只需在施加载荷时设置为使用已有表格施加载荷(Existing Table)即可。

注意,如果用户的数据不方便表达为表格形式,用户会想使用函数边界条件,则可以参考使用函数边界条件施加载荷。

5.5.9 施加函数形式载荷

5.5.9.1 定义函数

GUI：Main Menu > Solution > Apply > Functions > Define/Edit,弹出如图 5 – 16 所示的"Function Editor(函数编辑器)"对话框。该对话框包括 4 个区域,即函数类型区、函数表达式区、数学函数区和变量列表区。

A 区域介绍

(1)函数类型区。用户在此区域选择是定义单变量函数(Single equation)还是多变量(Multivalued function based on regime variable)。

图 5 – 16 "函数编辑器"对话框

(2)函数表达式区。在该区用户输入需要定义的函数表达式。

(3)变量列表区。下拉变量列表区选择一个基本变量。可选的基本变量如下：

1)Time:时间。2)X:全局笛卡儿坐标系中 x 的位置。3)Y:全局笛卡儿坐标系中 y 的位置。4)Z:全局笛卡儿坐标系中 z 的位置。5)TEMP:温度。6)VELOCITY:速度自由度或单元中计算流速的大小。7)PRES:施加的表面压力。8)TSURF:SURF151 或 SURF152 单元的单元表面温度。9)DENS:密度。10)K_{xx},热传导率。11)K_{yy}:热传导率。12)K_{zz}:热传导率。13)Visc:黏性。14)Emmissivity:熵。15)Xr:基准位置(Xr)(仅用 ALE 公式表达)。16)Yr:基准位置(Yr)(仅用 ALE 公式表达)。17)Zr:基准位置(Zr)(仅用 ALE 公式表达)。18)GAP:接触间隙。19)OMEGS:转速(OMEGS)(SURF151 或 SURF152 单元的转速)。20)OMBGF:转速(FLUID115 单元的转速)。21)SLIP:滑动系数(FLUID115 单元的滑动系数)。

(4)数学函数区。该区域包括了常用的数学函数,用户可以直接单击按钮使用。

B 使用函数编辑器

(1)选择函数类型。选择单个方程或多值函数。如果选择后者,则必须输入用户的状态变量名,即管理函数中方程的变量。当用户选择一个多值函数时,6 个状态表格将被激活。

(2)选择度或弧度。这一选择仅决定方程如何被运算,而不会影响 *AFUN 设置。

(3)使用初始变量、方程变量和键区定义结果方程(单个方程)或描述状态变量的方程(多值函数)。如果用户定义单方程函数,则跳到第(10)步并保存方程。如果用户是定义多值函数,则继续看第(4)步。

(4)单击状态 1 表格,输入用户在函数表格下定义的状态变量相应的最大值和最小值限制。

(5)定义这个状态的方程。

(6)单击状态 2 表格,注意状态变量的最小值限制已被定义并且不可更改,这一特征确保状态保持连续而无间隙。定义这个状态的最高值限制。

(7)定义这个状态的方程。

(8)在6个状态中连续如上操作。在每个状态中,用户不必储存或保存单个方程,除非用户想在另一状态中重用某个方程。

(9)选择 File > Comment 输入一个注释描述函数(可选)。

(10)保存函数。选择 File > Save 并且定义文件名,文件名必须有 .func 扩展名。

一旦函数被定义并保存,就可在一些适用的 ANSYS 分析中被应用或是被一些有权使用文件的用户使用。

C 注意事项

注意事项包括以下几点:(1)函数在表格型矩阵中以方程格式储存。(2)与表格型边界条件不同,不可以使用函数边界条件覆盖边界条件及其相应基本变量的约束。例如,在结构分析中,压力载荷支持的基本变量是 TIME,X,Y,Z 和 TEMP,因此在使用函数边界条件时,方程式中允许的基本变量仅有 TIME,X,Y,Z 和 TEMP。使用函数编辑器(Using the Function Editor)中的列表说明了对于每种形式的操作哪些基本变量可用。

5.5.9.2 读入函数

(1)选择 Main Menu > Solution > Apply > Functions > Read File 打开函数载入器。

(2)找到用户保存函数的目录,选择相应文件并打开。

(3)在"函数载入器"对话框中输入表格型变量名。这是用户在指定这个函数为表格型边界条件时要用到的名字(%tabname%)。

(4)在对话框下半部,用户可看到为函数定义的每个状态的函数表和状态表。单击函数表,用户可看到每个用户指定的方程变量的数据输入区,如果用户使用需要材料 IDs 的变量,用户还可以看到材料 IDs 数据输入区。在输入区中输入相应值。

需要注意的是,"函数载入器"对话框中的常量只支持数字数据,而不支持字符数据与表达式。

(5)在每个定义的状态中重复以上过程。

(6)单击 Save 按钮,直到用户为函数中所有状态的所有变量提供值,用户才能将它保存为表格型矩阵参数。

一旦用户用函数载入器将函数保存为命名表格型矩阵参数,就可以把它当做表格型边界条件使用。

需注意的是,函数作为一个编码方程载入表格。计算引用表格时执行这些编码方程。

5.6 设置载荷步选项

载荷步选项(Load Step Options)是用于表示控制载荷应用的各选项,如时间、子步数、时间步、载荷增长方式、非线性求解设置等。其他类型的载荷步选项包括收敛容差、结构分析中的阻尼设置以及输出控制。

5.6.1 通用选项

通用选项包括瞬态或静态分析中载荷步结束的时间、子步数或时间步大小、载荷增长方式以及热应力计算的参考温度。以下是对每个选项的简要说明。

5.6.1.1 子步数或时间步大小

对非线性或瞬态分析,要指定一个载荷步中需要用的子步数。指定子步的方法为:

命令:DELTIM。

GUI:Main Menu > Solution > Load Step Opts > Time/Frequenc > Time - Time Step。

命令:NSUBST。

GUI:Main Menu > Solution > Load Step Opts > Time/Frequenc > Time and Substps。

NSUBST 命令指定子步数,DELTIM 命令指定时间步的大小。在默认情况下,ANSYS 程序在每个载荷步中使用一个子步。

5.6.1.2 时间选项

TIME 命令用于指定在瞬态或静态分析中载荷步结束的时间。在瞬态或其他与速率有关的分析中,TIME 命令指定实际的、按年月顺序的时间,且要求指定一个时间值。在与非速率无关的分析中,时间作为跟踪参数。在 ANSYS 分析中,决不能将时间设置为 0。如果执行 TIME,0 或者没有发出 TIME 命令,ANSYS 使用默认时间值:第一个载荷步为 1.0,其他载荷步为 1.0 前一个时间。要在"0"时间开始分析,如在瞬态分析中,应指定一个非常小的值,如 TIME,1E-5。

5.6.1.3 自动时间分步

激活时间步自动分步。

命令:AUTOTS。

GUI:Main Menu > Solution > Load Step Opts > Time/Frequenc > Tune and Substps。

在时间步自动分步时,根据结构或构件对施加载荷的响应,程序计算每个子步结束时最优的时间步。在非线性静态分析中使用时,AUTOTS 命令确定了子步之间载荷增量的大小。

5.6.1.4 阶跃或递增载荷

在一个载荷步中指定多个子步时,需要指明载荷是逐渐递增还是阶跃形式。KBC 命令用于此目的:(KBC,0)指明载荷是逐渐递增的;(KBC,1)指明载荷是阶跃载荷。默认值取决于分析的学科和分析类型。

关于阶跃载荷和逐渐递增载荷的几点说明:

(1)如果指定阶跃载荷,程序按相同的方式处理所有载荷(约束、集中载荷、表面载荷、体积载荷和惯性载荷)。根据情况,阶跃施加、阶跃改变或阶跃移去这些载荷。

(2)如果指定逐渐递增载荷,则有下面 6 种情况。

1)对第一个载荷步施加的所有载荷中,除了薄膜系数外,都是逐渐递增的(见表 5-2)。薄膜系数是阶跃施加的。

①对 OMEGA 载荷,由于 OMEGA 本身为逐渐变化的,所以产生的力在该载荷步上是二次变化。②TUNIF 命令在所有节点指定一个均布温度。③在这种情况下,使用的 TUNIF 或 BFUNIF 值是先前载荷步的,而不是当前值。④总是以温度函数所确定的值大小施加与温度相关的膜层散热系数,而不论 KBC 的设置。⑤BFUNIF 命令仅是 TUNIF 命令的一个同类形式,用于在所有节点指定一个均布体积载荷。

2)在随后的载荷步中,所有载荷的变化都是从先前的值开始逐渐变化的。注意,在全谐响应分析中,表面载荷和体积载荷的逐渐变化与在第一个载荷步中的变化相同,且不是从先前的值开始逐渐变化的。

表 5-2　不同条件下逐渐变化载荷(KBC=0)的处理

载荷类型	施加于载荷步[1]	输入随后的载荷步
DOF 约束		
温度	从 TUNIF 逐渐变化[2]	从 TUNIF 逐渐变化[3]
其他	从 0 逐渐变化	从 0 逐渐变化
力	从 0 逐渐变化	从 0 逐渐变化
表面载荷		
TBULK	从 TUNIF 逐渐变化[2]	从 TUNIF 逐渐变化
HCOEF	阶跃	从 0 逐渐变化[4]
其他	从 0 逐渐变化	从 0 逐渐变化
体载荷		
温度	从 TUNIF 逐渐变化[2]	从前一个 TUNIF 逐渐变化[3]
其他	从 BFUNIF 逐渐变化[5]	从前一个 BFUNIF 逐渐变化[3]
惯性载荷[1]	从 0 逐渐变化	从 0 逐渐变化

3) 对于表格型边界条件,载荷不是逐渐变化的,而是在当前时间被计算的。如果在一个载荷步中指定使用表格形式载荷,而下一个载荷步却改为非表格型载荷,载荷将被当做新引进由 0 或由 BFUNIF 逐渐变化的载荷,但不是从先前的表格值变化。

4) 在随后的载荷步中新引入的所有载荷是逐渐变化的,根据载荷的类型,从 0 或从 BFUNIF 命令所指定的值递增,参见表 5-2。

5) 在随后的载荷步中被删除的所有载荷,除了体积载荷和惯性载荷外,都是阶跃移去的。体积载荷逐渐递增到 BFUNIF,不能被删除只能被设置为 0 的惯性载荷,会逐渐变化到 0。

6) 在相同的载荷步中,不应删除或重新指定载荷。在这种情况下,逐渐变化不会按用户所期望的方式作用。

5.6.1.5　其他通用选项

(1) 热应力计算的参考温度,其默认值为 0℃。指定该温度的方法为:

命令:TREF。

GUI:Main Menu > Solution > Define Loads > Settings > Reference Temp。

(2) 对每个解是否需要一个新的三角矩阵。仅在静态分析或瞬态分析中,使用下列方法之一,可用一个新的三角矩阵。

命令:KUSE。

GUI:Main Menu > Solution > Load Step Opts > Other > Reuse LN22 Matrix。

在默认情况下,程序根据 DOF 约束的变化、温度相关材料的特性以及 Newton - Raphson 选项确定是否需要一个新的三角矩阵。如果 KUSE 设置为 1,则程序再次使用先前的三角矩阵。在重新开始过程中,该设置非常有用:对附加的载荷步,如果要重新进行分析,而且知道所存在的三角矩阵可再次使用,通过将 KUSE 设置为 1,可节省大量的计算时间。KUSE,-1 命令迫使在每个平衡迭代中三角矩阵再次用公式表示。在分析中很少使用它,主要用于调试。

(3) 模式数(沿周边谐波数)和谐波分量是关于全局 X 坐标轴对称还是反对称。当使用反对称协调单元(反对称单元采用非反对称加载)时,载荷被指定为一系列谐波分量(傅里叶级数)。要指定模式数,使用下列方法之一。

命令:MODE。
GUI: Main Menu > Solution > Load Step Opts > Other > For Harmonic Ele。

5.6.2 动力学分析选项

下面是主要用于动态和其他瞬态分析的选项。
（1）激活或取消时间积分。
命令:TIMINT。
GUI:Main Menu > Solution > Load Step Opts > Time/Frequenc > Time Integration > Amplitude Decay。
（2）在谐响应分析中指定载荷的频率范围。
命令:HARFRQ。
GUI:Main Menu > Solution > Load Step Opts > Time/Frequenc > Freq and Substps。
（3）指定结构动态分析的阻尼。
命令:ALPHAD/ BETAD/ DMPRAT/ MDAMP。
GUI：Main Menu > Solution > Load Step Opts > Time/Frequenc > Damping。

5.6.3 非线性选项

下面是主要用于非线性分析的选项。
（1）指定每个子步最大平衡迭代的次数（默认=25）。
命令:NEQIT。
GUI:Main Menu > Solution > Load Step Opts > Nonlinear > Equilibrium Iter。
（2）指定收敛公差。
命令:CNVTOL。
GUI:Main Menu > Solution > Load Step Opts > Nonlinear > Convergence Crit。
（3）为终止分析提供选项。
命令:NCNV。
GUI：Main Menu > Solution > Load Step Opts > Nonlinear > Criteria to Stop。

5.6.4 输出控制

输出控制用于控制分析输出的数量和特性。有两个基本输出控制。
（1）控制 ANSYS 写入数据库和结果文件的内容以及写入的频率。
命令:OUTRES。
GUI：Main Menu > Solution > Load Step Opts > Output Ctrls > DB/Results File。
（2）控制打印（写入解输出文件 Jobname. OUT）的内容以及写入的频率。
命令:OUTPR。
GUI：Main Menu > Solution > Load Step Opts > Output Ctrls > Solu Printout。
下例说明 OUTRES 和 OUTPR 命令的使用。

```
OUTRES,ALL,5              ! 写入所有数据；每到第5子步写入数据
OUTPR,NSOL,LAST           ! 仅打印最后子步的节点解
```

可以发出一系列 OUTPR 和 OUTRES 命令（达50个命令组合）以精确控制解的输出。但必须注意，命令发出的顺序很重要。

输出控制命令 ERESX 允许用户在后处理中观察单元积分点的值。

命令：ERESX。
GUI：Main Menu > Solution > Load Step Opts > Output Ctrls > Integration Pt。

在默认情况下，对材料非线性以外的所有单元，ANSYS 程序使用外推法根据积分点值计算在后处理中观察的节点结果。通过执行 ERESX，NO 命令，可以关闭外推法。相反，将积分点的值复制到节点，使这些值在后处理中可用。选项 ERESX，YES 迫使所有单元都使用外推法，而不论单元是否具有材料非线性。

5.7 创建多载荷步文件

所有载荷和载荷步选项一起构成一个载荷步，程序用其计算该载荷步的解。如果有多个载荷步，则可将每个载荷步存入一个文件，调入该载荷步文件，并从文件中读取数据求解。

LSWRITE 命令写载荷步文件（每个载荷步一个文件，以 Jobname.S01、Jobname.S02、Jobname.S03 等识别）。使用以下方法之一：

命令：LSWRITE。
GUI：Main Menu > Solution > Load Step Opts > Write LS File。

所有载荷步文件写入后，可以使用命令在文件中顺序读取数据，并求得每个载荷步的解。

下例所示为命令组定义多个载荷步。

```
/SOLU                ! 输入 SOLUTION
                     ! 载荷步 1
D,…                  ! 载荷
SF,…
NSUBST,…             ! 载荷步选项
KBC,…
LSWRITE, 1           ! 写载荷步文件：Jobname.S01
                     ! 载荷步 2
D,…                  ! 载荷
SF,…
NSUBST,…             ! 载荷步选项
KBC,…
LSWRITE, 2           ! 写载荷步文件：Jobname.S02
```

关于载荷步文件的几点说明：

(1) 载荷步数据根据 ANSYS 命令被写入文件。

(2) LSWRITE 命令不捕捉实常数（R）或材料特性（MP）的变化。

(3) LSWRITE 命令自动地将实体模型载荷转换到有限元模型，因此所有载荷按有限元载荷命令的形式被写入文件。特别地，表面载荷总是按 SFE（或 SFBEAM）命令的形式被写入文件，而不论载荷是如何施加的。

(4) 要修改载荷步文件序号为 n 的数据，执行命令 LSREAD，n 在文件中读取数据，做所需的修改，然后执行 LSWRITE，n 命令（将覆盖序号为 n 的旧文件）。与 LSREAD 命令等价的 GUI 菜单路径为：

GUI：Main Menu > Solution > Load Step Opts > Read LS File。

6 求 解

6.1 选择求解器

ANSYS 程序中提供了 5 种求解联立代数方程组的方法:稀疏矩阵直接解法(Sparse Direct Solution)、预条件共轭梯度法(PCG)、雅可比共轭梯度法(JCG)、不完全乔里斯基共轭梯度法(ICCG)和二次最小残差法(QMR)。默认为稀疏矩阵直接解法。可用以下方法选择求解器。

命令:EQSLV。
GUI:Main Menu > Solution > Analysis Options。

表 6-1 提供了一般的准则,可能有助于针对给定的问题选择合适的求解器。

表 6-1 求解器选择准则

解 法	典型应用场合	模型尺寸	内存使用	硬盘使用
稀疏矩阵直接解法(直接消元法)	要求稳定性和求解速度(非线性分析);线性分析,迭代法收敛很慢时(尤其对病态矩阵,如形状不好的单元)	自由度为 1×10^5 ~ 5×10^6(在这个范围之外也可使用)	优化外核算法:每百万自由度需1GB;内核算法:每百万自由度需10GB	优化外核算法:每百万自由度需10GB;内核算法:每百万自由度需1GB
预条件共轭梯度法(迭代求解器)	与稀疏矩阵直接法相比,减少了硬盘的读写要求。最适合求解含有实体模型和精细网格模型。在 ANSYS 中是最强大的求解器	自由度为 5×10^5 ~ 2×10^7 甚至更大	打开 w/MSAVE 每百万自由度需要 0.3GB;关闭 MSAVE 则每百万自由度需要1GB	每百万自由度需要 0.5GB
雅可比共轭梯度法(迭代求解器)	最适合单场问题,如热分析、磁场、声场和多场	自由度为 5×10^5 ~ 2×10^7 甚至更大	每百万自由度需要 0.5GB	每百万自由度需要 0.5GB
不完全乔里斯基共轭梯度法(迭代求解器)	比 JCG 更复杂的预条件求解器,最适合 JCG 求解失败的求解困难问题,如非对称热分析	自由度为 5×10^4 ~ 1×10^6 甚至更大	每百万自由度需要 1.5GB	每百万自由度需要 0.5GB
二次最小残差法(迭代求解器)	只适用于高频电磁问题	自由度为 5×10^4 ~ 1×10^6 甚至更大	每百万自由度需要 1.5GB	每百万自由度需要 0.5GB

6.2 求解器的类型

6.2.1 稀疏矩阵直接解法求解器

稀疏矩阵直接解法(包括模态和屈曲分析中的 Block Lanczos 方法)采用直接消元法而不进行迭代求解,它可以支持实矩阵与复矩阵、对称与非对称矩阵、拉格朗日乘子法,还支持各类分析,病态矩阵也不会造成求解的困难。稀疏矩阵直接解法求解器由于需要存储分解后的矩阵,所以对内存要求较高。其具有一定的并行性,可以利用 4~8 个 CPU。

稀疏矩阵直接解法具有3种求解方式：核内求解、最优核外求解和最小核外求解。强烈推荐使用核内求解，此时基本不需要磁盘的输入与输出，能大幅度提高求解速度；而核外求解会受到磁盘输入与输出速度的影响。对于复矩阵或非对称矩阵一般需要通常求解两倍的内存与计算时间。

相关命令为。

  Bcsoption,,incoere 运行核内计算。
  Bcsoption,,optimal 最优核外求解。
  Bcsoption,,minimal 最小核外求解(非正式选项)。
  Bcsoption,,force,memrory_size 指定 ANSYS 使用内存大小。
  /config,nproce,CPUnumber 指定使用 CPU 的数目。

6.2.2 预条件共轭梯度法求解器

预条件共轭梯度法(PCG)与雅可比共轭梯度法在操作上相似,除以下几个不同的地方。(1)预条件共轭梯度法解实体单元模型比雅可比共轭梯度法大约快 4~10 倍,对壳体构件模型大约快 10 倍,储存量随问题规模的增大而增大。(2)预条件共轭梯度法使用 EMAT 文件,而不是 FULL 文件。(3)雅可比共轭梯度法使用整体装配矩阵的对角线作为先决条件,预条件共轭梯度法使用更复杂的先决条件。(4)预条件共轭梯度法通常需要大约两倍于雅可比共轭梯度法的内存,因为在内存中保留了两个矩阵。

预条件共轭梯度法通常只需少于稀疏矩阵直接求解法所需空间的 1/4,存储量随问题规模大小而增减。当运算大模型时,预条件共轭梯度法总是比稀疏矩阵直接解法快。

预条件共轭梯度法最适用于结构分析。它对具有对称、稀疏、有界和无界矩阵的单元有效,适用于静态/稳态分析及瞬态分析或子空间特征值分析。预条件共轭梯度法主要解决位移/转动、温度等问题,其他导出变量的准确度取决于原变量的预测精度。

稀疏矩阵直接求解法可获得非常精确的解向量,间接迭代法主要依赖于用户指定的收敛准则,因此放松默认公差将对精度产生重要影响,尤其对导出量的精度。

对于所有的共轭梯度法,用户必须非常仔细地检查模型的约束是否合理,如果有任何刚体移动,将计算不出最小主元,求解器会不断迭代。

6.2.3 雅可比共轭梯度法求解器

雅可比共轭梯度法(JCG)求解器也是从单元矩阵公式出发,最适合于包含大型的稀疏矩阵三维标量场的分析,如三维磁场分析。对于有些场合来说,$1.0E-8$ 的公差默认值(通过命令 EQSLV,JCG 设置)可能太严格,会增加不必要的运算时间,大多数场合 $1.0E-5$ 的值就可满足要求。雅可比共轭梯度法求解器只适用于静态分析、全谐波分析或全瞬态分析。

6.2.4 不完全乔里斯基共轭梯度法求解器

不完全乔里斯基共轭梯度法(ICCG)与雅可比共轭梯度法在操作上相似,比雅可比共轭梯度法使用更复杂的先决条件,使用不完全乔里斯基共轭梯度法需要大约两倍于雅可比共轭梯度法的内存。

不完全乔里斯基共轭梯度法只适用于静态分析、全谐波分析(HROPE，FULL)或全瞬态分析。不完全乔里斯基共轭梯度法比稀疏矩阵直接解法速度要快。

6.2.5 二次最小残差求解器

二次最小残差(QMR)求解器被用来求解电磁问题或完全谐响应分析。用户可用该求解器求解对称、复杂、正定和非正定矩阵的问题。

6.3 在某些类型结构分析使用特殊求解控制

当进行特定类型结构分析时,可以利用以下特殊求解工具。(1)简化求解菜单(A-bridged Solution Menus),适合静态、瞬态、模态与屈曲分析。(2)"求解控制"对话框适用于静态和瞬态分析。

6.3.1 使用简化求解菜单

如果使用图形用户界面(GUI)执行静态、瞬态、模态与屈曲结构分析,则可以选择使用简化菜单或非简化菜单。(1)非简化菜单列出所有求解选项,而不考虑是否为当前分析的推荐选项或是可用选项。如果某选项在当前分析中不可用,则在列表中以灰色显示。(2)简化菜单非常简洁,仅仅列出应用于进行分析的选项。例如,如果进行静态分析,则模式循环选项将不会出现在简化菜单中,只有那些当前分析可用或被推荐的选项才会显示。如果进行结构分析,当进入求解处理器时,简化菜单显示为默认状态。

如果分析既不是静态又不是全瞬态,则可以使用显示菜单中的选项完成分析中求解阶段。如果选择了另外的分析类型,则默认简化求解菜单将被另外的求解菜单替换为新的菜单适用于选择的分析类型。各种简化求解菜单都包含了非简化菜单选项,如果喜欢非简化求解菜单,则这一选项一直可用。

如果在做一个分析时选择开始一个新的分析,ANSYS 将会显示前一个分析所用的求解菜单。例如,如果选择使用非简化求解菜单进行静态分析并且选择了一个新的屈曲分析,则 ANSYS 将显示非简化求解菜单以供屈曲分析使用。然而,在分析求解阶段的任何时候,都可以选择相应菜单选项在简化与非简化求解菜单中切换。

6.3.2 使用"求解控制"对话框

如果在进行静态与全瞬态分析,则可以使用改进的求解界面(称为"Solution Controls(求解控制)"对话框)设置许多分析选项。"求解控制"对话框由 5 个选项卡组成,每个选项卡都包含了相关的求解控制。在指定多载荷步分析中每个载荷步的设置时,"求解控制"对话框非常有效。进入"求解控制"对话框的方式为 GUI: Main Menu > Solution > Analysis Type > Solution Controls。弹出如图 6-1 所示的对话框。

当进入对话框时,基本选项卡将被激活。完整的选项卡列表,按从左到右的顺序为 Basic(基本)、Transient(瞬态)、Solution Options(求解选项)、Nonlinear(非线性)和 Advanced NL(非线性高级控制)。

每个控制都被逻辑分类于选项卡,最基本的控制在第一个选项卡,后面的选项卡将提供逐渐高级的控制。瞬态选项卡包含瞬态分析控制,仅当选择瞬态分析时可用,如果选择静态分析,它将保持灰色。"Solution Controls(求解控制)"对话框上每个控制对应一个 ANSYS 命令。表 6-2 解释了选项卡与命令之间的关系,两种方式都可使用。

一旦对"Basic(基本)"选项卡上的设定满意,就不需要改变其他选项卡,除非要改变一些高级控制。只要在对话框任意一个选项卡中单击 OK 按钮,设置将被应用到 ANSYS 数据库,对话框也将关闭。需要注意,如果改变一个或多个标签设置,仅当单击 OK 按钮关闭对话框时改变才会应用到 ANSYS 数据库中。

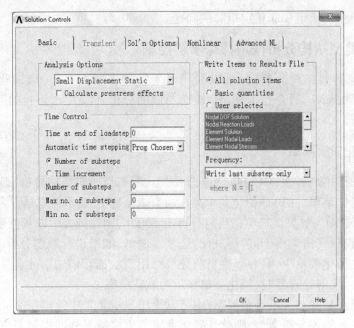

图 6-1 "求解控制"对话框

表 6-2 "Solution Controls(求解控制)"对话框选项卡与命令之间的关系

"Solution Controls(求解控制)"对话框选项卡	选项卡的功能	与该选项卡对应的命令
Basic	指定想执行的分析类型	ANTYPE, NLGEOM, TIME, AUTOTS, NSUBST, DELTIM, OUTRES
	控制不同的时间设定	
	指定希望 ANSYS 写入数据库的求解数据	
Transient	制定瞬态选项,如对阶跃载荷的瞬时效应与渐变	TIMINT, KBC, ALPHAD, BETAD, TRNOPT, TINTP
	指定阻尼选项	
	选择时间积分方法	
	指定积分参数	
Solution Options	指定想用的方程求解器类型	EQSLV, RESCONTROL
	指定多架构重启的参数	
Nonlinear	控制非线性选项,如线搜索与求解预测	LNSRCH, PRED, NEQIT, RATE, CUTCONTROL, CNVTOL
	指定每个子步允许的最大迭代数目	
	显示是否想在分析中包蠕变计算	
	控制弧长法的平分	
	设定收敛标准	
Advanced NL	指定分析终止标准	NCNV, ARCLEN, ARCTRM
	控制弧长法的激活与终止	

6.4 获得解答

进行以下操作开始求解。

命令:SOLVE。

GUI:Main Menu > Solution > Current LS。

因为求解阶段与其他阶段相比,一般需要更多的计算机资源,所以批处理模式要比交互模式更适宜。求解器将输出写入输出文件(Jobname.OUT)和结果文件中,如果以交互模式运行求解,则输出文件就是屏幕。当执行 SOLVE 命令前使用下述操作,可以将输出送入一个文件而不是屏幕。

命令:/OUTPUT。
GUI:Utility Menu > File > Switch Output to > File or Output Window。

在交互模式中,大多数输出是被压缩的,结果文件(RST,RTH,RMG 或 RFL)包含以二进制方式的所有数据,可在后处理程序中进行浏览。在求解过程中产生的另一个有用文件是 Jobname.STAT 文件,它给出了解答情况。程序运行时可用该文件来监视分析过程,对非线性和瞬态分析的迭代分析尤其有用。

6.5 求解多载荷步

6.5.1 使用多步求解法

该方法是最直接的包括在每个载荷步定义好后执行 SOLVE 命令。缺点是,在交互使用时必须等到每一步求解结束后才能定义下一个载荷步。典型的多重求解法命令输入为:

```
/SOLU          ! 载荷步1:
D,…
SF,..
SOLVE,         ! 求解载荷步1
               ! 载荷步2
F,…
SF,…
SOLVE          ! 求解载荷步2
```

6.5.2 使用载荷步文件法

当想求解问题而又远离终端或计算机时,可以使用载荷步文件法。该方法包括写入每一个载荷步到载荷步文件中(通过 LSWRITE 命令或相应的 GUI 方式),通过一条命令就可以读入每个文件并获得解答。求解多载荷步。

命令:LSSOLVE。
GUI:Main Menu > Solution > From Ls Files。

LSSOLVE 命令其实是一条宏指令,它按顺序读取载荷步文件,并开始每一个载荷步求解。载荷步文件法的示例命令输入为:

```
/SOLU              ! 进入 SOLUTION 模块
                   ! 载荷步1
D,…                ! 载荷
SF,….
NSUBST,…           ! 载荷步选项
KBC,….
OUTRES,…
OUTPR,…
LSWRITE            ! 写载荷步文件:Jobname.S01
                   ! 载荷步2
D,…                ! 载荷
SF,…
NSUBST….           ! 载荷步选项
KBC,…
OUTRES,.
OUTPR,…
LSWRITE            ! 写载荷步文件:Jobname.S02
LSSOLVE,1,2        ! 开始求解载荷步文件1 和 2
```

7 后处理

7.1 后处理功能概述

后处理是指检查分析的结果。这可能是分析中最重要的一环,因为用户总是试图搞清楚作用载荷如何影响设计,设计是否可行以及网格划分的好坏等。

7.1.1 ANSYS 后处理类型

检查分析结果可使用两个后处理器:通用后处理器(POST1)和时间-历程后处理器(POST26)。POST1 用于检查整个模型在某一载荷步和子步或对某一特定时间点或频率的结果。POST26 用于检查模型的指定点的特定结果与时间、频率或其他结果项的变化。但是 ANSYS 的后处理器仅是用于检查分析结果的工具,仍然需要使用用户的工程判断能力来分析解释结果。

7.1.2 结果文件

在求解中,可使用 OUTRES 命令指引 ANSYS 求解器按指定时间间隔将选择的分析结果写入结果文件中,结果文件的名称取决于分析类型。(1)Jobname. RST:结构分析和耦合场分析。(2)Jobname. RTH:热分析和 diffusion 分析。(3)Jobname. RMG:电磁场分析。(4)Jobname. RFL:FLOTRAN 分析。

对于 FLOTRAN 分析,文件的扩展名为 .RFL;对于其他流体分析,文件扩展名为 .RST 或 .RTH,取决于是否给出结构自由度。对不同的分析使用不同的文件标识有助于在耦合场分析中使用一个分析的结果作为另一个分析的载荷。

7.1.3 后处理可用的数据类型

求解阶段计算两种类型结果数据。(1)基本数据包含每个节点计算自由度的解:结构分析的位移、热力分析的温度、磁场分析的磁势等(见表 7-1)。这些被称为节点解数据。(2)派生数据是由基本数据计算得到的数据,如结构分析中的应力和应变;热力分析中的热梯度和热流量;磁场分析中的磁通量等。程序可以在单元的节点、单元积分点和单元质心处计算派生数据。派生数据也称为单元解数据。在这些情况下,它们被称为节点解数据。

表 7-1 不同分析的基本数据和派生数据

学 科	基本数据	派生数据
结构分析	位移	应力、应变、反作用力等
热力分析	温度	热流量、热梯度等
磁场分析	磁势	磁通量、磁流密度等
电场分析	标量电势	电场、电流密度等
流体分析	速度和压力	压力梯度、热流量等

7.2 通用后处理器

使用通用后处理器(POST1)可观察整个模型或模型的一部分在某一时间点(或频率)上针对指定载荷组合时的结果。

7.2.1 数据文件选项

如果用户已经完成求解并且已经保存,则用户可以在通用后处理中直接读入结果文件,然后进行其他后处理操作。用户可用下列方法打开"Data and File Options(数据和文件选项)"对话框。

GUI方式 Main Menu > Genera > Postproc > Date&File Opts,打开如图7-1所示的"数据和文件选项"对话框。该对话框中主要包括2项:需读入的数据类型(Data to be read)和读入的结果文件类型(Results file to be read)。用户可以读入以下数据类型:所有数据项(All items)、基本数据项(Basic items)、节点自由度结果(Nodal DOF solution)、节点反力载荷(Elem reaction load)、单元求解结果(Elem solution)、单元节点载荷(Elem nodal loads)、单元节点应力(Elem nodal stresses)、单元弹性应变(Elem elastic strain)、单元热应变(Elem thermal strain)、单元塑性应变(Elem plastic strain)、单元蠕变应变(Elem creep strain)、单元节点梯度(Elem nodal gradients)、单元节点通量(Elem nodal flux)和混合数据单元(misc elem data)。用户可以读入单个结果文件(Read single result file)或读入多个CMS结果文件(Read multiple CMS result files)。

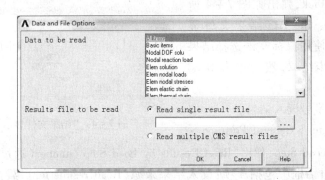

图7-1 "数据和文件选项"对话框

7.2.2 查看结果汇总

用户可以通过以下路径查看结果汇总,包括模态分析中的固有频率和瞬态分析或非线性分析中的载荷步和子步。GUI方式为 Main Menu > General Postproc > Results Summary,弹出如图7-2所示的"SET. LIST Command(结果汇总)"对话框,该对话框中包括数据列表号(SET)、时间/频率(TIME/FREQ)列表、载荷步(LOAD STEP)列表、子步(SUBSTEP)列表和积累量(CUMULATIVE)列表。

7.2.3 读入结果

图7-3为通用后处理中的读入结果列表,用户使用读入结果列表可以进行以下操作。

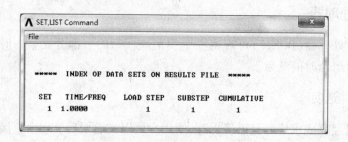

图7-2 "结果汇总"对话框

(1) 读入结果汇总中的第一个结果。
GUI：Main Menu > General Postproc > Read Results > First Set。
(2) 读入结果汇总中的下一个结果。
GUI：Main Menu > General Postproc > Read Results > Next Set。
(3) 读入结果汇总中的前一个结果。
GUI：Main Menu > General Postproc > Read Results > Previous Set。
(4) 读入结果汇总中的最后一个结果。
GUI：Main Menu > General Postproc > Read Results > Last Set。
(5) 拾取结果汇总中的任意结果。

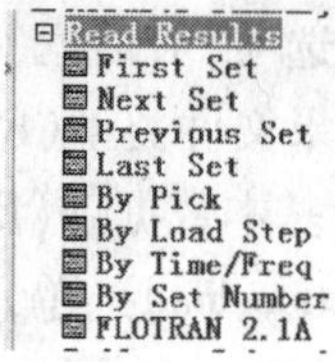

GUI：Main Menu > General Postproc > Read Results > By Pick，弹出如图7-4所示的"Results File：file.rst（结果文件显示）"对话框，用户使用鼠标左键选择结果汇总中的任意子步结果，然后单击Read按钮。

图7-3 读入结果列表

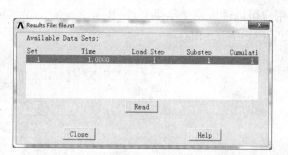

(6) 通过载荷步号读入结果。
GUI：Main Menu > General Postproc >

图7-4 "结果文件显示"对话框

Read Results > By Load Step，弹出"Read Results by Load Step Number（通过载荷步号读入结果）"对话框。该对话框中包括4项：读入结果来源（Read results for）、载荷步号（Load step number）、子步号（Substep number）和比例因子（Scale factor）。

(7) 通过时间/频率读入结果。
GUI：Main Menu > General Postproc > Read Results > By Time/Freq，弹出"Read Results by Time or Frequency（通过时间或频率读入结果）"对话框，该对话框包括5项：读入结果来源（Read results for）、时间或频率点值（Value of time or freq）、读入时间点或靠近时间点的结果（Results at or near TIME）、比例因子（Scale factor）和圆周位置（Circumferential location）。

(8) 通过数据列表号读入结果。
GUI：Main Menu > General Postproc > Read Results > By Set Number，弹出"Read Results by Data Set Number（通过数据列表号读入结果）"对话框。该对话框包括4项：读入结果来源（Read results for）、数据列表号（Data set number）、比例因子（Scale factor）和圆周位置（Circumferential location）。

7.2.4 图形显示结果

7.2.4.1 图形显示模型变形形状

命令：PLDISP。

GUI：Main Menu > General Postproc > Plot Results > Deformed Shape，弹出"Plot Deformed Shape(画出变形形状)"对话框。该对话框包括3项：仅仅显示变形后的形状(Def shape only)，显示变形后的形状和未变形的形状(Def + undeformed)以及显示变形后的形状和未变形体的边界(Def + undef edge)。

7.2.4.2 云图显示

用户通过云图显示功能可查看以下结果项：位移、应力、速度、温度、磁场、磁通密度等。

A 节点解云图显示

命令：PLNSOL。

GUI：Main Menu > General Postproc > Plot Results > Contour Plot > Nodal Solu，弹出"Contour Nodal Solution Data(节点解云图显示)"对话框(见图7-5)。用户通过该对话框可以选择云图显示的项目：节点自由度解(DOF Solution)、节点应力(Stress)、总机械应变(Total Mechanical Strain)、弹性应变(Elastic Strain)、塑性应变(Plastic Strain)、蠕变应变(Creep Strain)、热应变(Thermal Strain)、总机械和热应变(Total Mechanical and Thermal Strain)、膨胀应变(Swelling Strain)、能量(Energy)、失效准则云图(Failure Criteria)和体积温度(Body Temperatures)。PLNSOL命令生成连续的整个模型的云图。该命令或GUI方式可用于原始解或派生解。对典型单元间不连续的派生解，在节点处进行平均，以便显示连续的云图。

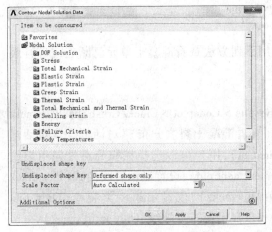

图7-5 "节点解云图显示"对话框

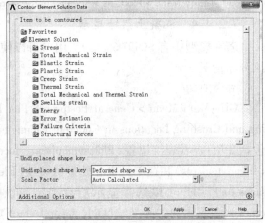

图7-6 "单元解云图显示"对话框

B 单元解云图显示

命令：PLESOL。

GUI：Main Menu > General Postproc > Plot Results > Contour Plot > Element Solu，弹出如图7-6所示的"Contour Element Solution Data(单元解云图显示)"对话框。用户通过该对话框可以选择云图显示的项目：带点应力(Stress)、总机械应变(Total Mechanical Strain)、弹性应

变(Elastic Strain)、塑性应变(Plastic Strain)、蠕变应变(Creep Strain)、热应变(Thermal Strain)、总机械和热应变(Total Mechanical and Thermal Strain)、膨胀应变(Swelling strain)、能量(Energy)、误差估计(Error Estimation)、失效准则云图(Failure Criteria)、结构力(Structural Forces)、结构力矩(Structural Moments)、体积温度(Body Temperatures)和杂项项目(Miscellaneous items)。PLESOL 命令在单元边界上生成不连续的云图,该显示主要用于派生的解数据。

C 单元线性结果云图显示

命令:PLLS。

GUI:Main Menu > General Postproc > Plot Results > Line Elem Res,弹出的"Plot Line-Element Results(单元线性结果云图显示)"对话框。该面板中包括4项:节点I处的单元表项(Elem table item at node I)、节点J处的单元表项(Elem table item at node J)、比例因子选项(Optional scale factor)和是否显示变形体(Items to be plotted on)。

7.2.4.3 矢量显示

矢量显示用箭头显示模型中某个矢量大小和方向的变化。平动位移(U)、转动位移(ROT)、磁力矢量势(A)、磁通密度(B)、热通量(TF)、温度梯度(TG)、液流速度(V)、主应力(S)等都是矢量的例子。

用户用下列方法可产生矢量显示。

命令:PLVECT。

GUI:Main Menu > General Postproc > Plot Results > Predefined or User - Defined。

用户用下列方法改变矢量箭头长度比例。

命令:NSCALE。

GUI:Utility Menu > PlotCtrls > Style > Vector Arrow Scaling。

7.2.4.4 混凝土裂缝显示

若在模型中有SOLID65单元,用户可以使用下列方法查看混凝土单元已断裂或碎开裂纹分布情况。

命令:FLCRACK。

GUI:Main Menu > General Postproc > Plot Results > Coneplot > Crack/Crush,弹出"Cracking and Crushing Locations in Concrete Elements(查看混凝土裂纹分布)"对话框。该对话框包括2项:查看裂纹位置(Plot symbols are located at),用户可以选择在积分点处显示裂纹(Integration pts)和在单元中心处显示裂纹(Element centroid);设置显示裂纹模式(Plot crack faces for),用户可以选择显示所有类型裂纹(All cracks)、仅显示第一类裂纹(Only first crack)、仅显示第二类裂纹(Only second crack)和仅显示第三类裂纹(Only third crack)。

7.2.5 列表显示结果

7.2.5.1 列表显示计算误差估计

有限元分析中的主要考虑之一是有限元网格数量是否足够,网格是否细到能获得好的计算结果?若不是,模型哪一部分网格要进行进一步划分?用 ANSYS 误差分析技术可得到该问题的答案,该技术用于评估生成有限元模型过程中产生的数值误差。该技术只对使用二维或三维实体单元或板壳单元的线性结构和线性/非线性温度场可用。

在后处理器中，程序为模型中每个单元计算能量误差。能量误差在概念上与应变能相似。结构能量误差（以 SERR 为标识）是单元到单元应力场跃变的度量。热能误差（TERR）是单元到单元热能跃变的度量。用 SERR 和 TERR，ANSYS 软件可计算能量级的百分误差（SEPC 表示结构的百分误差，TEPC 表示热能的百分误差）。

注意，误差估计是基于参考温度（TREF）下被计算的刚度及传导矩阵之上的。因此，如果单元与参考温度（TREF）相差很大，误差估计对于与温度有关的材料特性的单元有可能不正确。

在很多情况下，用户通过关闭误差估计可以大大提高程序运算速度。在热分析中关闭误差估计时，性能改善尤为显著。因此，可只在需要时才用误差分析。例如，想确定网格是否易于得到良好的结果时。

在默认情况下，误差估计是激活的。用户可用下列方法显示结构误差。

命令：PRERR。

GUI：Main Menu > General Postproc > List Results > Percent Error。

7.2.5.2 列出节点求解数据

用户可用下列方法列出指定的节点求解数据（原始解及派生解）。

命令：PRNSOL。

GUI：Main Menu > General Postproc > List Results > Nodal Solution。

7.2.5.3 列出单元求解数据

用户可用下列方法列出所选单元的指定结果。

命令：PRESOL。

GUI：Main Menu > General Postproc > List Results > Element Solution。

要获得一维单元的求解输出，在 PRNSOL 命令中指定 ELEM 选项，程序将列出所选单元所有可行的单元结果。

7.2.5.4 列出反作用载荷及作用载荷

用户可用下列方法列表显示模型中约束节点处的反作用力。

命令：PRRSOL。

GUI：Main Menu > General Postproc > List Results > Reaction Solu。

用户可用下列方法列表显示模型中约束节点处的作用力。

命令：PRNLD。

GUI：Main Menu > General Postproc > List Results > Nodal Loads。

列出反作用载荷及作用载荷是检查平衡的一种好方法。在求解后检查模型的平衡状况总是好的做法。也就是说，在给定方向上所加的作用力应总等于该方向上的反力。如果反力不是所期望的，建议用户检查加载情况，看加载是否恰当。

约束方程也能造成明显的平衡丧失。如前所述，属于约束方程约束 DOF 处的反力不包括该方程的力。这将影响单个反力和总反力。同样，对属于某个约束方程的节点力之和也不应包括该方程的节点力，这将影响单个反力和总反力。在批处理求解中可得到约束方程反力的单独列表，但这些反作用不能在 POST1 中进行访问。对大多数恰当联立的约束方程，FX、FY、FZ 方向合力应为零。可能见到失衡的其他情况有四节点壳单元，其 4 个节点不是位于同一平面内；有弹性基座指定的单元；发散的非线性求解。

7.2.5.5 列出矢量数据

用户可用下列方法列出所有被选单元指定的矢量大小及其方向余弦。

命令：PRVECT。

GUI：Main Menu > General Postproc > List Results > Vector Data。

7.2.5.6 列出路径数据

用户可用下列方法列出沿预先定义的几何路径上的数据。

命令：PRPATH。

GUI：Main Menu > General Postproc > List Results > Path Items。

7.2.5.7 列出线性应力

用户可用下列方法计算，然后列出沿预定的路径线性变化的应力。

命令：PRSECT。

GUI：Main Menu > General Postproc > List Results > Linearized Strs。

7.2.6 查询结果

7.2.6.1 查询单元结果

用户可用下列方法查看单元结果。

GUI：Main Menu > General Postproc > Query Results > Element Solu，弹出如图 7-7 所示的"Query Element Solution Data（查看单元求解结果）"对话框。对于结构分析，该对话框中只有能量（Energy）一个选项，并且用户可查看以下 4 种能量：单元应变能（Strain enrg SENE）、动能（Kinetc enrg KENE）、塑性功（Plast work PLWK）和塑性状态变量（PlasStateVar PSV）。用户选择需查看的能量后，单击 OK 按钮，弹出对话框，根据需要用户再进行单击选择。

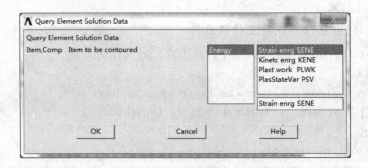

图 7-7 "查看单元求解结果"对话框

7.2.6.2 查询节点结果

用户可用下列方法查看节点结果。

GUI：Main Menu > General Postproc > Query Results > Subgrid Solu，弹出如图 7-8 所示的"Query Subgrid Solution Data（查看节点求解结果）"对话框。该对话框中包括主变量选择框和子变量选择框。例如，主变量框包括自由度解（DOF solution）对应的子变量选择框，即 X 方向平动位移（Translation UX）、Y 方向平动位移（Translation UY）等，用户选择需查看的能量后，单击 OK 按钮，弹出对话框，根据需要用户再进行单击选择。

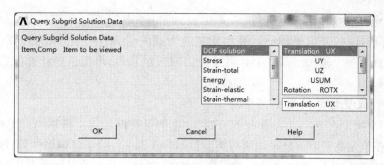

图 7-8 "查看节点求解结果"对话框

7.2.7 输出选项

用户可用下列方法设置结果输出。

命令：RSYS/AVPRIN/AVRES/SHELL。

GUI：Main Menu > General Postproc > Options for Outp，弹出如图 7-9 所示的"Options for Output（输出选项设置）"对话框。通过该对话框用户可实现以下功能。

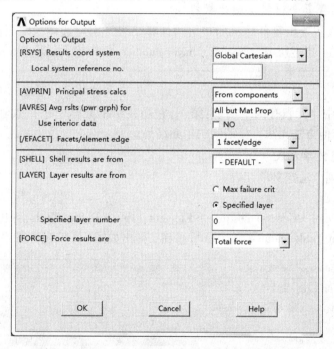

图 7-9 "输出选项设置"对话框

7.2.7.1 将计算结果旋转到不同坐标系中

用户可以在设置对话框中将结果坐标系选项（Results coord system）设为总体笛卡儿坐标系（Global cartesian）、总体柱坐标系（Global cylindric）、总体球坐标系（Global cylindric）或局部坐标系（Local system）。用户如果选择局部坐标系，则需在局部坐标系参考号（Local system reference no.）文本框中输入已定义的局部坐标系参考号。

7.2.7.2 设置如何计算主应力和矢量和

对话框中主应力计算选项（Principal stress calcs）可以设置如何计算主应力及矢量和。

该选项有两个子选项：使用分量计算（From components），该选项使用平均单元共有节点处的分量值，并且根据这些分量平均值计算单元主应力或矢量和；使用主应力计算（From principals），该选项在每一个单元的基础上计算主应力或矢量和后，再把这些计算值在单元共有节点处进行平均。

7.2.7.3 设置计算结果如何平均

该选项用来指定在 PowerGraphics 打开时，计算结果数据如何进行平均。用户可以设置 4 种平均方法：在单元共有节点处平均所有类型数据（All data）；除了材料属性外，在单元共有节点处平均其他数据（All but Mat Prop）；除了实常数外，在单元共有节点处平均其他数据（All but Real Cons）；除了材料类型和实常数外，在单元共有节点处平均其他数据（All but Mat + Real）。

7.2.7.4 体结果来源

该选项用来选择一个壳体单元或壳体层位置输出结果。用户可以设置 3 种壳体结果来源：壳体结果来源于壳体或复合材料顶层，这是程序的默认值；壳体结果来源壳体单元中间层（Middle layer），该选项的默认方法是壳体单元的顶端和底端的平均值；壳体结果来源壳体底层（Bottom layer）。

7.2.7.5 设置复合材料层输出数据

该选项用来设置输出复合材料那一层的计算结果。用户选择指定层数选项（Specified layer），根据需要在"指定层数"（Specified layer number）框中输入层数。

7.2.8 单元表

ANSYS 程序中单元表有两个功能：第一，它是在结果数据中进行数学运算的工具；第二，它能够访问其他方法无法直接访问的单元结果。

7.2.8.1 定义单元表

用户可用下列方法定义单元表。

命令：ETABLE。

GUI：Main Menu > General Postproc > Element Table > Define Table，弹出"定义单元表数据"面板（Element Table Data）。单击 Add 按钮，弹出如图 7-10 所示的"Define Additional

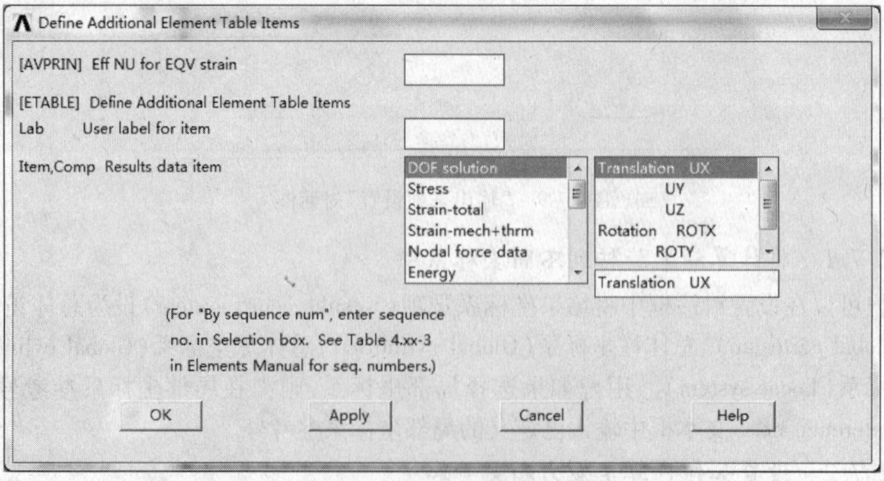

图 7-10 "定义附加单元表项"对话框

Element Table Items(定义附加单元表项)"对话框。该对话框包括 3 项:定义有效泊松比(Eff NU for EQV strain),用户在该选项后面输入有效泊松比,范围在 0~0.5 之间;定义附加单元项的名字(User label for item);结果数据项(Results data item)。

结果数据项包括主结果(Item 项)和子结果(Comp 项),如主结果中应力(Stress)对应的子结果为 X 方向应力(X-direction SX),Y 方向应力(Y-direction SY),Z 方向应力(Z-direction SZ)等。用户还可以通过序号(By sequence num)选择单元表结果,该项功能主要针对不使用通用后处理器直接查看的结果,如表 7 – 2 所示的梁单元弯矩和轴力结果查看对应的 Item 及序列号。

表 7 – 2 BEAM177 单元的 Item 和对应的序列号

输出的变量名	Item	I	J
Mx	SMISC	1	14
My	SMISC	2	15
Mz	SMISC	3	16

例如,查看 BEAM177 单元的弯矩 My,用户在 AVPRIN 中输入泊松比 0.3,在 ETABLE 中输入变量名 My,在主结果中选择 By sequence num,在子结果中选择 SMISC,然后在 SMISC 后面输入 1, 14,单击 OK 按钮。

7.2.8.2 云图查看单元表

用户可用下列方法查看单元表已定义的数据变量。

命令:PLETAB。

GUI: Main Menu > General Postproc > Element Table > Plot Elem Table,弹出如图 7 – 11 所示的"Contour Plot of Element Table Data(云图显示单元表数据)"对话框。该对话框包括 2 项:单元表显示项目(Item to be plotted),用户可以使用该选项图形显示在单元表中定义的输出类型;在单元共享节点是否平均结果(Average at common nodes?)选项,用户可以选择不平均(No-do not avg)或平均(Yes-average)。PLETAB 命令云图显示单元表中的数据。在 PLETAB 命令中的 Avglab 字段,提供了是否对节点处数据进行平均的选择项(对连续云图,平均;默认状态,对不连续云图,不平均)。

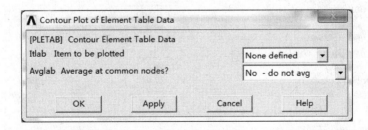

图 7 – 11 "云图显示单元表数据"对话框

7.2.8.3 列表查看单元表

命令:PRETAB。

GUI: Main Menu > General Postproc > Element Table > List Elem Table。

7.2.8.4 绝对值选项

命令:SABS。

GUI:Main Menu > General Postproc > Element Table > Abs Value Option,弹出"Absolute Value Option for Element Table Calculation(对于单元表数据是否才有绝对值设置)"对话框,默认情况下不采用绝对值,如果用户需要采用绝对值运算,则选择Use absolute values,然后单击OK按钮。

7.2.8.5 计算单元表每一项的和

该选项对于计算模型的体积、面积等几何参数非常有用,用户可以使用下列方法完成对单元表中变量的求和。

命令:SSUM。

GUI:Main Menu > General Postproc > Element Table > Sum of Each Item,在弹出的面板中单击OK按钮。

7.2.8.6 单元表变量加运算

用户在单元表中定义完变量后,可以对其进行各种数学运算,并且图形或列表显示运算后的结果。用户可用下列方法进行单元表相加的数学运算。

命令:SADD。

GUI:Main Menu > General Postproc > Element Table > Add items,弹出如图7-12所示的"Add Element Table Items(单元表变量相加设置)"对话框。该对话框中主要包括两项:公式表达式选项(SADD)和公式参数输入选项。从对话框中可知,公式表达式为 LabR = (FACT1 * Lab1) + (FACT2 * Lab2) + CONST,其中Lab1和Lab2为单元表已定义的变量;FACT1和FACT2为变量Lab1和Lab2的常系数;CONST为任意常量。公式输入选项:在1st Factor中输入第一个常系数,在1st Element table item中选择第一个单元表变量,在2nd Factor中输入第二个常系数,在2nd Element table item中选择第二个单元表变量,在Constant中输入常数。

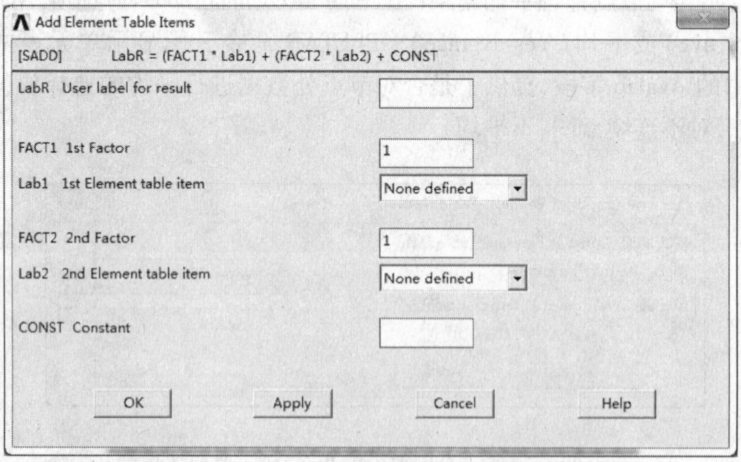

图7-12 "单元表变量相加设置"对话框

7.2.8.7 单元表变量乘运算

用户可用下列方法进行单元表相乘的数学运算。

命令:SMULT。

GUI:Main Menu > Genera Postproc > Element Table > Multiply,弹出如图 7-13 所示的"Multiply Element Table Items(单元表变量相乘设置)"对话框。该对话框中主要包括两项:公式表达式选项(SMULT)和公式参数输入选项。从对话框中可知,公式表达式为 LabR = (FACT1 * Lab1) * (FACT2 * Lab2),其中 Lab1 和 Lab2 为单元表已定义的变量;FACT1 和 FACT2 为变量 Lab1 和 Lab2 的常系数。公式输入选项:在 1st Factor 中输入第一个常系数,在 1st Element table item 中选择第一个单元表变量,在 2nd Factor 中输入第二个常系数,在 2nd Element table item 中选择第二个单元表变量。

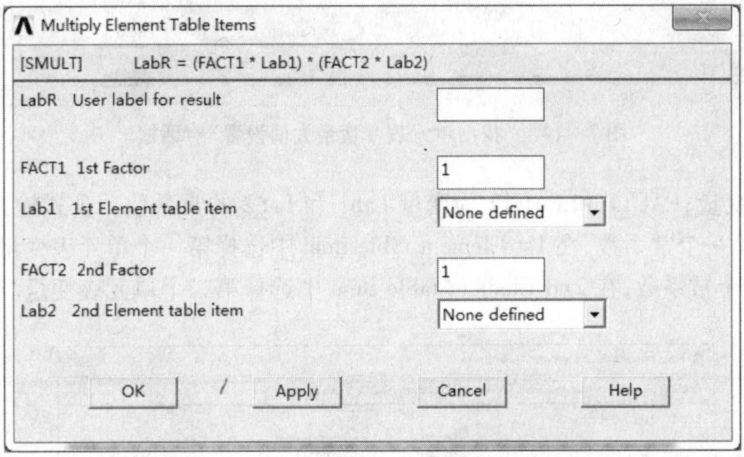

图 7-13 "单元表变量相乘设置"对话框

7.2.8.8 找出单元表变量最大值

用户可用下列方法找出单元表变量的最大值。

命令:SMAX。

GUI:Main Menu > General Postproc > Element Table > Find Maximum,弹出如图 7-14 所示的"Find Maximum of Element Table Items(找出单元表变量最大值设置)"对话框。该对话框中主要包括两项:公式表达式选项(SMAX)和公式参数输入选项。从对话框中可知,公式表达式为 LabR = maximum of (FACT1 * Lab1) and (FACT2 * Lab2),其中 Lab1 和 Lab2 为单元表已定义的变量;FACT1 和 FACT2 为变量 Lab1 和 Lab2 的常系数。公式输入选项:在 1st Factor 中输入第一个常系数,在 1st Element table item 中选择第一个单元表变量,在 2nd Factor 中输入第二个常系数,在 2nd Element table item 中选择第二个单元表变量。

7.2.8.9 找出单元表变量最小值

用户可用下列方法找出单元表变量的最小值。

命令:SMIN。

GUI:Main Menu > General Postproc > Element Table > Find Minimum,弹出如图 7-15 所示的"Find Minimum of Element Table Items(找出单元表变量最小值设置)"对话框。该对话框中主要包括两项:公式表达式选项(SMIN)和公式参数输入选项。从对话框中可知,公式表达式为 LabR = minimum of (FACT1 * Lab1) and (FACT2 * Lab2),其中 Lab1 和 Lab2 为单

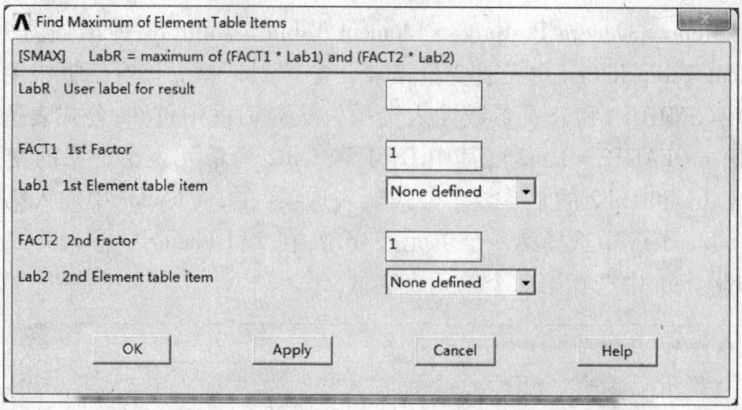

图 7-14 "找出单元表变量最大值设置"对话框

元表已定义的变量;FACT1 和 FACT2 为变量 Lab1 和 Lab2 的常系数。公式输入选项:在 1st Factor 中输入第一个常系数,在 1st Element table item 中选择第一个单元表变量,在 2nd Factor 中输入第二个常系数,在 2nd Element table item 中选择第二个单元表变量。

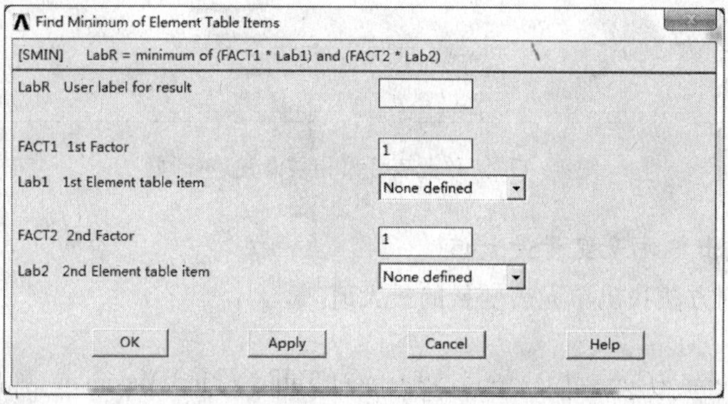

图 7-15 "找出单元表变量最小值设置"对话框

7.2.9 路径查看

7.2.9.1 定义路径

要定义路径,首先要定义路径环境,然后定义单个路径点。通过在工作平面上拾取节点、位置或填写特定坐标位置表来决定是否定义路径,然后通过拾取可生成路径。

命令:PATH, PPATH。

GUI:Main Menu > General Postproc > Path Operations > Define Path > By Nodes。

关于 PATH 命令有下列信息。(1)路径名:不多于 8 个字符。(2)映射到该路径上的数据组数:最小为 4,默认值为 30,无最大值。(3)相邻点的子分数:默认值为 20,无最大值。

PATH 和 PPATH 命令在激活的坐标系中定义了路径的几何形状。若路径是直线或圆弧,只需两个端点,除非想高精度插值,那将需要更多的路径点或子分点。

要显示已定义的路径,需首先沿路径插值数据,然后用命令/PBC,PATH,1 (Utility Menu > Plotctrls > Symbols),接着用 EPLOT 或 NPLOT 命令(Utility Menu > Plot > Elements 或 Utility Menu > Plot 7 Nodes)。ANSYS 软件将路径用一系列直线段显示。

7.2.9.2 使用多路径

一个模型中并不限制路径数目。但一次只能有一个路径为当前路径。选择 PATH,NAME 命令改变当前路径。在 PATH 命令中不定义其他变量。已命名的路径将成为新的当前路径。

7.2.9.3 沿路径插值数据

用下列命令可达到该目的。

命令:PDEF。

GUI: Main Menu > General Postproc > Path Operations > Map onto Path。

命令:PVECT。

GUI: Main Menu > General Postproc > Path Operations > Unit Vector。

这些命令要求路径被预先定义好。

用 PDEF 命令,可在一个激活的结果坐标系中沿着路径虚拟插值任何结果数据,原始数据、派生数据、单元表数据、FLOTRAN 节点结果数据等。例如,沿着 X 路径方向插值热通量,命令为:

PDEF,XFLUX,TF,X。

XFLUX 值是用户定义的分配给路径项的任意名字,TF 和 X 放在一起识别该项为 X 方向的热通量。

7.2.9.4 映射路径数据

POST1 用{nDiv(nPts − 1) + 1}个插值点将数据映射到路径上(nPts 是路径上点数;nDiv 是在点间的子分数[PATH])。当创建第一路径项时,程序自动地插值下列几何项:XG、YG、ZG 和 SS。开头 3 个是插值点的 3 个整体坐标值,S 是距起始节点的路径长度。在用路径项执行数学运算时这些项是有用的。要在材料不连续处精确映射数据,在 PMAP 命令(Main Menu > General Postproc > Path Operations > Define Path > Path Options)中使用。

8 线性静力学分析

8.1 线性静力学分析概述

线性静力学分析假设材料、结构和现象的状态均为线性,表现在物理量的变化上,就是载荷与变形直接呈现线性变化的关系。

8.1.1 线性结构力学知识基础

有关线性结构力学的知识主要包括三个方面:线性材料的应力应变关系、各向异性线性材料和热膨胀系数。

8.1.1.1 应力应变关系

线性材料的应力应变关系满足:

$$\{\sigma\} = [D]\{\varepsilon^{el}\} \tag{8-1}$$

式中,$\{\sigma\}$ 为材料应变向量,如图 8-1 所示;使用各个组成量可以表示为

$$\{\sigma\} = [\sigma_x \quad \sigma_y \quad \sigma_z \quad \sigma_{xy} \quad \sigma_{yz} \quad \sigma_{zx}] \tag{8-2}$$

式中,$[D]$ 为材料刚度矩阵;$\{\varepsilon^{el}\}$ 为材料弹性应变,包括两部分,一部分为由力载荷引起的普通应变 $\{\varepsilon\}$,另一部分为稳定引起的热膨胀 $\{\varepsilon^{th}\}$;热膨胀满足:

$$\{\varepsilon^{th}\} = \Delta T[\alpha_x^{se} \quad \alpha_y^{se} \quad \alpha_z^{se} \quad 0 \quad 0 \quad 0] \tag{8-3}$$

式中,ΔT 为相对参考稳定的温差,$\Delta T = T - T_0$;α 为各向膨胀系数。材料的应力应变关系又可以用下式表示:

$$\{\varepsilon\} = \{\varepsilon^{th}\} + [D]^{-1}\{\sigma\} \tag{8-4}$$

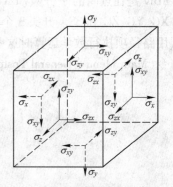

图 8-1 各向应力示意图

式(8-4)中,挠度矩阵 $[D]^{-1}$ 满足下式,

$$[D]^{-1} = \begin{pmatrix} 1/E_x & -\nu_{xy}/E_x & -\nu_{xz}/E_x & 0 & 0 & 0 \\ -\nu_{yx}/E_y & 1/E_y & -\nu_{yz}/E_y & 0 & 0 & 0 \\ -\nu_{zx}/E_z & -\nu_{zy}/E_z & 1/E_z & 0 & 0 & 0 \\ 0 & 0 & 0 & 1/G_{xy} & 0 & 0 \\ 0 & 0 & 0 & 0 & 1/G_{yz} & 0 \\ 0 & 0 & 0 & 0 & 0 & 1/G_{xz} \end{pmatrix} \tag{8-5}$$

挠度矩阵 $[D]^{-1}$ 被假设为对称矩阵,即

$$\begin{cases} \nu_{xy}/E_x = \nu_{yx}/E_y \\ \nu_{xz}/E_x = \nu_{zx}/E_z \\ \nu_{yz}/E_y = \nu_{zy}/E_y \end{cases} \quad (8-6)$$

因为式(8-6)的关系,各个方向上的泊松比 ν 并不彼此相互独立。同时也从这个式中可以看到,进行分析时需要指定不同方向上的泊松比 ν_{xy}、ν_{xz}、ν_{yz} 或 ν_{yx}、ν_{zx}、ν_{zy} 在 ANSYS 中,这3个量依次用 PRXY,PRXZ,PRYZ 或 NUXY,NUXZ,NUYZ 表示。

在各向正交异性材料中,使用 major Poisson's ratio 和 minor Poisson's ratio 来标识泊松比参数;在使用中,必须首先弄清楚该使用的是哪一种泊松比,然后在程序中设置使用的方式,再输入程序。对于各向同性材料,两组泊松比没有实质的区别;任意输入,程序均可以正确识别。

对各向同性材料,在没有输入切变模量的情况下,程序会默认采用下式计算切变模量:

$$G_{xy} = G_{yz} = G_{xz} = \frac{E_x}{2(1+\nu_{xy})} \quad (8-7)$$

而对于各向正交异性材料,需要首先查实切变模量的大小,并输入到 ANSYS 程序中,因为,程序并不默认对各向正交异性材料求取切变模量。

为了正确进行求解,刚度矩阵[**D**]必须为正定矩阵。在进行分析求解时,程序自动检查刚度矩阵[**D**],如果发现其不是正定矩阵,将不能进行正确的求解。

在温度相关材料中,程序在第一个载荷步开始时,使用一定温度下的材料特性对刚度矩阵[**D**]进行检查。不过使用各向同性材料不用担心矩阵的正定性,因为其总是正定的。

通过前面的几个式子就可以求出受力状态下,材料的应变和切变及正应力和切应力。

8.1.1.2 轴对称模型下的各向异性线性材料

各向异性是指在不同的方向材料有不同的物理特性,如图8-2所示为各向异性材料物理性质的示意图。这样的材料在不同的坐标系表示的方法有所不同,如图8-3所示为在两种坐标下的材料特性。

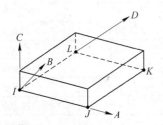

图8-2 各向异性材料

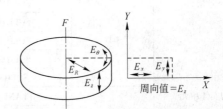

图8-3 材料特性的不同坐标表现形式

需要注意的是,在不同的坐标系下转化材料特性数据,例如从轴对称下的圆柱坐标中将材料特性数据转换到正交坐标系下时,刚度矩阵正交坐标系下有

$$[\boldsymbol{D}_{x-y-z}]^{-1} = \begin{pmatrix} 1/E_x & -\nu_{xy}/E_x & -\nu_{xz}/E_x \\ -\nu_{yx}/E_y & 1/E_y & -\nu_{yz}/E_y \\ -\nu_{zx}/E_z & -\nu_{zy}/E_z & 1/E_z \end{pmatrix} \quad (8-8)$$

而在正交坐标系和圆柱坐标系下有

$$[\boldsymbol{D}_{R-\theta-z}]^{-1} = \begin{pmatrix} 1/E_R & -\nu_{Rz}/E_R & -\nu_{R\theta}/E_R \\ -\nu_{zR}/E_z & 1/E_z & -\nu_{\theta z}/E_\theta \\ -\nu_{\theta R}/E_\theta & -\nu_{z\theta}/E_z & 1/E_\theta \end{pmatrix} \quad (8-9)$$

比较两个矩阵的参数,可以得到:

$$\begin{cases} E_x = E_R \\ E_y = E_z \\ E_z = E_\theta \\ \nu_{xy} = \nu_{Rz} \\ \nu_{yz} = \nu_{z\theta} \\ \nu_{xz} = \nu_{R\theta} \end{cases} \quad (8-10)$$

8.1.1.3 热膨胀系数

热膨胀系数由式(8-11)求取:

$$\varepsilon^{th} = \alpha^{se}(T - T_0) \quad (8-11)$$

式中,T 为发生热膨胀时的温度;T_0 为参考温度。

8.1.2 有限元模型属性

8.1.2.1 常用单元类型

能够应用于结构分析的单元,包括从简单的梁单元到复杂的复合层壳单元等大部分单元类型。常用的结构单元如表8-1所示,这些单元基本上能满足静力结构问题分析的需要,但具体选择哪种,则需要经验和知识来判断。

在 GUI 交互操作状态下,可以通过选择 Main Menu > Preprocessor > Element Type > Add/Edit/Delete 命令,打开"Library of Element Types"对话框,在对话框中选择需要的单元类型;定义单元类型后,根据需要还要设置相关的单元参数。

表8-1 结构分析常用单元

类型	维度	单元类型	节点数	备注
结构实体单元	3-D	SOLID185	8	六面体
		SOLID186	20	六面体
		SOLID187	10	四面体
		SOLID285	4	四面体
		SOLID65	8	六面体
	2-D	PLANE182	4	四边形
		PLANE183	8	四边形
		PLANE25	4	轴对称四边形
		PLANE33	8	轴对称四边形
	轴对称	SOLID272	48	轴对称
		SOLID273	8	轴对称
结构实体壳单元	3-D	SOLSH190	8	四边形层
结构壳单元	3-D	SHELL181	4	四边形
		SHELL281	8	四边形
		SHELL28	4	四边形
		SHELL41	4	四边形

续表 8-1

类 型	维度	单元类型	节点数	备 注
结构壳单元	2-D	SHELL208	2	线状、轴对称
		SHELL209	3	线状、轴对称
		SHELL61	2	线状、轴对称
结构复合层单元	3-D	SOLID185	8	六面体
		SOLID186	20	六面体
		SOLID190	8	四边形层
结构梁单元	3-D	BAM188	2	线状
		BEAM189	3	线状
结构管单元	3-D	PIPE288	2	管线状
		PIPE289	2	管线状
		ELBOW290	3	管线状
结构线单元	3-D	LINK180	2	线状
		LINK11	2	线状
结构点单元	3-D	MAS521	1	点状
结构接口单元	3-D	INTER194	16	四边形层
		INTER195	8	四边形层
		INTER204	16	四边形层
		INTER205	8	四边形层
	2-D	INTER192	4	四边形
		INTER193	6	四边形
		INTER202	4	四边形
		INTER203	203	平行边状
结构多点约束单元	3-D	MPC184		
		MPC184-Link/Beam		
		MPC184-Slider		
		MPC184-Revolute		
		MPC184-Univeisal		
		MPC184-Slot		
		MPC184-Point		
		MPC184-Translational		
		MPC184-Cylindrical		
		MPC184-Planar		
		MPC184-Weld		
		MPC184-Orient		
		MPC184-General		
		MPC184-Screw		

8.1.2.2 材料

在线性静力学分析中,常用的材料有各向同性材料类型和各向正交异性材料类型,需要定义的参数包括杨氏模量、泊松比、密度、热膨胀系数等。

在 GUI 交互操作的状态下,可以通过选择 Main Menu > Preprocessor > Material Props > Material Models 命令,打开"Define Material Model Behavior"对话框,在对话框中选择材料模型需要的属性,主要属性如图 8-4 所示。

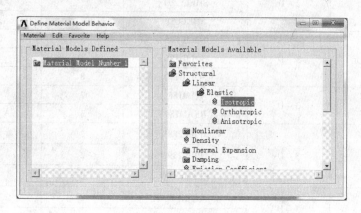

图 8-4 线性静力学分析常见材料属性对话框

8.2 线性静力学分析过程

结构静力分析的过程主要包括:建立模型、设置求解控制、施加载荷、求解和结果后处理等。下面简单介绍这些步骤。

(1) 建模。1)选择工作目录和指定工作项目名,保证不会将别的工作项目覆盖,同时容易找到。2)进入前处理器。3)定义单元类型、实常数、材料类型、截面等内容。4)建立几何模型,可以通过 ANSYS 建立或使用其他 CAD 软件建立后再通过中间文件导入到 ANSYS 中。5)选择划分网格的方式,设置网格单元属性,然后划分网格,建立有限元模型并保存模型到数据库文件中。

(2) 进入求解器,设置求解控制参数、结果输出参数。

(3) 施加载荷,这一步也可以在前处理器中完成。

(4) 求解。

(5) 进行后处理,包括需要求取的数据类型、绘图显示方式和一些特殊显示等。

8.3 非均匀截面梁受扭矩分析示例

8.3.1 问题描述与分析

问题描述:如图 8-5 所示,锥形变截面圆轴,长度为 L,大端直径为 D,小短直径为 d,承受扭矩 T 的作用,试分析其扭转和应力情况。相关参数如表 8-2 所示。

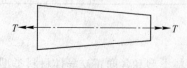

图 8-5 锥形截面圆轴承受扭矩作用

表 8-2 相关参数

几何参数	材料参数	载荷参数
$L = 300mm$ $D = 100mm$ $d = 50mm$	剪切模量 80GPa	$T = 1000N \cdot m$

问题分析：该圆锥变截面圆柱可以作为锥体或变截面的梁进行分析。如果使用锥体进行三维建模，需要将扭矩转化为面载荷施加到两个端面上，导致施载过程很复杂；而如果使用变截面梁进行建模，施加载荷时可以直接将扭矩施加到两端的节点上，使分析过程简单易行。下面具体叙述使用 GUI 方式进行分析的操作步骤并给出对应的命令流。

8.3.2 前处理

8.3.2.1 设置工作项目目录和工作项目名称

设置工作项目目录和工作项目名称，确保进行的工作不会覆盖别的分析工作。操作步骤为，打开 ANSYS Mechanical APDL Product Launcher，在程序对话框中设置工作目录名称和工作项目名，单击 Run 运行 ANSYS 主程序。

8.3.2.2 进入前处理器

进入前处理器，定义单元类型、材料特性、截面参数等特性参数。

(1)定义单元。选择 Main Menu > Preprocessor > Element Type > Add/Edit/Delete 命令，弹出"Element Types"对话框，如图 8-6（a）所示。

(2)在对话框中单击 Add 按钮，弹出"Library of Element Types"对话框。

(3)在"Library of Element Types"对话框的双列列表中的左栏选择 Beam，右栏中选择 2node 188，如图 8-6（b）所示，单击 OK 按钮确认，关闭"Element Types"对话框。

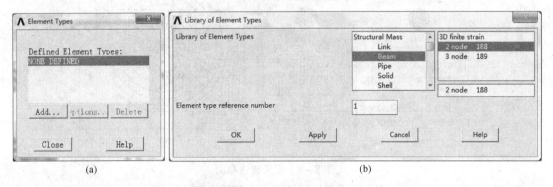

图 8-6 定义单元
(a)添加定义项；(b)定义单元类型

(4)定义材料特性。选择 Main Menu > Preprocessor > Material Props > Material Models 命令，弹出"Define Material Model Behavior"对话框，如图 8-7（a）所示。

(5)在"Define Material Model Behavior"对话框右栏中选择 Structural > Linear > Elastic > Isotropic 命令，弹出"Linear Isotropic Properties for Material Number1"对话框。

(6)在对话框设置 EX 为 2.08e5，PRXY 为 0.3，如图 8-7（b）所示，单击 OK 按钮确认，并关闭"Define Material Model Behavior"对话框。

(7)定义截面参数。选择 Main Menu > Preprocessor Sections > Beam > Common Sections，弹出"Beam Tool"对话框，如图 8-8（a）所示。

(8)在"Beam Tool"对话框中设置 ID 为 1，Sub-Type 为实体圆，R 为 50，N 为 24，T 为 6，如图 8-8（a）所示，单击 Apply 按钮确认；继续在"Beam Tool"对话框中设置 ID 为 2，Sub-

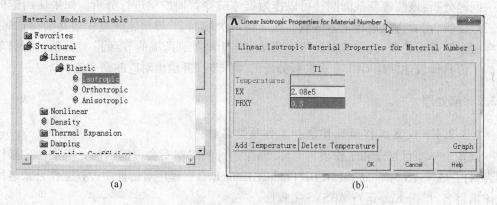

图 8-7 定义材料特性
(a)选择材料特性；(b)定义材料特性

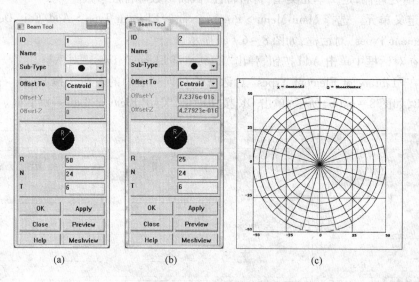

图 8-8 定义普通截面
(a)截面1；(b)截面2；(c)截面1形状

Type 为实体圆，R 为 25，N 为 24，T 为 6，如图 8-8(b)所示，单击 OK 按钮确认。

图 8-8(c)所示为截面 1 的截面示意图，在"Beam Tool"中可以通过单击 Preview 或 Meshview 按钮对截面的形状和几何参数进行查看。

(9)选择 Main Menu > Preprocessor Sections > Beam > Taper Sections > By XYZ Location 命令，弹出"Create Taper Section"对话框，在对话框中设置 ID 为 3，Beginning Section ID 为 1，坐标为(0,0,0)，Ending Section ID 为 2，坐标为(0,300,0)，如图 8-9 所示，单击 OK 按钮确认。

8.3.2.3 建立几何模型

(1)选择 Main Menu > Preprocessor > Modeling > Create > Keypoints > In Active CS 命令，弹出"Create Keypoints in Active Coordinate System"对话框，在对话框中设置 NPT 为 1，坐标为(0,0,0)，如图 8-10(a)所示，单击 Apply 确认。

(2)继续在"Create Keypoints in Active Coordinate System"对话框中设置 NPT 为 2，坐标

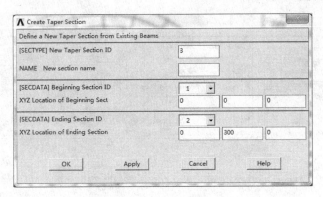

图 8-9 定义变截面

为(0,300,0),如图 8-10(b)所示,单击 OK 按钮确认。

(3)选择 Main Menu > Preprocessor > Modeling > Create > Lines > Straight Lines 命令,弹出实体选取对话框,依次选取关键点1和关键点2,单击 OK 按钮确认。

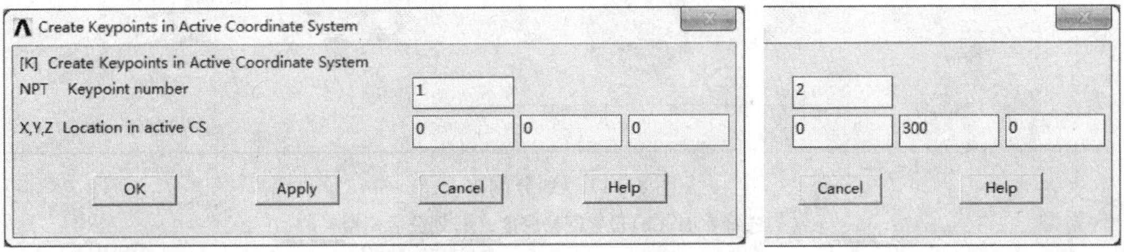

图 8-10 创建关键点
(a)关键点1;(b)关键点2

8.3.2.4 设置网格单元属性,划分网格

(1)选择 Main Menu > Preprocessor > Meshing > Mesh Attributes > Default Attribs 命令,弹出"Meshing Attributes"对话框,在对话框的 SECNUM 命令选项下,选择截面3,如图 8-11(a)所示,单击 OK 按钮确认。

(2)选择 Main Menu > Preprocessor > Meshing > Size Cntrls > ManualSize > Global > Size 命令,弹出"Global Element Sizes"对话框,在对话框中设置 SIZE 为0, NDIV 为30,如图 8-11(b)所示,单击 OK 按钮确认。

(3)选择 Main Menu > Preprocessor > Meshing > Mesh > Lines 命令,弹出实体选取对话框,选取需要划分的线,单击 OK 按钮确认。

图 8-11(c)所示为使用/ESHAPE,1 命令绘制的有限元模型图,从图中可以看到,建立的有限元模型与问题中的模型已经非常相似。

8.3.3 加载与求解

(1)选择 Main Menu > Solution > Define Loads > Apply > Structural > Displacement > On Nodes 命令,弹出实体选取对话框,选取节点1,单击 OK 按钮确认,弹出"Apply U, ROT on Nodes"对话框,在对话框中选中 ALL DOF,如图 8-12 所示,单击 OK 按钮。

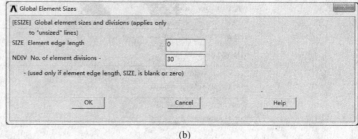

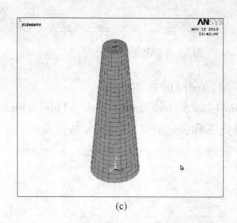

图 8-11 划分网格
(a)选择截面;(b)设置网格密度;(c)划分后模型

(2)选择 Main Menu > Solution > Define Loads > Apply > Structural > Force/Moment > On Nodes 命令,弹出实体选取对话框,选取节点 2,单击 OK 按钮,弹出"Apply F/M on Nodes"对话框,在对话框中设置 Lab 为 MY,VALUE 为 1000,见图 8-13,单击 OK 按钮。

(3)选择 Main Menu > Solution > Solve > Current LS 命令,弹出提示对话框和状态查看窗口:仔细查看状态窗口中的信息,确认无误后,单击提示对话框的 OK 确认。

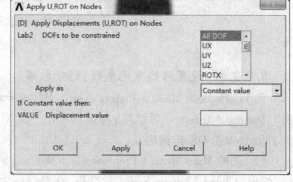

图 8-12 施加约束

8.3.4 后处理

(1)查看总体结构:选择 Utility Menu > PlotCtrls > Style > Size and Shape 命令,弹出"Size and Shape"对话框,在/ESHAPE 命令区中选中复选框,如图 8-14 所示,单击 OK 按钮确认。

(2)选择 Main Menu > General Postproc > Plot Results > Contour Plot > Nodal Solu 命令,弹出"Contour Nodal Solution Data"对话框,在对话框中的 Item to be contoured 中选择 Nodal Solution > DOF Solution > Rotation vector sum 命令,如图 8-15(a)所示,单击 Apply 按钮确认。屏幕上绘制扭转变形等值线图,如图 8-15(b)所示。

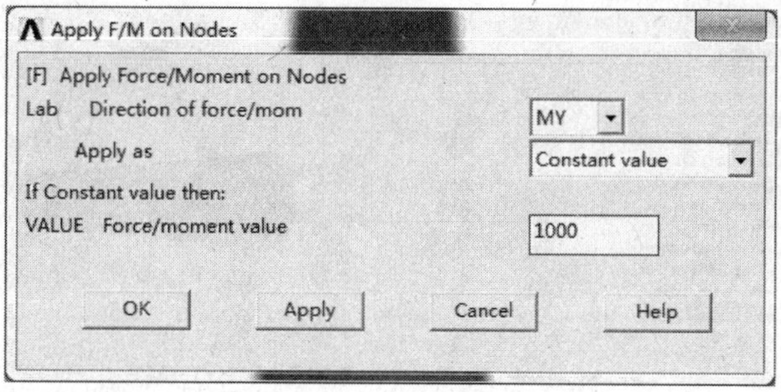

图 8 – 13 施加力矩

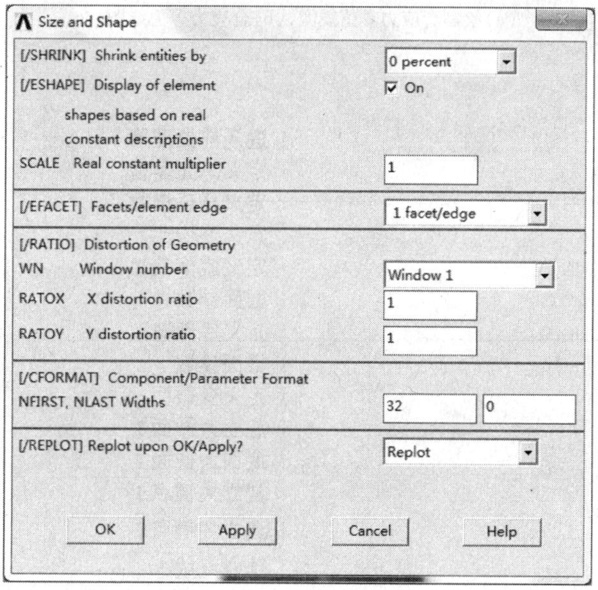

图 8 – 14 查看总体结构

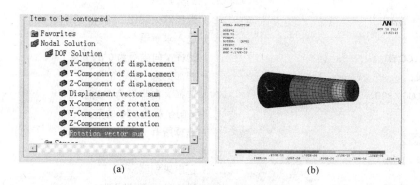

图 8 – 15 绘制扭转变形等值线图
(a)绘制旋转合位移等值线图；(b)扭转变形等值线图

(3)继续在对话框中的 Item to be contoured 中选择 Nodal Solution > Stress > von Mises stress,见图 8 – 16(a),单击 OK 按钮。屏幕上绘制等效应力等值线图,见图 8 – 16(b)。

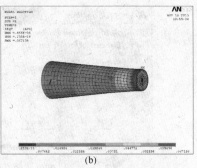

图 8-16　绘制合应力等值线图
(a)绘制合应力等值线图；(b)合应力等值线图

8.3.5　命令流

/prep7	!进入前处理器
ET,1,BEAM188	!定义单元类型
MP,EX,1,2* 1.3* 80E3	!定义杨氏模数
MP,PRXY,1,0.3	!定义泊松比
SECTYPE,1,BEAM,CSOLID,,0	!定义底部截面1
SECDATA,50,24,6	!截面参数
SECTYPE,2,BEAM,CSOLID,,0	!定义底部截面2
SECDATA,25,24,6	!截面参数
SECTYPE,3,TAPER	!定义变截面
SECDATA,1,0,0,0	!底面为截面1
SECDATA,2,0,300,0	!底面为截面2
K,1,0,0,0	!建立关键点1
K,2,0,300,0	!建立关键点2
L,1,2	!建立直线1
SECNUM,3	!选择截面号3
ESIZE,,30	!设置网格密度
LMESH,1	!划分网格
FINISH	!退出前处理器
/SOLU	!进入求解器
NSEL,S,LOC,Y,0	!选择Y向坐标为0的节点
D,ALL,ALL	!施加约束
NSEL,S,LOC,Y,300	!选择X向坐标为0的节点 Y向坐标为300的节点
NSEL,ALL	!选择所有节点
SOLVE	!求解
FINISH	!退出求解器
/POST1	!进入通用后处理器
/ESHAPE,1	!打开单元形状显示
PLNSOL,ROT,SUM,0,1,0	!绘制角位移变形等值线图
PLNSOL,S,EQV,0,1,0	!绘制等效应力等值线图
FINISH	!退出通用后处理器

9 非线性分析

9.1 非线性分析概述

非线性现象在工程中非常普遍,如锻压成型、钣金弯曲等,这类现象的普遍特征是力和由力带来的位移呈非线性变化,可以用式(9-1)进行表示:

$$k = \frac{\Delta F}{\Delta l} \neq \text{const} \tag{9-1}$$

式(9-1)中,const 表示常量。从力和位移之间的关系看,线性问题和非线性问题的力-位移曲线可以用图9-1进行表示。

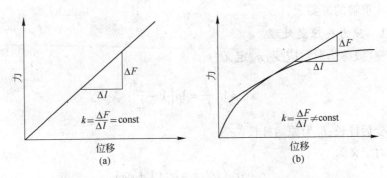

图 9-1 线性问理与非线性问题的力-位移曲线
(a)线性问题的力-位移曲线;(b)非线性问题的力-位移曲线

结构的非线性可能由很多原因引起,可归结为三大类原因:(1)几何非线性,如大应变、大挠度、应力刚化等。(2)材料非线性,如塑性、超弹性、蠕变等。(3)状态变化非线性,如接触等。

本章着重讨论前两类原因导致的非线性问题及其分析方法。

9.1.1 几何非线性

结构在经受大变形时,改变的几何形状可能会引起结构的非线性响应,可能的原因包括以下几类:

(1)大应变。结构刚度由网格单元刚度和方向决定。从网格单元的细观层面看,单元的形状发生变化,如图9-2所示,从而最终引起结构的非线性响应。在 ANSYS 的求解过程中,所有的几何非线性现象几乎最终都导致网格单元的大应变现象。

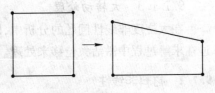

图 9-2 网格单元变形

(2) 大挠度。结构发生大挠度现象时,网格单元的方向可能发生变化,导致结构刚度矩阵发生改变。如悬臂梁端部承受竖直向下的载荷时,悬臂梁向下弯曲。当悬臂梁向下弯曲很小时,可以认为网格单元不发生变化,而对问题作线性化处理。但如果弯曲很大,网格单元的方向将发生明显的改变,如图9-3所示。

(3) 应力刚化。网格单元在承受应力的情况下,可能由于应变导致非应变方向的刚度受到显著的影响,而导致结构刚度矩阵发生变化,引起非线性响应,例如细铁丝在拉紧时比松弛时更难弯折。

大应变行为包含大挠度行为,大挠度行为包含大应变行为见图9-4。

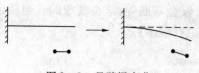
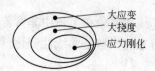

图9-3 悬臂梁弯曲　　　　图9-4 3种几何非线性现象关系

在几何非线性问题的分析中,根据大应变发生的情况,ANSYS 将对数据进行处理,以适应非线性迭代求解的需要。

9.1.1.1 应力-应变处理

真实应变(或称为对数应变)$\varepsilon_{\ln}$定义为:

$$\varepsilon_{\ln} = \ln\frac{l}{l_0} = \ln\left(1 + \frac{\Delta l}{l_0}\right) \qquad (9-2)$$

式中,l 为应变后杆长;l_0 为原始杆长。

真实应力定义为

$$\sigma_t = \sigma_E(l/l_0) = \sigma_E(1 + \varepsilon_E) \qquad (9-3)$$

式中,σ_E 表示工程应力。式(9-3)只对不可压缩的塑性应力-应变数据有效。在大应变问题的求解过程中,应力-应变输入和结果一般会被转化为真实应力和真实应变进行处理。图9-5 表现了工程应力-应变数据和真实应力-应变数据的差异。

9.1.1.2 应力刚化处理

对于大多数结构,应力刚化的效应是与结构相关的。确定使用应力刚化时,首先打开预应力选项。这样,在以后的加载过程中,ANSYS 将生成一个应力刚化矩阵,并将矩阵附加到结构刚度矩阵上进行求解。

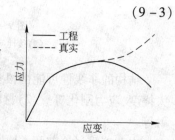

图9-5 工程数据与真实数据的差异

9.1.1.3 大转动处理

在大挠度非线性问题的分析中,即使单元的应变很小,但单元转动量可以很大,通常通过在求解过程中激活大位移来处理。

9.1.2 材料非线性

材料非线性是结构非线性的常见原因。材料非线性表现在材料的应力-应变关系的非线性变化,包括材料的塑性、超弹性和蠕变等。其中最为典型的是材料的塑性,其表现在材料在进入屈服阶段后将发生不可逆转的变化。

图9-6中实线为材料的应力-应变曲线,材料承受应力时,如果应力始终保持在曲线前端的线性部分,那么卸载时应力将沿线性部分返回。如果承受的应力不在曲线前端的线性部分,那么卸载时应力线性返回时将不会回复到无应变的状态,而保持一部分变形,这种应力卸去但应变保持的现象称为塑性变形。

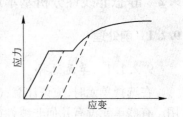

图9-6 塑性材料应力-应变曲线

由于塑性变形不可恢复,那么加载历史对塑性材料的响应将有极大的影响。由此引发的非线性问题称为路径相关非线性。部分塑性材料,因加载速率不同,而表现出不同的非线性现象,这种线性被称为非线性问题的率相关。

工程中采用的材料一般都会表现出路径相关和率相关的非线性行为,在分析中,应根据需要建立相应模型。

9.1.2.1 屈服准则

材料力学中有4个经典的强度理论,分别为最大拉应力理论、最大拉应变理论、最大剪应力理论和应变能理论(也称为Von Mises屈服理论)。在对塑性材料的处理过程中,主要采用Von Mises屈服理论。Von Mises应力 σ_M 定义为:

$$\sigma_M = \sqrt{\frac{1}{2}[(\sigma_1 - \sigma_2)^2 + (\sigma_1 - \sigma_3)^2 + (\sigma_3 - \sigma_2)^2]} \quad (9-4)$$

式中,σ_1、σ_2 和 σ_3 分别为各向主应力。Von Mises屈服理论认为,当材料承受的Von Mises应力大于屈服应力时,将会发生屈服现象。

9.1.2.2 流动准则

材料发生屈服后会发生流动,在ANSYS中材料默认的流动方向遵循流动准则,即塑性应变严格垂直于屈服面的方向发展。

塑性材料屈服后,随应变的增大,屈服时需要的应力随之增大,被称为应力强化。图9-7绘制了应力强化行为和无应力强化行为的应力-应变曲线。图9-7(a)中,应变超过屈服点后,继续变形需要的应力值不发生改变,即屈服所需应力不增大,所以没有应力强化行为;图9-7(b)中,应变超过屈服点后,继续变形需要的应力值增大,即屈服所需应力增大,所以有应力强化行为。

在ANSYS中,使用了两种强化准则,分别为等向强化和随动强化;相关内容将在塑性材

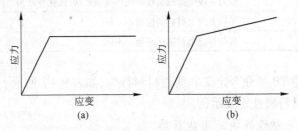

图9-7 应变强化行为
(a)无应变强化行为的应力-应变曲线;(b)无应变强化行为的应力-应变曲线

料定义中讲述。

9.2 静态非线性分析基本过程

9.2.1 前处理

9.2.1.1 单元选择

在选择单元时,应该注意:(1)不是所有单元都支持几何非线性,需要根据单元类型选用。有些单元没有几何非线性能力,如接触单元 CONTAC52 和预应力单元 PRETS 179 等,还有些单元只有有限几何非线性能力。(2)不是所有单元都支持材料非线性,一些单元不支持塑性而只支持弹性,例如 SHELL 163,而还存在另外一些单元,它们支持材料的非线性,但不支持塑性,例如 HYPER56 支持超弹性,但不支持塑性。(3)塑性不可压缩的单元,在材料屈服时,马上变得不可以压缩,这可能会导致收敛困难。

9.2.1.2 材料特性

首先定义弹性材料特性,如杨氏模量 EX、泊松比 PRXY 等,然后给出非线性材料特性。

对塑性材料进行大应变分析时,要求输入的数据为真实应力-真实应变;而进行小应变分析时,可以使用工程应力-应变数据。两者的差异如图 9-8 所示,真实应变考虑了截面变形效应。如果提供的试验数据使用的是工程应力-应变数据,应先转化为真实应力-应变数据然后输入。

非线性材料的行为主要包括等向强化和随动强化。等向强化是指屈服面的大小在所有应力方向进行扩展;而随动强化是指屈服面大小保持不变,而且只在屈服方向进行移动。

ANSYS 中非线性材料模型如表 9-1 所示。

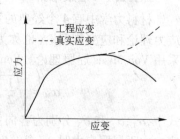

图 9-8 工程应变与真实应变

表 9-1 非线性材料模型

类 型	特 点
双线性随动强化	应力-应变曲线呈现两段线性线条形状,强化特征为随动强化
多线性随动强化	应力-应变曲线呈现多段线性线条形状,强化特征为随动强化
非线性随动强化	应力-应变曲线呈现非线性线条形状,强化特征为随动强化
双线性等向强化	应力-应变曲线呈现两段线性线条形状,强化特征为等向强化
多线性等向强化	应力-应变曲线呈现多段线性线条形状,强化特征为等向强化
非线性等向强化	应力-应变曲线呈现非线性线条形状,强化特征为等向强化
各向异性	不同方向上材料的性质不一样
铸 铁	抗拉伸能力和抗压缩能力不同

可以使用命令为 TB 类命令定义非线性材料行为,如表 9-2 所示。

以下为非线性材料属性定义示例。

A 示例一:定义双线性随动强化材料

(1)选择 Main Menu > Preprocessor > Material Props > Material Models 命令,弹出"Define Material Model Behavior"对话框。

表 9-2　TB 类材料建模命令简介

命　　令	使　用　简　介
TB, Lab, MAT, NTEMP, NPTS, TBOPT, EOSOPT, FuncName	激活材料特性表，其中 Lab：材料模型数据类型；MAT：材料号；NTEMP：温度号；NPTS：数据点数；TBOPT：垫片类材料选项；EOSgPT：使用方程类型；FuncName：使用的方程名
TBDATA, STLOC, C1, C2, C3, C4, C5, C6	定义材料数据表格中的数据，其中 STLOC：数据输入起始位置；C1, C2, C3, C4, C5, C6：输入值
TBPT, Oper, X1, X2, X3, …, XN	定义非线性曲线上的数据，其中 Oper：定义新点；X1, X2, X3, …, XN：输入值
TBLIST, Lab, MAT	列表显示材料数据表格，其中 Lab：材料模型数据类型；MAT：材料号
TBTEMP, TEMP, KMOD	定义材料数据表格对应的温度，其中 TEMP：温度值；KMOD：选项
TBPLOT, Lab, MAT, TBOPT, TEMP, SEGN	图形显示材料数据表格，其中 Lab：材料模型数据类型；MAT：材料号；TBOPT：垫片类材料选项；TEMP：温度号；SEGN：垫片类材料选项
TBDELE, Lab, MAT1, MAT2, INC	删除材料数据表格，其中 Lab：材料模型数据类型；MAT1, MAT2, INC：选择要删除的材料数据表格
BCOPY, Lab, MATF, MATT	复制材料数据表格，其中 Lab：材料模型数据类型；MATF：材料数据表格来源材料号；MATT：材料数据表格去向材料号

（2）在对话框的右栏中选择 Structural > Linear > Elastic > Isotropic 命令，如图 9-9(a)所示，弹出对话框，在对话框中输入温度和杨氏模量数据（具体数据也由命令行运算得到），如图 9-9(b)单击 OK 按钮确认。

（3）继续在"Define Material Model Behavior"对话框的右栏中选择 Structural > Nonlinear > Inelastic > Rate Independent > Isotropic Hardening Plasticity > Mises Plasticity > Bilinear 命令，弹出对话框如图 9-9(c)所示。

（4）在对话框中，单击 Add Temperature 按钮，输入数据和命令行中数据，如图 9-9(d)所示，单击 OK 按钮确认，并关闭"Define Material Model Behavior"对话框。

（5）选择 Utility Menu > PlotCtrls > Style > Graphs > Modify Axes 命令，弹出"Axes Modification for Graph Plot"对话框，在对话框中按图 9-9(e)修改。

（6）选择 Utility Menu > Plot > Data Tables 命令，弹出对话框如 9-9(f)所示，单击 OK 按钮确认。在屏幕上绘制的图如图 9-10 所示。

图 9-10 所示为示例一中绘制的不同温度下双线性随动强化材料的应力-应变曲线。从图中可以看到，两条不同温度下的曲线，分别在屈服点前和屈服点后呈线性变化。

上述操作对应的命令流：

```
/PREP7
MPTEMP,1,0,500              !定义材料温度表
MP,EX,1,12E6,-8E3           !设定不同温度下的杨氏模量曲线
TB,BKIN,1,2                 !激活双线性随动强化材料表格
TBTEMP,0.0                  !设定温度为 0.0
TBDATA,1,44E3,1.2E6         !设定屈服点为 44000；切向量 1.2E6
```

```
TBTEMP,500                    ! 设定温度500
TBDATA,1,33E3,0.8E6           ! 设定屈服点为33000;切向量0.8E6
YBLIST,BKIN,1                 ! 列表显示数据
/XRANGE,0,0.01                ! X轴范围为0~0.01
TBPLOT,BKIN,1                 ! 图示数据显示
```

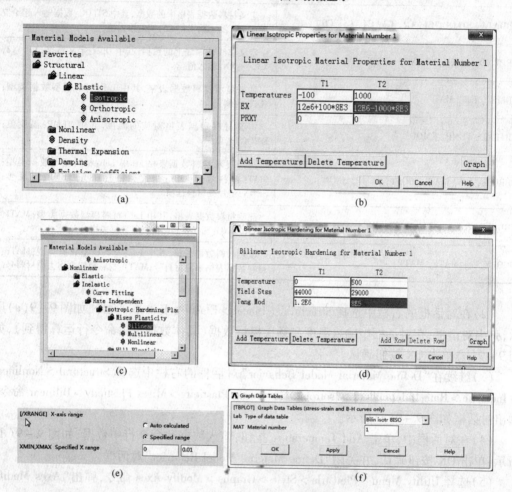

图9-9 双线性随动强化材料定义
(a)添加线性各向同性属性;(b)设置不同温度下的杨氏模量;
(c)添加双线性随动强化属性;(d)设置不同温度下的屈服点和剪切模量;
(e)设置X轴坐标范围;(f)图形显示双线性随动材料属性

B 示例二:温度相关的随动强化材料

命令流

```
TB,KINH,1,2,3                 ! 激活数据表
TBTEMP,20.0                   ! 定义温度为20.0
TBPT,,0.001,1.0               ! 应变=0.001,应力=1.0
TBPT,,0.1012,1.2              ! 应变=0.1012,应力=1.2
TBPT,,0.2013,1.3              ! 应变=0.2013,应力=1.3
```

```
TBTEMP,40.0                    ! 定义温度为40.0
TBPT,,0.008,0.9                ! 应变 = 0.008,应力 = 0.9
TBPT,,0.09088,1.0              ! 应变 = 0.09088,应力 = 1.0
TBPT,,0.129626,1.05            ! 应变 = 0.12926,应力 = 1.05
```

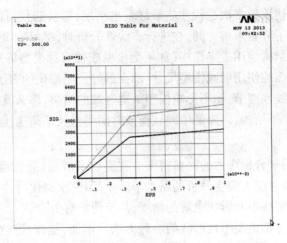

图9-10 双线性随动强化材料的应力-应变曲线

得到材料特性曲线,如图9-11(a)所示。

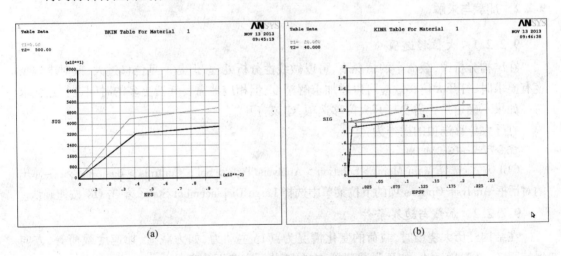

图9-11 两种随动强化材料特性曲线

C 示例三:温度相关的有包辛格效应的随动强化材料

```
TB,KINH,1,2,3,PLASTIC          ! 激活数据表
TBTEMP,20.0                    ! 定义温度为20.0
TBPT,,0.0,1.0                  ! 应变 = 0.0,应力 = 1.0
TBPT,,0.1,1.2                  ! 应变 = 0.1,应力 = 1.2
TBPT,,0.2,1.3                  ! 应变 = 0.2,应力 = 1.3
TBTEMP,40.0                    ! 定义温度为40.0
TBPT,,0.008,0.9                ! 应变 = 0.0,应力 = 0.9
```

```
    TBPT,,0.09,1.0              ! 应变 = 0.09,应力 = 1.0
    TBPT,,0.129,1.05            ! 应变 = 0.1290,应力 = 1.05
```
得到材料特性曲线,如图9-11(b)所示。

9.2.1.3 简化模型

非线性分析需要使用很多次迭代才能最终求出结果,每次迭代所需的时间与网格的数据成正相关关系。为了节省求解时间,在进行非线性分析时,尽可能简化最终模型。

如果可以将三维结构使用二维结构(如平面模型或轴对称模型等)进行表示,或者可以通过对称或反对称表面的使用缩减模型尺寸,那么最好使用简化的表示方法。

如可忽略某个非线性细节,而不影响模型关键区域的结果,那么就应该忽略它。考虑对模型的线性部分,建立子结构,以降低中间载荷或时间增量及平衡迭代所需的计算时间。

9.2.1.4 网格

首先,提供足够用于分析应力的网格密度。在进行求解前,应该检查网格形状,以确定网格质量满足要求;因为在大应变分析的每个子步中,第一次迭代后,网格变得严重扭曲,而可能产生的不良形状网格单元影响求解的精度,甚至使求解失败。

修改原始网格是防止出现不良形状的一种方法。例如,拉伸试验中试件在颈缩部位会出现严重扭曲,网格也会严重扭曲。一种解决方法为在颈缩部位细化网格,使网格扭曲程度下降;另一种解决方法为,使用三角单元代替四边形单元,防止网格中出现大的内角。

9.2.2 加载与求解

9.2.2.1 大位移选项

在结构分析中,载荷小的情况下,可以做线性分析处理,但是一旦位移过大,或对求解精度有要求时,打开大位移效应可以增加求解精度,但相应地需要耗费更多的时间进行迭代求解。如果不确定是否需要打开大位移选项,建议打开。

打开大位移选项的操作为:

命令方式:NLGEOM, ON。

GUI方式:选择 Main Menu > Solution > Analysis Type > Sol'n Controls > Basic 命令,在弹出的对话框 Analysis Options 项的下拉菜单中选择 Large Displacement Static,单击 OK 按钮确认。

9.2.2.2 加载与边界条件

在结构经历大挠度时,载荷的变化情况为:(1)主动力,如力载荷、加速度载荷等,方向保持不变。(2)随动力,如压强载荷等,方向随单元方向而改变。

正确的边界条件应该满足:(1)避免过约束变形体,影响材料的自由变形。(2)避免出现单点约束,导致更多不与实际符合的自由度。

9.2.2.3 定义载荷增

在 ANSYS 中,非线性求解按下列3个层次组织:(1)载荷步是顶层,是由用户定义的载荷,常值载荷在载荷步内线性变化,如图9-12所示。(2)子步是载荷步内由程序定义的载荷增量;子步的载待值为在载荷步内差值得到,如图9-12所示。(3)平衡迭代是子步内获得收效的修正解;在

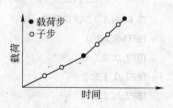

图9-12 载荷步与子步

求解过程中,平衡迭代值不断向子步载荷值逼近,如图9-13(a)所示。平衡迭代有多种方式,按使用的迭代刚度矩阵不同,可以分为初始刚度法、割线法和完全一致切向法,分别如图9-13(b)、(c)和(d)所示。

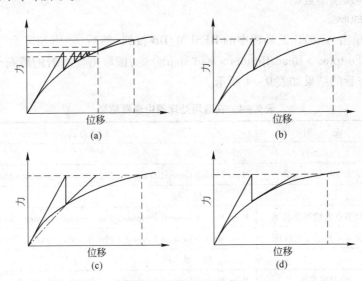

图9-13 平衡迭代
(a)平衡迭代过程;(b)初始刚度法;(c)割线法;(d)完全一致切向法

9.2.3 后处理

后处理的过程,一般为先进入时间历程后处理器找出感兴趣时间点所在,然后使用已经得到的时间点,在通用后处理器查看模型求解结果。

9.2.3.1 在时间历程后处理器中查看结果

首先定义变量,在定义变量后,可以对变量进行绘图显示或列表显示等操作,对操作方式的简单介绍如表9-3所示。

表9-3 在时间历程后处理器中查看结果

命 令	说 明	GUI 路径
定 义 变 量		
NSOL	定义节点结果为变量	Main Menu > TimeHist Postpro > Define Variables
ESOL	定义单元结果为变量	
RFORCE	定义反力结果为变量	
FORCE	定义合力结果为变量	
SOLU	定义时间步长、迭代次数、响应频率等为变量	
图 形 显 示		
PLCPLX	指定 X 轴变量	Main Menu > TimeHist Postpro > Settings > Graph
PLVAR	绘制变量	Main Menu > TimeHist Postpro > Graph Variables
列 表 显 示		
PRVAR	列表显示变量	Main Menu > TimeHist Postpro > List Variables > List
EXTREM	列表显示变量极值	Main Menu > TimeHist Postpro > List Extremes
PRCPLX	设置结果输出格式	Main Menu > TimeHist Postpro > Settings > List

9.2.3.2 在通用后处理器中查看结果

首先使用/POST1 命令或选择 Main Menu > General Postproc 命令进入通用后处理器,从数据库文件中读入模型数据。

命令方式:RESUME。

GUI 方式:单击 ANSYS 工具栏中的 RESUM_DB 按钮,然后,使用 SET 命令或选择 Main Menu > General Postproc > Read Results > load step 命令,读取需要查看的载荷子步结果。在通用处理器中查看的结果如表 9-4 所示。

表 9-4 在通用处理器中查看结果

命令	说明	GUI 方式
变形显示		
PLDISP	设置变形显示选项	Main Menu > General Postproc > Plot Results > Deformed Shape
等值线图		
PLNSOL	绘制节点连续等值线图	Main Menu > General Postproc > Plot Results > Contour Plot > Nodal Solu
PLESOL	绘制单元离散等值线图	Main Menu > General Postproc > Plot Results > Contour Plot > Element Solu
向量图		
PLVECT	绘制向量图	Main Menu > General Postproc > Plot Results > Vector Plot > Predefined
列表显示		
PRNSOL	列表显示节点结果	Main Menu > General Postproc > List Results > Nodal Solution
PRESOL	列表显示单元结果	Main Menu > General Postproc > List Results > Element Solution
PRRSOL	列表显示反力结果	Main Menu > General Postproc > List Results > Reaction Solution

9.3 桁架大变形分析示例

9.3.1 问题描述与分析

问题描述:桁架由两个铰接的杆件 AC、BC 构成,如图 9-14 所示。竖直载荷 $F=5$ kN 作用于 C 点,比较使用线性和非线性求解得到的 C 点的水平位移和垂直位移。相关参数如表 9-5 所示。

该问题为二维桁架静力分析问题,使用二维建模、梁单元来进行分析。在分析中,打开大变形选项和关闭大变形选项,可以分别进行线性结构分析和非线性结构分析。采用长度(mm)力(N)压强(MPa)的单位系统。

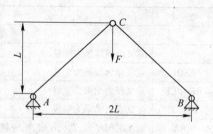

图 9-14 桁架受力示意图

表 9-5 相关参数

几何参数	材料参数
$L=1.5$m 杆 AC 截面矩形 20mm×20mm 杆 BC 截面矩形 20mm×$10\sqrt{5}$mm	杆 AC 杨氏模量 80GPa 杆 BC 杨氏模量 200GPa 泊松比 0.3(可不定义)

9.3.2 前处理

9.3.2.1 设定工作目录、项目名称

可使用 ANSYS 14 登录 Mechanical APDL Product Launcher 14.0，输入 Working Directory 和 Job Name；可根据需要任意输入，但注意不要使用中文。

9.3.2.2 定义单元属性

(1) 选择 Main Menu > Preprocessor > Element Type > Add/Edit/Delete 命令，在弹出的对话框中单击 Add 按钮。

(2) 弹出"Library of Element Types"对话框，选中 Beam > 2 node 188，单击 OK 按钮确认，回到"Element Types"对话框。

(3) 选中前一步定义的单元后，单击 Option 按钮，弹出"BEAM188 element type options"对话框，将第三项 K3 改成 Cubic Form，使梁单元沿长度方向为三次曲线，单击 OK 按钮确认，关闭对话框。

(4) 选择 Main Menu > Preprocessor > Sections > Beam > Common Sections 命令，弹出"Beam Tool"对话框，在对话框中设置 ID 为 1，选择矩形截面，设置 B 和 H 分别为 20、20，单击 Apply 按钮确认。

(5) 继续在对话框中设置 ID 为 2，选择矩形截面，设置 B 和 H 分别为 20、10*(5)**0.5，单击 OK 按钮确认，关闭对话框。

9.3.2.3 定义材料特性

(1) 选择 Main Menu > Preprocessor > Material Props > Material Models 命令，弹出"Define Material Model Behavior"对话框。

(2) 在对话框右栏中选择 Structural > Linear > Elastic > Isotropic，弹出对话框，在对话框中设置 EX 为 2E5，PRXY 为 0.3，单击 OK 按钮确认。

(3) 在"Define Material Model Behavior"对话框的菜单中选择 Material > New Model。

(4) 在对话框右栏中选择 Structural > Linear > Elastic > Isotropic。

(5) 弹出对话框，在对话框中设置 EX 为 80000，PRXY 为 0.3，单击 OK 按钮确认，并关闭"Define Material Model Behavior"对话框。

9.3.2.4 建立有限元模型

采用直接生成网格单元的方法建立有限元模型。

(1) 选择 Main Menu > Preprocessor > Modeling > Create > Nodes > In Active CS 命令，弹出"Create Nodes in Active Coordinate System"对话框。

(2) 在对话框中输入如图 9-15(a) 所示数据，单击 Apply 按钮确认，建立节点 1。

(3) 继续在对话框中输入如图 9-15(b) 所示数据，单击 OK 按钮确认，建立节点 31。

(4) 继续在对话框中输入如图 9-15(c) 所示数据，单击 OK 按钮确认，建立节点 61。

(5) 选择 Main Menu > Preprocessor > Modeling > Create > Nodes > Fill between Nds 命令，弹出实体选择对话框，如图 9-15(d) 所示。依次选择节点 1、节点 31，单击 OK 按钮确认，弹出"Create Nodes Between 2 Nodes"对话框。

(6) 在弹出的对话框中设置参数，如图 9-15(e) 所示，单击 OK 按钮，生成均匀分布的节点 2~30。

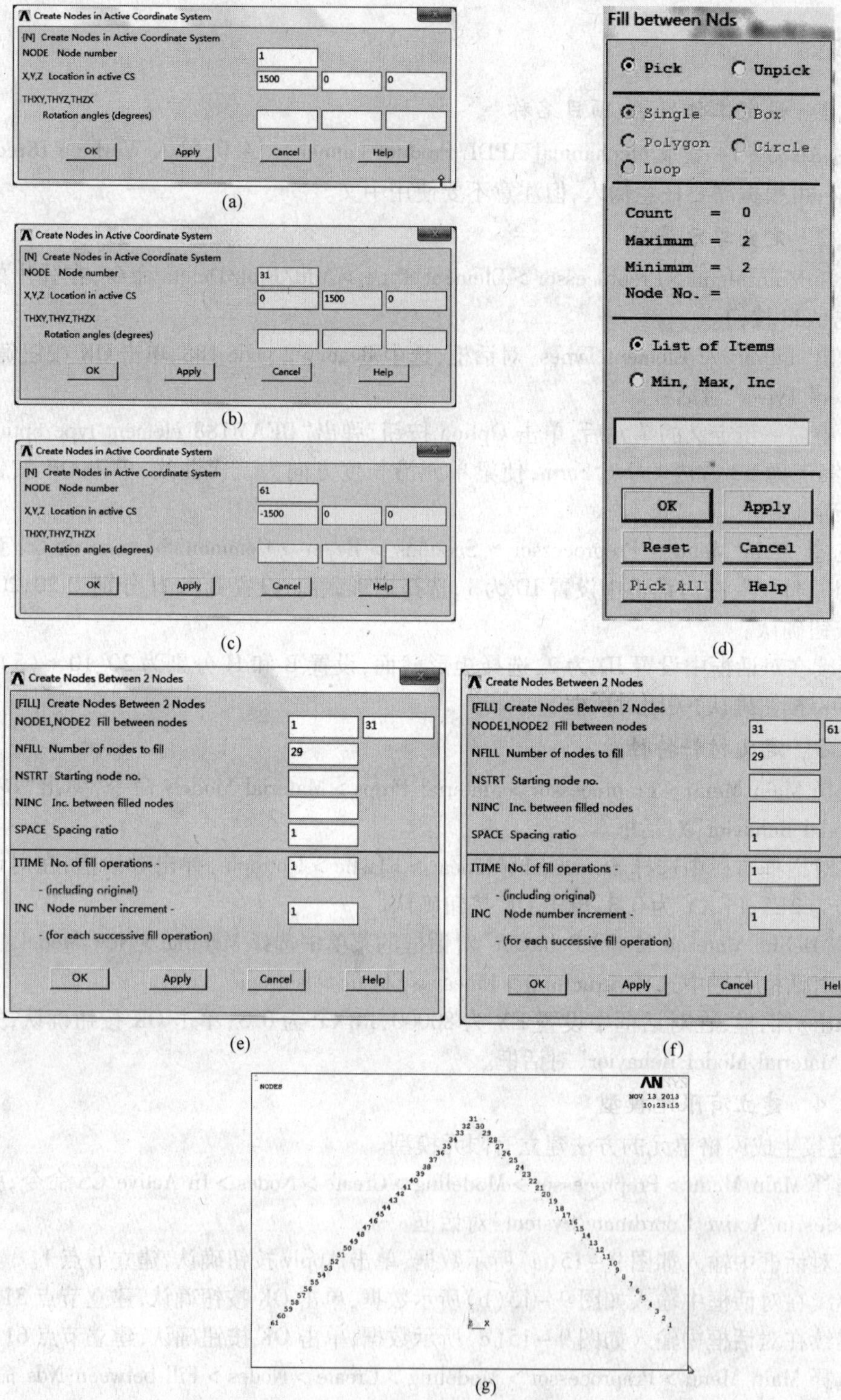

图 9-15 生成节点

(a)建立节点1；(b)建立节点31；(c)建立节点61；(d)填充节点选取；
(e),(f)填充节点设置；(g)所有节点

(7)选择 Main Menu > Preprocessor > Modeling > Create > Nodes > Fill between Nds 命令，弹出实体选择对话框，如图 9-15(d)所示。依次选择节点 31、节点 61，单击 OK 按钮确认，弹出"Create Nodes Between 2 Nodes"对话框。

(8)在弹出的对话框中设置参数，如图 9-15(f)所示，单击 OK，生成均匀分布的节点 32~60。屏幕上得到的图形如图 9-15(g)所示。

(9)选择 Main Menu > Preprocessor > Modeling > Create > Elements > Elem Attributes 命令，弹出"Element Attributes"对话框，在对话框中设置单元类型 TYPE 为 1，材料号 MAT 为 2，截面号 SECNUM 为 1，如图 9-16(a)所示，单击 OK 按钮确认。

(10)选择 Main Menu > Preprocessor > Modeling > Create > Elements > Auto Numbered > Thru Nodes 命令，弹出实体选取对话框，如图 9-16(c)所示，选择节点 1 和节点 2，单击 OK 按钮确认，生成网格单元 1。

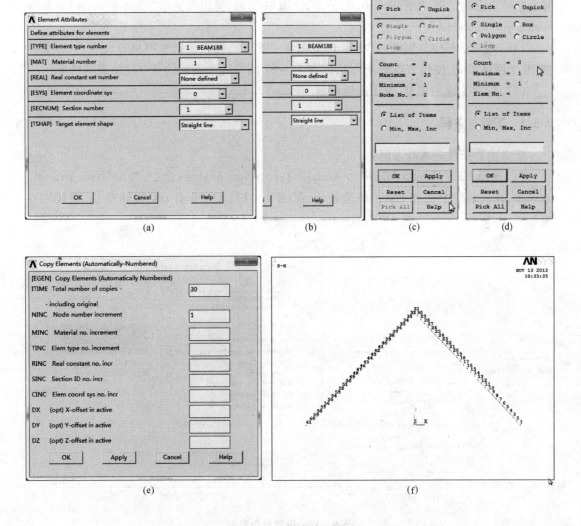

图 9-16 创建单元模型

(a),(b)设置属性；(c)节点选取；(d)复制选取；(e)设置复制选项；(f)有限元模型

(11) 选择 Main Menu > Preprocessor > Modeling > Copy > Elements > Auto Numbered 命令，弹出实体选取对话框，如图9-16(d)所示，选取单元1，弹出对话框"Copy Elements > Automatically > Numbered"。

(12) 在对话框中分别输入 30 和 1，见图 9-16(e)，代表包括原网格单元在内，复制生成 20 个网格单元，使用节点增量为 1，即在 1~31 间每两个连续的节点间生成网格单元。

(13) 选择 Main Menu > Preprocessor > Modeling > Create > Elements > Elem Attributes 命令，弹出"Element Attributes"对话框，在对话框中设置单元类型 TYPE 为 1，材料号 MAT 为 1，截面号 SECNUM 为 2，如图 9-16(b)所示，单击 OK 按钮确认。

(14) 选择 Main Menu > Preprocessor > Modeling > Create > Elements > Auto Numbered > Thru Nodes 命令，弹出实体选取对话框，如图 9-16(c)所示，选择节点 31 和节点 32，单击 OK 按钮确认，生成网格单元 31。

(15) 选择 Main Menu-Preprocessor > Modeling > Copy > Elements > Auto Numbered 命令，弹出实体选取对话框，如图 9-16(d)所示，选取单元 31，弹出对话框"Copy Elements > Automatically > Numbered"。

(16) 在对话框中分别输入 30 和 1，见图 9-16(e)，代表包括原网格单元在内，复制生成 20 个网格单元，使用节点增量为 1，即在 31~61 间每两个连续的节点间生成网格单元。

(17) 保存生成的模型，退出前处理器。

9.3.3 加载与求解

定义边界条件并求静态解。

(1) 选择 Main Menu > Solution > Analysis Type > New Analysis 命令，弹出"New Analysis"对话框，在对话框中选择 Static 单选按钮，见图 9-17(a)，单击 OK 按钮确认，关闭对话框。

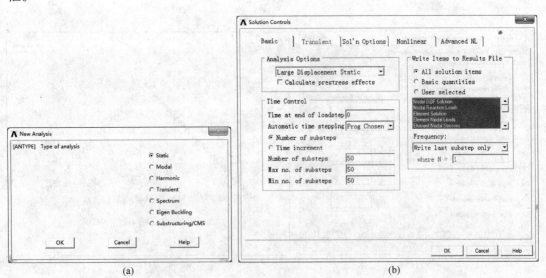

图 9-17 设置分析类型
(a)设置为静力分析；(b)打开大变形选项

(2)选择 Main Menu > Solution > Analysis Type > Sol'n Controls 命令,弹出 Solution Controls 对话框,在 Analysis Options 下拉菜单中选择 Large Displacement Static,并在 Time Control 中输入数据,如图 9-17(b)所示,单击 OK 按钮确认,打开非线性大变形求解选项。

(3)选择 Main Menu > Solution > Define Loads > Apply > Structural > Displacement > On Nodes 命令,弹出实体选取对话框,选择节点 1 和节点 61,单击 OK 按钮确认,弹出"Apply U,ROT on Nodes"对话框。

(4)在"Apply U,ROT on Nodes"对话框中,找到 Lab2 项,在多选列表中选中 UX 和 UY,如图 9-18(a)所示,单击 OK 按钮确认。

(5)选择 Main Menu > Solution > Define Loads > Apply > Structural > Force/Moment > On Nodes 命令,弹出实体选取对话框,选择节点 31,单击 OK 按钮,弹出"Apply F/M on Nodes"对话框。

(6)在"Apply F/M on Nodes"对话框中,设置 Lab 为 FY,VALUE 为 -5000,如图 9-18(b)所示,单击 OK 按钮确认。

(7)选择 Main Menu > Solution > Define Loads > Apply > Structural > Displacement > Symmetry B. C. > On Nodes 命令,弹出"Apply SYMM on Nodes"对话框。

(8)在对话框的 Norml Symm surface is normal to 后选中 Z-axis,如图 9-18(c)所示,单击 OK 按钮确认。

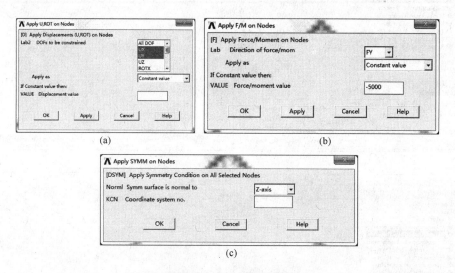

图 9-18 施加载荷过程
(a)添加约束;(b)施加载荷;(c)设置对称条件

(9)选择 Main Menu > Solution > Solve > Current LS 命令,弹出"Solve Current LoadStep"对话框和一个信息窗口,仔细阅读,确认设置正确后关闭信息窗口,在对话框中单击 OK 按钮,开始求解。在求解的过程中,会出现迭代历史图,如图 9-19 所示。

9.3.4 后处理

(1)选择 Main Menu > General Postproc > Read Results > First Set 命令,读取求解结果。

(2)选择 Main Menu > General Postproc > Plot Results > Contour Plot > Nodal Solu 命令,弹

出"Contour Nodal Solution Data"对话框,在对话框的 Item to be contoured 中选择 Nodal Solution > DOF Solution > X – Component of displacement,如图 9 – 20(a)所示,单击 OK 按钮确认。绘制 X 向位移云图,如图 9 – 20(b)所示。

(3)选择 Main Menu > General Postproc > Plot Results > Contour Plot-Nodal Solu 命令,弹出"Contour Nodal Solution Data"对话框,在对话框的 Item to be contoured 中选择 Nodal Solution > DOF Solution > Y – Component of displacement,如图 9 – 20(c)所示,单击 OK 按钮确认。绘制 Y 向位移云图,如图 9 – 20(d)所示。

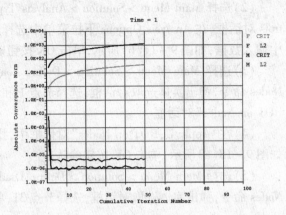

图 9 – 19　迭代历史图

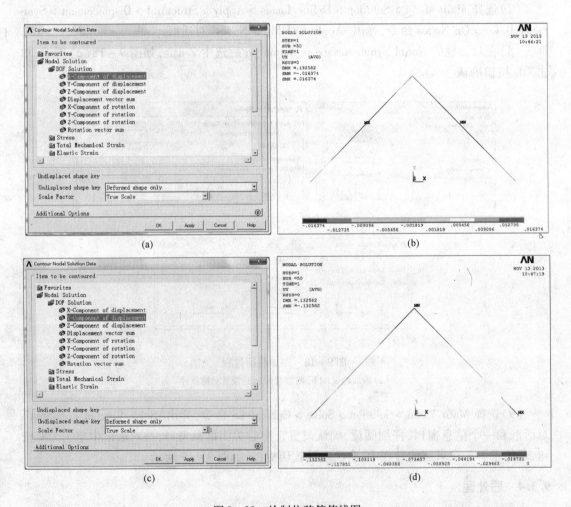

图 9 – 20　绘制位移等值线图

(a)选择 X 方向位移;(b)X 方同位移等值 RM;(c)选择 Y 方向位移 (d)Y 方向位移等值线图

求取线性分析结果的步骤与上面的步骤基本一致,但在求解时不打开大变形选项,也不需要设置时间步长,即取出下列两项命令(见9.3.5小节):

```
NLGEOM,ON                    ! 打开大变形选项
NSUBAT,50,50,50              ! 设置时间步长
```

得到的两个方向的位移变形等值线图如图9-21所示。

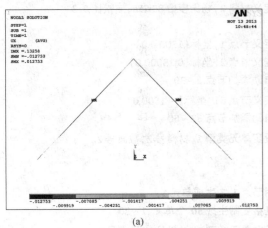
(a)

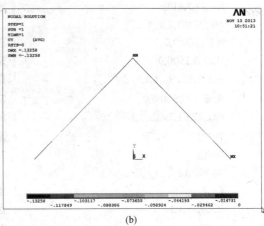
(b)

图9-21 绘制位移等值线图
(a) X方向位移等值线图;(b) Y方向位移等值线图

比较两种方法求取的C点变形,如表9-6所示。从表9-6中可以看到,使用这两种方法求出的位移有改变,其中由非线性方法求得的位移改变更大。而比较这两种方法得到的位移变形云图(见图9-20和图9-21)可以发现:

(1)非线性方法得到的最大变形量更大。

(2)在非线性分析中,各个部分的变形云图发生了明显改变,与线性方法得到的变形云图完全不一样。

表9-6 两种分析方法结果比较

方 法	X方向/mm	Y方向/mm
线性分析	0.0127	0.1325
非线性分析	0.0163	0.1325

总的来说,非线性方法得到的结果比线性方法得到的结果显示了更大的风险。这也说,在大变形的情况下,使用非线性分析的方法更加可靠。

9.3.5 命令流

上述操作命令流为:

```
/PREP7
ET,1,188                     ! 定义 BEAM188 单元
KEYOPT,1,3,3                 ! 选择长度方向为三次曲线
SECTYPE,1,BEAM,RECT          ! 定义 BEAM188 单元截面为矩形
```

```
SECTYPE,1,BEAM,RECT
SECDATA,20,20                    ! 定义 AC 杆 BEAM188 单元的截面
SECTYPE,2,BEAM,RECT
SECDATA,20,10*(5)**0.5           ! 定义 BC 杆 BEAM188 单元的截面
MP,EX,1,2E5                      ! 定义材料 1,杨氏模量 200GPa,泊松比 0.3
MP,PRAXY,1,0.3
MP,EX,2,8E4                      ! 定义材料 2,杨氏模量 80GPa,泊松比 0.3
MP,PRAXY,2,0.3
N,1,1500,0,0                     ! 定义节点 1,坐标(1500,0,0)
N,31,0,1500,0                    ! 定义节点 2,坐标(0,15000,0)
FILL,1,31,29,,,1,1,1             ! 自动添加节点 2~30
N,61,-1500,0,0                   ! 定义节点 61,坐标(-1500,0,0)
FILL,32,61,29,,,1,1,1            ! 自动添加节点 32~60
TYPE,1                           ! 设定单元类型 1,材料号 2,截面号 2
MAT,2
SECNUM,1
E,1,2                            ! 用节点 1、2 生成单元 1
EGEN,30,1,1                      ! 直接复制生成 30 个单元,1~30
TYPE,1                           ! 设定单元类型 1,材料号 1,截面号 1
MAT,1
SECNUM,2
E,31,32                          ! 用节点 1、2 生成单元 1
EGEN,30,1,311                    ! 直接复制生成 30 个单元,31~60
FINISH                           ! 退出前处理
/SOLU                            ! 进入求解器
ANTYPE,STATIC                    ! 分析类型为静态分析
NLGEOM,ON                        ! 打开大变形选项
NSUBAT,50,50,50                  ! 设置时间步长
NSEL,S,NODE,,1                   ! 选择节点 1
D,ALL,UX                         ! 约束节点 1 X 方向
D,ALL,UY                         ! 约束节点 1 Y 方向
NSEL,S,NODE,,61                  ! 选择节点 61
D,ALL,UX                         ! 约束节点 61 X 方向
D,ALL,UY                         ! 约束节点 61 Y 方向
ALLSEL
DSYM,SYMM,Z                      ! 转化为 X-Y 平面内问题
ALLSEL
NSEL,S,NODE,,31                  ! 选择节点 31
F,ALL,FY,-5000                   ! 施加载荷
ALLSEL
SOLVE                            ! 求解
FINISH                           ! 退出求解器
/POST1
PLNSOL,U,X                       ! 绘制 X 向变形云图
PLNSOL,U,Y                       ! 绘制 Y 向变形云图
```

```
PRNSOL,U,X                          ! 读取 X 向节点位移结果
PRNSOL,U,Y                          ! 读取 Y 向节点位移结果
FINISH
```

9.4 多线性各向同性强化材料应力-应变分析示例

9.4.1 问题描述与分析

问题描述:立方体由多线性各向同性强化材料构成,承受压力载荷的作用,在受压的情况下发生塑性变形,下面通过分析查看立方体变形过程中的应力-应变对应关系。

问题分析:使用多线性各向同性强化材料构建有限元模型,设置相应的时间步长,得到时间历程上的参数。利用反力与面积之比得到平均应力,利用位移与高度之比得到平均应变,并绘制应力应变关系图。

9.4.2 前处理

9.4.2.1 设定工作目录、项目名称

可使用 ANSYS 14.0 登录 Mechanical APDL Product Launcher 14.0,输入 WorkingDirectory 和 Job Name;可根据需要任意输入,但注意不要使用中文。

9.4.2.2 定义单元类型、材料属性等

(1)定义单元:选择 Main Menu > Preprocessor > Element Type > Add/Edit/Delete 命令,弹出"Element Types"对话框。

(2)在"Element Types"对话框中单击 Add 按钮,弹出"Library of Element Types"对话框。

(3)在"Library of Element Types"对话框的双列列表中的左栏选择 Sold,右栏中选择 concret 65,单击 OK 按钮确认,关闭"Element Types"对话框。

(4)定义材料特性:选择 Main Menu > Preprocessor > Material Props > Material Models 命令,弹出"Define Material Model Behavior"对话框。

(5)在"Define Material Model Behavior"对话框右栏中选择 Structural > Linear > Elastic > Isotropic 命令,弹出"Linear Isotropic Material Properties"对话框。

(6)在对话框中设置 EX 为 1.4665E7,PRXY 为 0.3。单击 OK 按钮确认,并关闭"Define Material Model Behavior"对话框。

(7)在"Define Material Model Behavior"对话框右栏中选择 Structural > Nonlinear > Inelastic > Rate Independent > Isotropic Hardening Plastic > Mises Plasticity > Multilinear 命令,弹出"Multilinear Isotropic Hardening"对话框。

(8)在对话框中设置(STRAIN,STRESS)分别为(0.002,29300)、(0.005,50000)、(0.007,55000)、(0.01,60000)、(0.015,65000),如图 9-22(b)所示。单击 OK 按钮确认,并关闭"DefineMaterial Model Behavior"对话框。

得到的材料特性曲线如图 9-23 所示。

9.4.2.3 建立几何模型

选择 Main Menu > Preprocessor > Modeling > Create > Volumes > Block > ByDimensions 命令,弹出"Create Block by Dimensions"对话框,在对话框中设置如图 9-24 所示的参数,单击

OK 按钮确认,创建立方体,如图 9-25(a)所示。

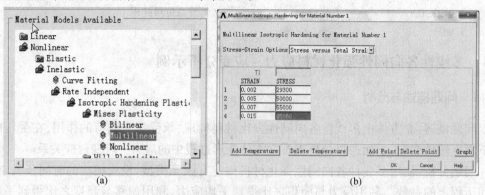

图 9-22 定义材料特性
(a)选择材料特性;(b)定义材料特性

图 9-23 MISO 材料特性曲线　　　图 9-24 创建立方体

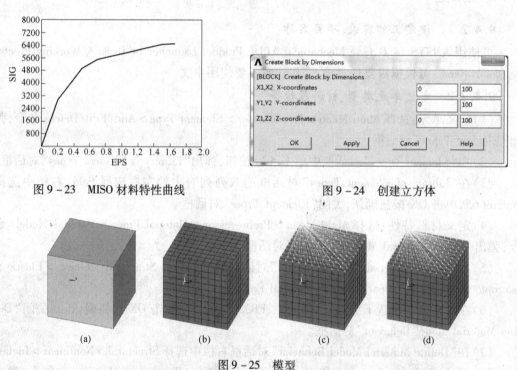

图 9-25 模型
(a)几何模型;(b)有限元模型;(c)施加耦合后;(d)选取节点1

9.4.2.4 划分网格

(1)设置全局划分密度:选择 Main Menu > Preprocessor > Meshing > Size Cntrls > Manual-Size > Global > Size 命令,弹出"Global Element Sizes"对话框,在对话框中设置 SIZE Element edge Length 为 10,点击 OK 确认。

(2)映射方法划分网格。选择 Main Menu > Preprocessor > Meshing > Mesh > Volumes > Mapped > 4 to 6 sided 命令,弹出实体选取对话框,选取立方体,单击 OK 按钮确认。得到的模型如图 9-25(b)所示。

9.4 多线性各向同性强化材料应力-应变分析示例 · 151 ·

图 9-26 选取 X 坐标为 0 的节点

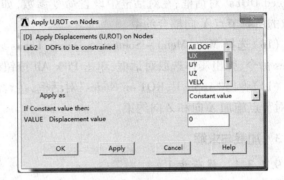

图 9-27 设置 X 向约束

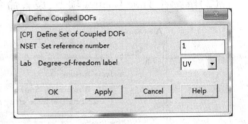

图 9-28 施加 Y 向耦合约束

9.4.2.5 施加约束与耦合

(1) 选择 Utility Menu > Select > Entities 命令，弹出"Select Entities"对话框，设置选取的实体为 Nodes 节点，选取方式为 By Location，选取操作为 From Full 从全集中选取，如图 9-26 所示。

(2) 设置 X 向约束。在"Select Entities"对话框中，选中 X coordinates，在输入框中输入 0，单击 Apply 按钮，选取所有 X 坐标为 0 的节点。

(3) 选择 Main Menu > Solution > Define Loads > Apply > Structural > Displacement On Nodes 命令，弹出实体选取对话框，单击 Pick All 按钮，选取所有节点施加约束。

(4) 弹出"Apply U,ROT on Nodes"对话框，在对话框中选择 UX，如图 9-27 所示，单击 OK 按钮确认，对 X 坐标为 0 的节点施加 X 向约束。

(5) 设置 Y 向约束。在"Select Entities"对话框中，选中 Y coordinates，在输入框中输入 0，单击 Apply 按钮，选取所有 Y 坐标为 0 的节点。

(6) 选择 Main Menu > Solution > Define Loads > Apply > Structural > Displacement > On Nodes 命令，弹出实体选取对话框，单击 Pick All 按钮，选取所有节点施加约束。

(7) 弹出"Apply U,ROT on Nodes"对话框，在对话框中选择 UY，单击 OK 按钮确认，对 Y 坐标为 0 的节点施加 Y 向约束。

(8) 设置 Z 向约束。在"Select Entities"对话框中，选中 Z coordinates，在输入框中输入 0，单击 Apply 按钮，选取所有 Z 坐标为 0 的节点。

(9) 选择 Main Menu > Solution > Define Loads > Apply > Structural > Displacement > On Nodes 命令，弹出实体选取对话框，单击 Pick All 按钮，选取所有节点施加约束。

(10) 弹出"Apply U,ROT on Nodes"对话框，在对话框中选择 UZ，单击 OK 按钮确认，对 Z 坐标为 0 的节点施加 Z 向约束。

(11) 施加耦合约束。在"Select Entities"对话框中，选中 Y coordinates，在输入框中输入

100,单击 Apply 按钮,选取所有 Y 坐标为 100 的节点。

(12)选择 Main Menu > Preprocessor > Coupling/Cegn > Couple DOFs 命令,弹出"Define Coupled DOFs"对话框,在对话框中设置命令参数,如图 9-28 所示,单击 OK 按钮确认,对选取的所有节点 Y 向耦合约束。

(13)选择 Main Menu - Solution > Define Loads > Apply > Structural > Displacement > On Nodes 命令,弹出实体选取对话框,单击 Pick All 按钮,选取所有节点施加约束。

(14)弹出"Apply U,ROT on Nodes"对话框,在对话框中选择 UX 和 UZ,单击 OK 按钮确认,对节点施加 X 向和 Z 向约束。

9.4.3 加载与求解

9.4.3.1 载荷步 1

(1)选择 Main Menu > Solution > Analysis Type > Sol'n Controls > Basic 命令,弹出"Solution Controls"对话框,在 Write Items to Results File 下选择 ALL solution Items。在 Frequency 下,选择 Write every Nth substep 并设置 N 为 1。

(2)继续在 Time Control 项下,设置命令参数,如图 9-29 所示,单击 OK 按钮确认。

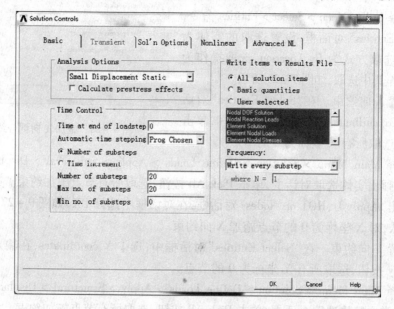

图 9-29 设置求解参数

(3)选择 Main Menu > Solution > Define Loads > Apply > Structural > Displacement > On Nodes 命令,弹出实体选取对话框,选取节点 1,如图 9-25(d)中所示的节点,单击 OK 按钮确认。

(4)弹出"Apply U,ROT on Nodes"对话框,在对话框中选择 UY,在 Value 下设置值为 -1,单击 OK 按钮确认,对节点 1 Y 坐标为 0 的节点施加 Z 向约束。

(5)写出载荷步文件 1。选择 Main Menu > Solution > Load Step Opts > Write LS File 命令,弹出"Write Load Step File"对话框,在对话框中设置 LSNUM 载荷步号为 1,单击 OK 按钮。

9.4.3.2 载荷步 2

与载荷步 1 步骤一样,只是载荷结束时间为 30,在节点 1 的 UY 位移为 -2。加载完成后写入载荷步文件 2。

9.4.3.3 载荷步 3

与载荷步 1 步骤一样,只是载荷结束时间为 40,子步数为 100,在节点 1 的 UY 位移为 -1。加载完成后写入载荷步文件 3。

9.4.3.4 载荷步 4

与载荷步 1 步骤一样,只是载荷结束时间为 60,子步数为 100,在节点 1 的 UY 位移为 0。加载完成后写入载荷步文件 4。

9.4.3.5 使用载荷文件求解

选择 Main Menu > Solution > Solve > From LS' Files 命令,弹出对话框,在对话框中设置 LSMIN 起始载荷步文件号为 1,LSMAX 结束载荷步文件号为 4,LSINC 载荷文件号增量为 1,如图 9-30 所示,单击 OK 按钮确认。

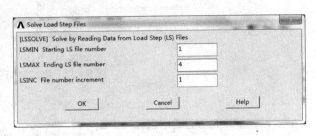

图 9-30 使用载荷文件求解

9.4.4 后处理

(1)选择 Main Menu > TimeHist Postpro 命令,弹出变量查看窗口 Time History Variables,如图 9-31 所示。

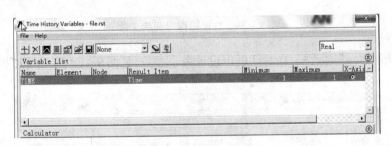

图 9-31 变量查看窗口

(2)在变量查看窗口中单击添加变量按钮,弹出"Add Time History Variable"对话框,在对话框中选择 Result Item > Nodal Solution > Y-Component of displacement,其余默认,如图 9-32(a)所示,单击 OK 按钮确认。

(3)弹出实体选取对话框,选取节点 1,单击 OK 按钮确认,添加变量 2。

(4)继续在变量查看窗口中单击添加变量按钮,弹出"Add Time History Variables"对话框,在对话框中选择 Result Item > Reaction Forces > Structural Forces > YComponent of force 其余默认,如图 9-32(b)所示,单击 OK 按钮确认。

(5)弹出实体选取对话框,选取节点 1,单击 OK 按钮确认;添加变量 3。

(6)打开 Calculator,弹出计算面板,如图 9-33 所示。

(7)计算面板的输入区,输入或添加见图 9-33(a)的文字,按 Enter 键,添加变量 4。

(8)计算面板的输入区,输入或添加见图 9-33(b)的文字,按 Enter 键,添加变量 5。

(9)选择 Utility Menu > PlotCtrls > Style > Graphs > Modify Axes 命令,弹出"Axes Modifi-

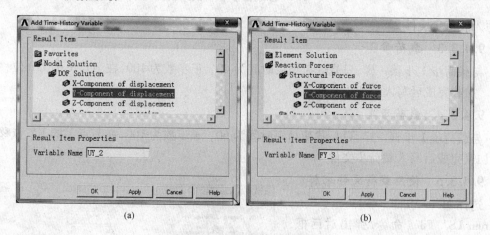

图 9 - 32　添加时间变量

图 9 - 33　数据操作得到新变量

cation for Graph Plots"对话框,在对话框中设置命令参数,见图 9 - 34,单击 OK 按钮确认。

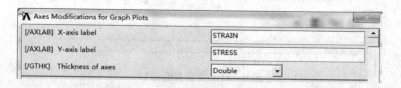

图 9 - 34　设置坐标标识

(10)在变量查看器的变量列表中,在变量 4 后选中 X - Axis 项,高亮变量 5,单击绘图按钮,在屏幕上绘制图形如图 9 - 35 所示。

(11)关闭变量查看器,单击 ANSYS 工具栏中的 QUIT 按钮,选择合适的退出方式退出。

9.4.5　命令流

```
/PREP7
ET,1,SOLID65              ! 定义单元类型
MP,EX,1,14.665E6          ! 定义杨氏模量
MP,PRXY,1,0.3             ! 定义泊松比
```

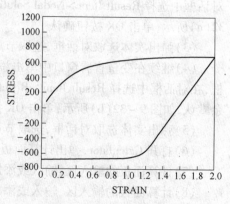

图 9 - 35　设置坐标标识

9.4 多线性各向同性强化材料应力-应变分析示例

```
TB,MISO,1,1,5                  ! 定义 MISO 材料行为
TBTEMP,0                       ! 定义温度参数
TBPT,DEFI,2E-3,29.33E3         ! 应力-应变数据
TBPT,DEFI,5E-3,50E3
TBPT,DEFI,7E-3,55E3
TBPT,DEFI,10E-3,60E3
TBPT,DEFI,15E-3,65E3
BLOCK,0,100,0,100,0,100        ! 创建立方体
ESIZE,10                       ! 定义网格尺寸
MSHKEY,1                       ! 采用映射网格
VMESH,ALL                      ! 划分网格
FINISH                         ! 退出前处理器
/SOLU                          ! 进入求解器
NSEL,S,LOC,X,0                 ! 选取 X 坐标为 0 的节点
D,ALL,UX,0                     ! 约束 X 方向自由度
NSEL,S,LOC,Y,0                 ! 选取 Y 坐标为 0 的节点
D,ALL,UY,0                     ! 约束 Y 方向自由度
NSEL,S,LOC,Z,0                 ! 选取 Z 坐标为 0 的节点
D,ALL,UZ,0                     ! 约束 Z 方向自由度
NSEL,S,LOC,Y,100               ! 选取 Y 坐标为 100 的节点
CP,1,UY,ALL                    ! 耦合 Y 方向的自由度
D,ALL,UX,0                     ! 约束 X 方向自由度
D,ALL,UZ,0                     ! 约束 Z 方向自由度
NSEL,ALL                       ! 选取所有节点
OUTRES,ALL,1                   ! 设置每个子步结束时输出结果
TIME,20                        ! 设置载荷步终点时间 20
NSUBST,20,0,20                 ! 设置子步数
D,1,UY,-1                      ! 施加 Y 向位移载荷
LSWRITE,1                      ! 写入载荷步文件 1
TIME,30                        ! 设置载荷步终点时间 20
NSUBST,20,0,20                 ! 设置子步数
D,1,UY,-2                      ! 施加 Y 向位移载荷
LSWRITE,2                      ! 写入载荷步文件 2
TIME,40                        ! 设置载荷步终点时间 20
NSUBST,100                     ! 设置子步数
D,1,UY,-1                      ! 施加 Y 向位移载荷
LSWRITE,3                      ! 写入载荷步文件 3
TIME,60                        ! 设置载荷步终点时间 20
NSUBST,100                     ! 设置子步数
D,1,UY,0                       ! 施加 Y 向位移载荷
LSWRITE,4                      ! 写入载荷步文件 4
/POST26                        ! 进入时间历程后处理器
NSOL,2,1,U,Y,UY                ! 选取节点 1 处的 Y 向位移结果变量为 2
RFORCE,3,1,F,Y,FY              ! 选取节点 1 处的 Y 向反力结果变量为 3
ADD,4,2,,,STRAIN,,,-1/100      ! 操作变量 2 得到变量 4,应变
ADD,5,3,,,STRESS,,,-1/10000    ! 操作变量 3 得到变量 5,应力
/AXLAB,X,STRAIN                ! 设置 X 轴标签
/AXLAB,Y,STRESS                ! 设置 Y 轴标签
XVAR,4                         ! 设置 X 轴为变量 4
PLVAR,5                        ! 绘制变量 5
FINISH                         ! 退出通用后处理器
```

10 热 分 析

10.1 热分析概述

热分析用于计算一个系统或部件的温度分布及其他热物理参数,如热量的获取或损失、热梯度、热流密度(热通量)等。热分析在许多工程应用中扮演着重要角色,如内燃机、涡轮机、换热器、管路系统、电子元件等。

10.1.1 热分析概述

热分析包括稳态传热与瞬态传热两种:(1)稳态传热:系统的温度场不随时间变化。(2)瞬态传热:系统的温度场随时间明显变化。

ANSYS 热分析基于能量守恒原理的热平衡方程,用有限元法计算各节点的温度,并导出其他热物理参数。

ANSYS 热分析包括热传导、热对流及热辐射三种热传递方式。此外,还可以分析相变、有内热源、接触热阻等问题。

10.1.2 热分析基本原理

10.1.2.1 传热学经典理论

热分析遵循热力学第一定律,即能量守恒定律。对于一个封闭的系统(没有质量的流入或流出)

$$Q - W = \Delta U + \Delta KE + \Delta PE \qquad (10-1)$$

式中,Q 为热量;W 为做功;ΔU 为系统内能;ΔKE 为系统动能;ΔPE 为系统势能。

(1)对于大多数工程传热问题:$\Delta KE = \Delta PE = 0$。(2)通常考虑没有做功:$W = 0$,则 $Q = \Delta U$。(3)对于稳态热分析:$Q = \Delta U = 0$,即流入系统的热量等于流出的热量。(4)对于瞬态热分析:$\Phi = \dfrac{\mathrm{d}U}{\mathrm{d}t}$,即流入或流出的热传递速率 Φ 等于系统内能的变化。

10.1.2.2 热传递方式

A 热传导

热传导可以定义为完全接触的两个物体之间或一个物体的不同部分之间由于温度梯度而引起的内能的交换。热传导遵循傅里叶定律:

$$q = -k\dfrac{\mathrm{d}T}{\mathrm{d}x} \qquad (10-2)$$

式中,q 为热流密度(W/m^2);k 为导热系数($W/(m^2 \cdot ℃)$);"$-$"表示热量流向温度降低的方向。

B 热对流

热对流是指固体的表面与它周围接触的流体之间,由于温差的存在引起热量的交换。热对流可以分为两类:自然对流和强制对流。热对流用牛顿方程来描述:

$$q = h(T_S - T_B) \tag{10-3}$$

式中,h 为对流换热系数(或称膜传热系数、给热系数、膜系数等);T_S 为固体表面的温度;T_B 为周围流体的温度。

C 热辐射

热辐射指物体发射电磁能,并被其他物体吸收转变为热的热量交换过程。物体温度越高,单位时间辐射的热量越多。热传导和热对流都需要有传热介质,而热辐射无须任何介质。实质上,在真空中的热辐射效率最高。

在工程中通常考虑两个或两个以上物体之间的辐射,系统中每个物体同时辐射并吸收热量。它们之间的净热量传递可以用斯蒂芬-玻耳兹曼方程来计算:

$$\Phi = \varepsilon \sigma A_1 F_{12}(T_1^4 - T_2^4) \tag{10-4}$$

式中,Φ 为热流率;ε 为辐射率(黑度);σ 为斯蒂芬-玻耳兹曼常数,约为 5.67×10^{-8} W/($m^2 \cdot K^4$);A_1 为辐射面1的面积;F_{12} 为由辐射面1到辐射面2的形状系数;T_1 为辐射面1的绝对温度;T_2 为辐射面2的绝对温度。由式(10-4)可以看出,包含热辐射的热分析是高度非线性的。

10.1.2.3 稳态传热

稳态传热用于分析稳定的热载荷对系统或部件的影响。通常在进行瞬态热分析以前,进行稳态热分析用于确定初始温度分布。稳态热分析可以通过有限元计算确定由于稳定的热载荷引起的温度、热梯度、热流率、热流密度等参数。如果系统的净热流率为0,即流入系统的热量加上系统自身产生的热量等于流出系统的热量:

$$q_1 + q_2 - q_3 = 0$$

式中,q_1、q_2、q_3 分别为流入、生成、流出热量,在此状态下,系统处于热稳态。稳态热分析中,任一节点的温度不随时间变化。稳态热分析的能量平衡方程为(以矩阵形式表示):

$$[K]\{T\} = \{\Phi\} \tag{10-5}$$

式中,$[K]$ 为传导矩阵,包含导热系数、对流系数及辐射率和形状系数;$\{T\}$ 为节点温度向量;$\{\Phi\}$ 为节点热流率向量,包含热生成。

ANSYS 利用模型几何参数、材料热性能参数以及所施加的边界条件,生成 $[K]$、$\{T\}$ 以及 $\{\Phi\}$。

10.1.2.4 瞬态传热

瞬态热分析用于计算系统随时间变化的温度场及其他热参数。在工程上一般用瞬态热分析计算温度场,并将之作为热载荷进行应力分析。

瞬态热分析的基本步骤与稳态热分析类似。主要的区别是瞬态热分析中的载荷是随时间变化的。为了表达随时间变化的载荷,首先必须将载荷-时间曲线分为载荷步,载荷-时间曲线中的每一个拐点为一个载荷步。

瞬态传热过程常见于系统的加热或冷却过程。在该过程中系统的温度、热流率、热边界条件以及系统内能随时间都有明显变化。根据能量守恒原理,瞬态热平衡可以表达为(以

矩阵形式表示):

$$[C]\{T'\} + [K]\{T\} = \{\Phi\} \quad (10-6)$$

式中,$[K]$为传导矩阵,包含导热系数、对流系数及辐射率和形状系数;$[C]$为比热矩阵,考虑系统内能的增加;$\{T\}$为节点温度向量;$\{T'\}$为温度对时间的导数;$\{\Phi\}$为节点热流率向量,包含热生成。

10.1.2.5 线性与非线性

如果有下列情况产生,则为非线性热分析。(1)材料热性能随温度变化,如$C(T)$、$K(T)$等。(2)边界条件随温度变化,如$h(T)$等。(3)含有非线性单元。(4)考虑辐射传热。

非线性热分析的热平衡矩阵方程为:

$$[C(T)]\{T'\} + [K(T)]\{T\} = \{\Phi(T)\} \quad (10-7)$$

10.2 热分析的基本步骤

下面分别针对稳态热分析和瞬态热分析两种不同的情况,讲述热分析的基本过程。

10.2.1 稳态热分析

稳态热分析用于研究稳态的热载荷对系统或部件的影响,通常在进行瞬态热分析以前进行稳态热分析,以确定初始温度的分布。稳态热分析可以通过有限元计算确定由稳定的热载荷产生的温度、热梯度、热流率、热流密度等参数。稳态热分析的基本过程一般可分为三步:建立模型、施加热载荷并求解、查看结果,下面分别进行介绍。

10.2.1.1 建立模型

建立模型主要包括以下几个方面的内容。(1)确定工作文件名(Jobname)、工作标题(Title)与单位(unit)。(2)进入前处理器(PREP7),定义单元类型和单元选型。(3)设定单元实常数。(4)定义材料热性能参数。稳态导热一般只需要定义导热系数,它可以是恒定的,也可以随温度变化。(5)建立几何模型并划分网格生成有限元模型。

10.2.1.2 施加载荷并求解

执行主菜单中的 Solution 命令,进入 ANSYS 求解器,然后执行 ANTYPE,STATIC,NEW 命令(GUI 菜单路径:Main Menu > Solution > Analysis Type > New Analysis > Steady-State)定义分析类型。若继续上一次分析,如增加边界条件等,可以执行 ANTYPE,STATIC,REST 命令(GUI 菜单路径:Main Menu > Solution > Analysis Type > Restart)。ANSYS 中施加的热分析载荷可以是温度、热流率、对流、热流密度和生热率。

(1)温度。温度载荷通常作为自由度约束施加在已知的边界上,施加方法为 Main Menu > Solution > Define loads > Apply > Thermal > Temperature。

(2)热流率。热流率作为节点集中载荷,主要用于线单元模型中(通常线单元模型不能施加对流感热流密度载荷)。如果输入的值为正,代表热流流入节点,即单元获取热量。如果温度与热流率同时施加在一个节点上,则 ANSYS 读取温度值进行计算。施加热流率载荷的方法为 Main Menu > Solution > Define loads > Apply > Thermal > Heat Flow。

(3)对流。对流作为面载荷施加在实体的外表面,计算与流体的热交换,它仅可以施加于实体和壳模型上。对于线模型,可以通过对流线单元 LINK34 考虑对流。施加热流率载荷的方法为 Main Menu > Solution > Define loads > Apply > Thermal > Convection。

(4)热流密度。热流密度是通过单位面积的热流率,作为面载荷施加在实体的外表面或表面效应单元上。输入正值时,表示热流流入单元。热流密度仅适用于实体和壳单元,可以与对流施加在同一外表面,但 ANSYS 仅对最后施加的面载荷进行计算。

(5)生热率。生热率作为体载荷施加在单元上,可以模拟化学反应生热或电流生热,是单位体积的热流率。GUI 方式为 Main Menu > Solution > Define loads > Apply > Thermal > Heat Generat。

10.2.1.3 设定载荷步选项

对于一个热分析,可以确定普通选项、非线性选项以及输出控制选项。

A 普通选项

(1)时间选项。对于稳态热分析,时间选项并没有实际的物理意义,但它提供了一个方便的设置载荷步和载荷子步的方法。

(2)每个载荷步中子步的数量或时间步大小。对于非线性分析,每一个载荷步需要多个子步。GUI 方式为 Main Menu > Solution > Load Step Opts > Time/ Frequence > Time and Substep 或 Main Menu > Solution > Load Step Opts > Time/ Frequence > Time – Time Step。

执行上述命令后,弹出如图 10 – 1 所示的"时间和时间步选项"对话框和如图 10 – 2 所示的"时间和子步选项"对话框。

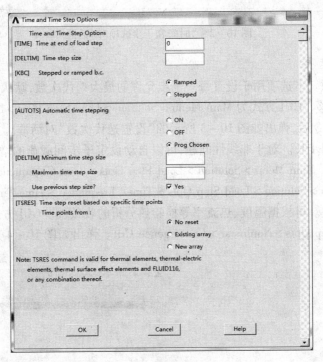

图 10 – 1 "时间和时间步选项"对话框

(3)递进或阶跃选项。如果定义阶跃选项,载荷值在这个载荷步内保持不变;如果定义递进选项,则载荷值由上一载荷步值到本载荷步值随每一子步线性变化。GUI 方式为 Main Menu > Solution > Load Step Opts > Time/ Frequence > Time and Substep 或 Main Menu > Solution > Load Step Opts > Time/ Frequence > Time – Time Step。

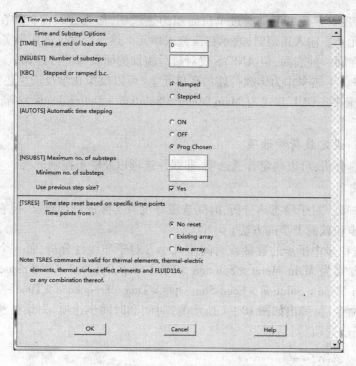

图 10-2 "时间和子步选项"对话框

B 非线性选项

(1) 迭代次数。本选项用于设置每一子步允许的最大迭代次数,默认值是 25,对于大多数热分析问题足够。GUI 方式为 Main Menu > Solution > Load Step Opts > Nonlinear > Equilibrium Iter。执行命令后,弹出如图 10-3 所示的"设置迭代次数"对话框。

(2) 自动时间步长。对于非线性问题,可以自动设定子步间载荷的增长率,保证求解的稳定性和准确性。Main Menu > Solution > Load Step Opts > Time/ Frequence > Time and Substep 或 Main Menu > Solution > Load Step Opts > Time/ Frequence > Time-Time Step。

(3) 收敛误差。可根据温度、热流率等检验热分析的收敛性。GUI 方式为 Main Menu > Solution > Load Step Opts > Nonlinear > Convergence Crit。弹出如图 10-4 所示的"设置收敛误差"对话框。

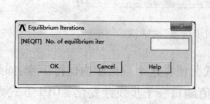

图 10-3 "设置迭代次数"对话框　　　图 10-4 "设置收敛误差"对话框

(4) 求解结束选项。如果在规定的迭代次数内达不到收敛,ANSYS 可以停止求解或到下一载荷步继续求解。GUI 方式为 Main Menu > Solution > Load Step Opts > Nonlinear > Criteria to Stop。执行命令后,弹出如图 10 - 5 所示"求解结束选项"对话框。

(5) 线性搜索。设置本选项可使 ANSYS 用 Newton - Raphson 方法进行线性搜索。GUI 方式为 Main Menu > Solution > Load Step Opts > Nonlinear > Line Search。执行命令后,弹出如图 10 - 6 所示的"线性搜索"对话框。

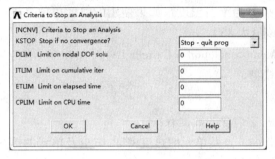

图 10 - 5 "求解结束选项"对话框

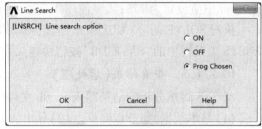

图 10 - 6 "线性搜索"对话框

(6) 预测矫正。本选项可激活每一子步第一次迭代对自由度求解的预测矫正。GUI 方式为 Main Menu > Solution > Load Step Opts > Nonlinear > Predictor。执行命令后,弹出如图10 - 7 所示的"预测矫正"对话框。

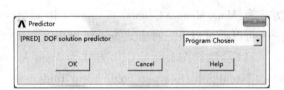

图 10 - 7 "预测矫正"对话框

C 输出控制选项

(1) 控制打印输出。本选项可将任何结果数据输出到 *.out 文件中。GUI 方式为 Main Menu > Solution > Load Step Opts > Output Ctrls > Solu Printout。执行命令后,弹出如图 10 - 8 所示的"控制打印输出"对话框。

(2) 控制结果文件。用于控制 *.rth 文件中的内容。GUI 方式为 Main Menu > Solution > Load Step Opts > Output Ctrls > DB/Results File。执行命令后,弹出如图 10 - 9 所示的"控

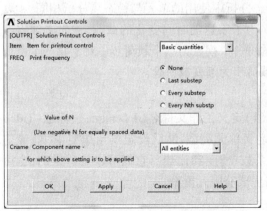

图 10 - 8 "控制打印输出"对话框

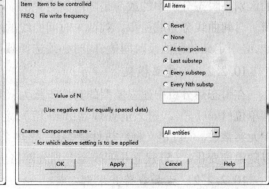

图 10 - 9 "控制结果文件"对话框

制结果文件"对话框。

10.2.1.4 求解

执行 NROPT 命令(GUI 菜单路径:Main Menu > Solution > Analysis Type > Analysis Options),设置 Newton-Raphson 选项(仅对非线性分析有用)。可选择的求解器有:Frontal Solver、Jacobi Conjugate Gradient Solver、JCG out-of-memory Solver、Incomplete CholesKy Conjugate Gradien Solver、Pre-Conditioned Conjugate Solver 和 Iterative。

在进行热辐射分析时,要将目前的温度值换算为绝对温度。如果使用的温度单位是摄氏度,此值应设定为273;如果使用华氏度,则该值为460。

执行 SOLVE 命令(GUI 菜单路径:Main Menu > Solution > Current LS)开始求解,单击 ANSYS 工具栏中的"SAVE DB"按钮快速保存模型。

10.2.1.5 查看结果(后处理)

ANSYS 将热分析的结果写入 *.rth 文件中,它包含的数据有:

(1)基本数据,如节点温度。(2)导出数据,如节点及单元的热流密度、节点及单元的热梯度、单元热流率、节点的反作用热流率及其他数据。

对于稳态热分析,可以使用 POST1 进行后处理。进入 POST1 后,读入载荷步和子步的方式为:Main Menu > General Postproc > Read Results > By Load Step。

可以通过以下三种方式查看结果。

(1)彩色云图显示。GUI 方式为 Main Menu > General Postproc > Plot Result > Contour Plot > Nadal Solu/Reaction Solu/ Elem Table。

(2)矢量图显示。GUI 方式为 Main Menu > General Postproc > Plot Result > Vector Plot > Predefined。

(3)列表显示。GUI 方式为 Main Menu > General Postproc > Plot Result > List Results > Nadal Solu/Reaction Solu/ Elem Table。

10.2.2 瞬态热分析

瞬态分析用于计算一个系统随时间变化的温度场及其他热参数。在工程上一般用瞬态热分析计算温度场,并将其作为热载荷进行应力分析。

瞬态分析的基本步骤与稳态分析类似,瞬态分析中使用的单元与稳态热分析相同,主要的区别是瞬态分析中的载荷是随时间变化的。为了表达随时间变化的载荷,首先必须将载荷－时间曲线分为载荷步。载荷－时间曲线的每一个拐点为一个载荷步。对于每一个载荷步,必须定义载荷值及时间值,同时必须选择载荷步为渐变或阶跃。

10.2.2.1 建立模裂

在瞬态热分析中建立模型的具体步骤为:(1)定义工作文件名(Jobenarne)、标题(Title)和单位(Unit)。(2)进入前处理器(PREP7),定义单元类型,然后设定单元选型。(3)设定单元实常数。(4)定义材料热性能参数、导热系数、密度和比热。它们可以是恒定的,也可以随温度变化。(5)建立几何模型并划分网格生成有限元模型。

10.2.2.2 施加载荷并求解

在瞬态热分析中施加载荷并求解的具体操作步骤为:

(1) 执行主菜单中的 Solution 命令，进入 ANSYS 求解器。

(2) 定义分析类型。如果是第一次进行分析，或者重新进行分析，可以按下述方式操作 Main Menu > Solution > Analysis Type > New Analysis 执行上述命令后，弹出如图 10-10 所示的"新建分析"对话框，或接着上次的分析继续进行。

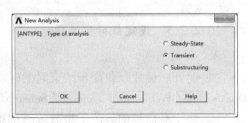

图 10-10　"新建分析"对话框

(3) 定义求解选项。执行 THOPT,Refopt,PEFORMTOL,NTABPOINTS,TEMPMR4,TEMPMAX 命令，确定非线性瞬态热分析选项。其中，Refopt = FULL 时，使用完全的 N-S 求解选项修改热矩阵（默认值）；Refopt = QUASI 时，基于 REFORMTOL，有选择的修改热矩阵；Refopt = LINEAR 时，使用线性求解选项，不修改热矩阵。

与一般的非线性分析类似。执行 EQSLV,Lab,TOLER,MULT 命令选择求解器，然后执行 TOFFST,VALUE 命令确定绝对零度，即可完成求解选项的定义。

(4) 获得瞬态分析的初始条件。

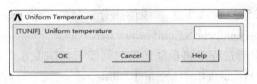

图 10-11　"均匀温度场"对话框

1) 定义均匀温度场。如果模型的起始温度是均匀的，可设置所有节点的初始温度。GUI 方式为 Main Menu > Solution > Define Loads > Setting > Uniform Temp。执行命令，弹出如图 10-11 所示的"均匀温度场"对话框。

如果不在对话框中输入数据，则默认为参考温度，参考温度的值默认为零，但可通过如下方法设定参考温度 Main Menu > Solution > Define Loads > Setting > Reference Temp。执行命令，弹出如图 10-12 所示的"参考温度"对话框。

2) 设定非均匀的初始温度。在瞬态分析中，节点温度可以设定为不同的值。可通过如下方法设定温度 Main Menu > Solution > Define Loads > Apply > Initial Condit'n/Define。如果初始温度场是不均匀且未知的，必须首先进行稳态热分析确定初始条件。

3) 设定载荷（如已知的温度、热对流等），将时间积分设置为 OFF。GUI 方式为 Main Menu > Proprocessor > Loads > Load Step Opts > Time/Frequence > Time Intergration。

4) 设定一个只有一个子步的、时间很小的载荷步，如 0.001。GUI 方式为 Main Menu > Proprocessor > Loads > Load Step Opts > Time/Frequence > Time and Substps。

5) 写入载荷步文件。GUI 方式为 Main Menu > Proprocessor > Loads > Load Step Opts > Write LS File。执行命令，弹出如图 10-13 所示的"写入载荷步文件"对话框。

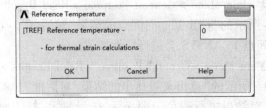

图 10-12　"参考温度"对话框

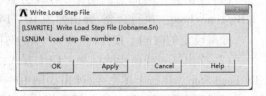

图 10-13　"写入载荷步文件"对话框

6)求解。

10.2.2.3 设定载荷步选项

A 普通选项

(1)时间。设置每载荷步结束时的时间。GUI 方式为 Main Menu > Solution > Load Step Opts > Time/ Frequence > Time and Substep。

(2)每个载荷步的载荷子步数或时间增量。对于非线性分析,每个载荷步需要多个载荷子步。时间步长大小关系到计算的精度,步长越小,计算精度越高,计算时间越长。根据线性传导热,可按下公式估计初始时间步长。

$$ITS = \delta^2/4\alpha \qquad (10-8)$$

式中,δ 为沿热流方向热梯度最大处的单元长度;α 为导温系数,等于导热系数除以密度与比热的乘积,即 $\alpha = k/\rho c$;k 为导热系数;ρ 为密度;c 为比热。

如果载荷在这个载荷步是恒定的,需要设为阶跃选项;如果载荷值随时间线性变化,则要设置为渐变选项。GUI 方式为 Main Menu > Solution > Load Step Opts > Time/ Frequence > Time and Substep。

B 非线性选项

(1)迭代次数。每个子步默认的次数是 25,这对大多数非线性热分析已经足够。GUI 方式为 Main Menu > Solution > Load Step Opts > Nonlinear > Equilibrium Iter。

(2)自动时间步长。本选项为 ON 时,在求解过程中将自动调整时间步长。GUI 方式为 Main Menu > Solution > Load Step Opts > Time/ Frequence > Time and Substep。

(3)时间积分效果。如果将此选项设定为 OFF,将进行稳态热分析。GUI 方式为 Main Menu > Solution > Load Step Opts > Time/ Frequence > Time Integration。

C 输出选项

(1)控制打印输出。本选项可将任何结果数据输出到 *.out 文件中。GUI 方式为 Main Menu > Solution > Load Step Opts > Output Ctrls > Solu Printout。

(2)控制结果文件。控制 *.rth 文件的内容。GUI 方式为 Main Menu > Solution > Load Step Opts > Output Ctrls > DB/Results File。

10.2.2.4 求解并查看计算结果(后处理)

单击 ANSYS 工具栏中的"SAVE DB"按钮保存模型,然后执行 SOLVE 命令开始求解。

ANSYS 提供了两种后处理方式:POST1 和 POST2。其中,POST1 可以对整个模型在某一载荷步(时间点)的结果进行后处理,POST26 可以对模型中特定点在所有载荷步(整个瞬态过程)的结果进行后处理。

A 用 POST1 进行后处理

(1)读出某一时间点的结果。GUI 方式为 Main Menu > General Postproc > Read Results > By Time/Freq。执行命令,弹出如图 10 – 14 所示的"读出某一时间点的结果"对话框。

如果设定的时间不在任何一个子步的时间点上,ANSYS 会进行线性插值。

(2)读出某一载荷步的结果。GUI 方式:Main Menu > General Postproc > Read Results > By Load Step。执行上述命令,弹出如图 10 – 15 所示的"读出某载荷步的结果"对话框。

随后可以采用与稳态热分析类似的方法,对结果进行彩色云图显示、矢量显示、打印列表等后处理。

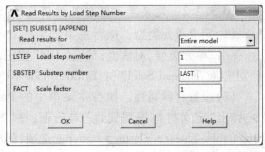

图 10 – 14 "读出某一时间点的结果"对话框　　图 10 – 15 "读出某载荷步的结果"对话框

B　用 POST26 进行后处理

(1) 定义变量。GUI 方式为 Main Menu > TimeHist Postproc/Define Variables。

(2) 绘制或列表输出这些变量随时间变化的曲线,对应的命令方式和 GUT 方式分别为:Main Menu > TimeHist Postproc/Graph Variables 和 Main Menu > TimeHist Postproc/List Variables。

10.3　稳态热分析示例——换热管的热分析

10.3.1　问题描述

本实例确定一个换热器中带管板结构的换热管的温度分布和应力分布。如图 10 – 16 所示,某单程换热器中的一根换热管和与其相连的两端管板结构,壳程介质为热蒸汽,管程介质为液体操作介质,换热管为不锈钢,热膨胀系数为 $16.56 \times 10^{-6}/℃$,泊松比为 0.3,弹性模量为 $1.72 \times 10^5 MPa$,热导率为 $15.1 W/(m \cdot ℃)$;管板也为不锈钢,热膨胀系数为 $17.79 \times 10^{-6}/℃$,泊松比为 0.3,

图 10 – 16　管及管板结构

弹性模量为 $1.73 \times 10^5 MPa$,热导率为 $15.1 W/(m \cdot ℃)$;壳程蒸汽温度为 250℃,对流换热系数为 $3000 W/(m^2 \cdot ℃)$,壳程压力为 8.1MPa;管程液体温度 200℃,对流换热系数为 $426 W/(m^2 \cdot ℃)$,管程压力为 5.7MPa。换热管内径 0.01295m,外径 0.01905m,管板厚度 0.05m,换热管长度为 0.5m,部分管板长和宽均为 0.013m。

根据结构的对称性,分析时取 1/4 建立有限元模型进行研究即可。

10.3.2　前处理

10.3.2.1　定义工作文件名及文件标题

(1) 定义工作文件名。执行菜单栏中的 File > Change Jobname 命令,弹出"更改工作名称"对话框,输入文件名为"Pipe_thermal"单击"OK"按钮。

(2) 定义工作标题。执行菜单栏中的 File > Change Title 命令,弹出"更改标题"对话框,输入标题名为"Temperature Distribution in heat – exchange pipe",单击"OK"按钮。

(3)关闭坐标符号的显示。执行菜单栏中的 Plot Ctrls > Window Controls > Window options 命令,弹出"窗口选项"对话框,在"Location of triad"下拉列表框中选择"Not Shown"选项,单击"OK"按钮。

10.3.2.2 定义单元类型及材料属性

(1)定义单元类型。执行主菜单中的 Preprocessor > Element Type > Add/Edit/Delete 命令,弹出"单元类型"对话框;单击"Add"按钮,弹出"单元类型库"对话框,在两个列表框中分别选择"Thermal Solid"和"Brick 20node 90"选项,单击"OK"按钮。

(2)设置材料属性。执行主菜单中的 Preprocessor > Material Props > Material Models 命令,弹出"定义材料模型属性"对话框;在"Material Models Available"列表框中依次选择 Structural > Linear > Elastic > Isotropic 选项,弹出"线性各向同性材料"对话框;在"EX"文本框中输入"1.73E11",在"PRXY"文本框中输入"0.3",单击"OK"按钮返回"定义材料模型属性"对话框;然后再依次选择 Structural > Thermal Expansion > Secant Coefficient > Isotropic 选项,弹出如图 10-17 所示的"热膨胀系数"对话框,在"ALPX"文本框输入"17.79E-6",单击"OK"按钮返回"定义材料模型属性"对话框;然后再依次选择 Thermal > Conductivity > Isotropic 选项,弹出如图 10-18 所示的"热导率"对话框,在"KXX"文本框中输入"15.1",单击"OK"按钮,完成对材料 1 属性的设置。

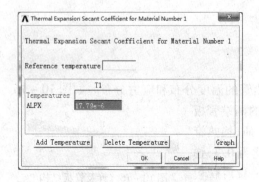

图 10-17 "热膨胀系数"对话框

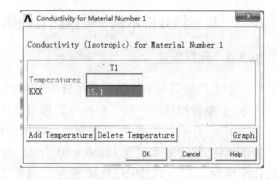

图 10-18 "热导率"对话框

(3)返回"定义材料模型属性"对话框,执行对话框菜单栏中的 Material > New Model 命令,定义 2 号材料;按照上面(2)中的方法设置 2 号材料的 EX 为 1.72E11,PRXY 为 0.3,ALPX 为 16.56E-6, KXX 为 15.1,设置完成后关闭对话框。

10.3.2.3 建立几何模型

(1)显示工作平面。执行菜单栏中的 Work Plane > Display Working Plane 命令,即可显示工作平面。

(2)创建 1/4 换热管。执行菜单栏中的 Work Plane > Offset WP by Increments 命令,弹出如图 10-19 所示的"偏移工作平面"对话框,在"XY,YZ,ZX Angles"文本框中输入"0,0,90",单击"OK"按钮;执行主菜单中的 Preprocessor > Modeling > Create > Volumes > Cylinder > Partial Cylinder 命令,弹出"局部圆柱"对话框,输入如图 10-20 所示的数据,单击"OK"按钮,生成 1/4 换热管几何模型。

(3)生成管板部分模型。执行主菜单中的 Preprocessor > Modeling > Create > Volumes >

Block > By Dimensions 命令,弹出"通过尺寸创建体"对话框,输入如图 10-21 所示的数据,单击"OK"按钮,生成左端管板几何模型。执行主菜单中的 Preprocessor > Modeling > Copy > Volumes 命令,弹出如图 10-22 所示的"复制体"拾取框,拾取刚刚生成的管板左端部分模型,弹出如图 10-23 所示的"复制体"对话框,在"DX"文本框中输入"0.45",单击"OK"按钮,生成的换热管和两端管板部分如图 10-24 所示。

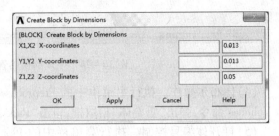

图 10-21 "通过尺寸创建体"对话框

图 10-19 "偏移工作平面"对话框

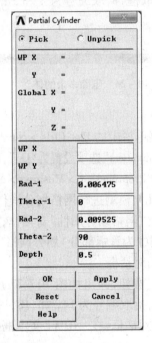

图 10-20 "局部圆柱"对话框

图 10-22 "复制体"拾取框

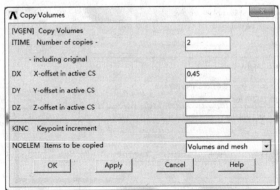

图 10-23 "复制体"对话框

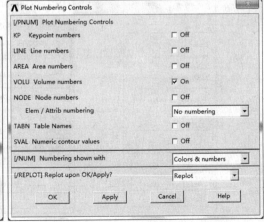

图 10-25 "编号显示控制"对话框

·168· 10 热分析

图 10-24　生成的换热管和两端管板部分

(4)体布尔操作。执行主菜单中的 Preprocessor > Modeling > Operate > Booleans > Overlap > Volumes 命令,弹出"重叠体"拾取框,单击"Pick All"按钮,然后单击"OK"按钮。

(5)打开体编号控制。执行菜单栏中的 Plot Ctrls > Numbering 命令,弹出如图 10-25 所示的"编号显示控制"对话框,设置"Volume numbers"选项为"On",单击"OK"按钮。

(6)删除多余的体。执行主菜单中的 Preprocessor > Modeling > Delete > Volume and Below 命令,弹出"删除体及其附属"拾取框,拾取编号为 4 和 5 的体,单击"OK"按钮,结果如图 10-26 所示。

图 10-26　删除多余的体

10.3.2.4　生成有限元模型

(1)打开线、面编号控制。执行菜单栏中的 Plot Ctrls > Numbering 命令,弹出"编号显示控制"对话框,将"Line numbers"和"Area numbers"选项设置为"On",单击"OK"按钮。

(2)划分网格。执行主菜单中的 Preprocessor > Meshing > Mesh Tool 命令,弹出"网格工具"对话框,利用这个对话框可以对几何模型进行网格划分操作。

1)单击右上角的"Set"按钮,弹出"网格划分属性"对话框,"MAT"下拉列表框中显示的数字是"1",表示给第一种材料(本例中为管板部分)划分网格,这样就可以把 1 号材料的属性赋予管板部分,单击"OK"按钮关闭对话框。

2)单击"Lines"选项右侧的"Set"按钮,弹出如图 10-27 所示的"线的单元尺寸"拾取框,局部放大模型左端管板部分结构,拾取编号为 14,15,18,19 的线,单击"OK"按钮,弹出如图 10-28 所示的"线的单元尺寸"对话框,在"NDIV"文本框中输入"10",即把所选择的

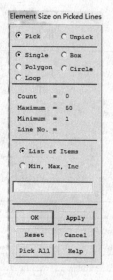

图 10-27　"线的单元尺寸"拾取框

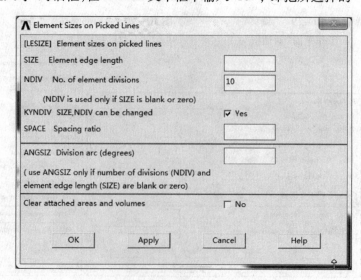

图 10-28　"线的单元尺寸"对话框

线划分为10份;采用相同的方法将编号为65,66,67,68的线划分为5份,将编号为4,55的线划分为20份,将编号为22,23,24,51,53的线划分为20份。

3)执行主菜单中的 Preprocessor > Meshing > Concatenate > Areas,弹出如图10-29所示的"连接面"拾取框,拾取编号为10,12的面,单击"OK"按钮,返回"网格工具"对话框;选择"Hex"和"Mapped"单选钮,然后单击"Mesh"按钮,弹出如图10-30所示的"网格划分体"拾取框,拾取编号为9的体,单击"OK"按钮,网格划分结果如图10-31所示。

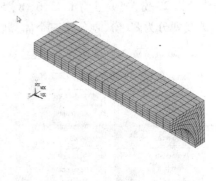

图10-29 "连接面"拾取框　　图10-30 "网格划分体"拾取框　　图10-31 网格划分结果

(3)删除粘贴在一起的面10和12。执行主菜单中的 Preprocessor > Meshing > Concatenate > Del Concats > Areas 命令,粘贴在一起的面自然分开。

(4)划分右端管板部分网格。执行菜单栏中的 Plot > Volumes 命令显示体,重复步骤(2)中的操作给编号为10的体进行网格划分:将编号为26,27,30,31的线划分为10份,将编号为69,70,71,72的线划分为5份,将编号为5,58的线划分为20份,将编号为34,35,36,56,57的线划分为20份,将编号为16,18的面通过 Concatenate Areas 命令粘贴在一起,对编号为10的体划分网格。注意划分完这部分网格后,要删除粘贴在一起的面16和18。

(5)划分换热管模型网格。执行菜单栏中的 Plot > Volumes 命令显示体,采用与上相同的方法,在"网格划分属性"对话框的"MAT"下拉列表框中选择"2",如图10-32所示,表示给第二种材料划分网格,把第二种材料的参数赋予其本身。

(6)选择编号为6、7、8的体。执行菜单栏中的 Select > Entities 命令,弹出"实体选择"对话框,按照如图10-33所示的参数进行设置,单击"OK"按钮,弹出"实体选择"拾取框,拾取编号为6、7、8的体,单击"OK"按钮;执行菜单栏中的 Select > Entities 命令,弹出"实体选择"对话框,按照如图10-34(a)的参数进行设置,单击"Apply"按钮,再按照如图10-34(b)所示的参数进行设置,单击"OK"按钮;参照步骤(2)中的方法,把编号为42,43,49,50

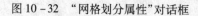

图10-32 "网格划分属性"对话框　　图10-33 "实体选择"对话框

的线分为20份,把编号为1,3,6,8,52,54,59,60的线分为4份,把编号为61,62,63,64的线划分为80份,划分这三个体,划分完毕后的有限元模型如图10-35所示。

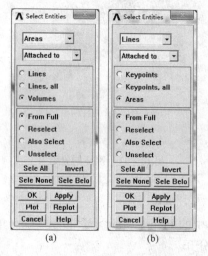

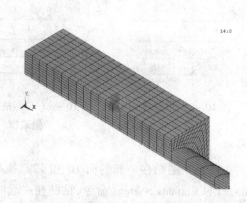

图10-34 "实体选择"对话框　　图10-35 划分网格后的有限元模型(部分)

(7)合并项目并压缩编号。执行菜单栏中的Select > Everything命令,然后执行主菜单中的Preprocessor > Numbering Ctrls > Merge item命令,弹出如图10-36所示的"合并重合或相等项目"对话框,在"Label"下拉列表框中选择"ALL"选项,单击"OK"按钮;执行主菜单中的Preprocessor > Numbering Ctrls > Compress Numbers命令,弹出如图10-37所示的"压缩编

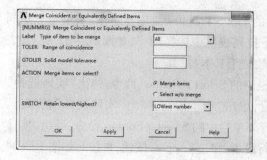

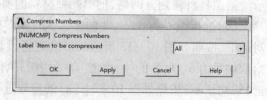

图10-36 "合并重合或相等项目"对话框　　图10-37 "压缩编号"对话框

号"对话框,在"Label"下拉列表框中选择"ALL"选项,单击"OK"按钮。

(8)保存网格结果。执行菜单栏中的 Select > Everything 命令,然后执行菜单栏中的 File > Save as 命令,弹出"保存数据库"对话框,在"Save Database to"文本框中输入"Pipe thermal Mesh. db",单击"OK"按钮。

10.3.2.5 加载以及求解

(1)施加管程对流载荷。执行主菜单中的 Solution > Define Loads > Apply > Thermal > Convection > On Areas 命令,弹出一个拾取框,在图形窗口中拾取编号为 A23、A1、A7、A17、A8、A2、A27 的面,单击"OK"按钮,弹出如图 10 – 38 所示的"对面施加管程对流载荷"对话框,在"VALI Film coefficient"文本框中输入"426",在"VAL21 Bulk temperature"文本框中输入"200",单击"OK"按钮;重复上述命令,拾取编号为 A20,A24,A28 的面,单击"OK"按钮,在"VALI Film coefficient"文本框中输入"3000",在"VAL2I Bulk temperature"文本框中输入"250",单击"OK"按钮。

(2)求解。执行主菜单中的 Solution > Solve > Current LS 命令,弹出一个信息提示窗口和"求解当前载荷步"对话框,浏览信息提示窗口中的内容,确认无误后单击对话框中的"OK"按钮进行求解;求解结束后,弹出提示窗,单击"Close"按钮将其关闭,然后保存结果文件。

10.3.2.6 查看结果(后处理)

(1)绘制温度分布云图。执行主菜单中的 General Postproc > Plot Results > Contour Plot > Nodal Solu 命令,弹出如图 10 – 39 所示的"轮廓节点解数据"对话框,在列表框中依次选择 Nodal Solution > DOF Solution,"Nodal Temperature"选项,单击"OK"按钮,生成的温度分布云图如图 10 – 40 所示。

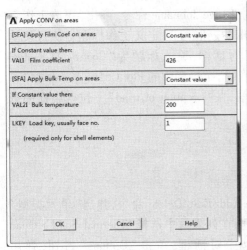

图 10 – 38 "对面施加管程对流载荷"对话框

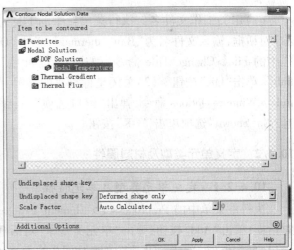

图 10 – 39 "轮廓节点解数据"对话框

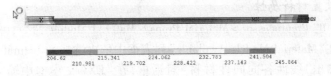

图 10 – 40 温度分布云图

(2) 绘制热梯度分布云图。执行主菜单中的 General Postproc > Plot Results > Contour Plot > Nodal, Solu 命令，弹出"轮廓节点解数据"对话框，在列表框中依次选择 Nodal Solution > Thermal Gradient > Thermal Gradient vector sum 选项，单击"OK"按钮、生成的温度梯度分布云图如图 10-41 所示。

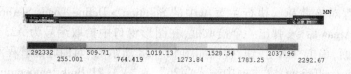

图 10-41 温度梯度分布云图

10.3.2.7 输出

保存计算结果，退出 ANSYS。

10.4 钢球淬火过程温度分析示例

一个直径为 0.2m，温度为 500℃ 的钢球突然放入温度为 0℃ 的水中，对流传热系数为 650W/(m²·℃)，计算 1min 后钢球的温度场分布和球心温度随时间的变化规律、钢球材料的弹性模量为 220GPa，泊松比为 0.28，密度为 7800kg/m³，热膨胀系数为 1.3×10^{-6}/℃，导热系数为 70，比热为 448J/(kg·℃)。

10.4.1 定义工作文件名及文件标题

(1) 定义工作文件名。执行菜单栏中的 File > Change Jobname 命令，弹出"更改工作名称"对话框，输入文件名为"Ball_thermal"，单击"OK"按钮。(2) 定义工作标题。执行菜单栏中的 File > Change Title 命令，弹出"更改标题"对话框，输入标题为"Cooling of a steel ball"，单击"OK"按钮。(3) 关闭坐标符号的显示。执行菜单栏中的 Plot Ctrls > Window Controls > Window Options 命令，弹出"窗口选项"对话框，在"Location of triad"下拉列表框中选择"Not Shown"选项单击"OK"按钮。

10.4.2 定义单元类型及材料属性

10.4.2.1 定义单元类型及单元特性

执行主菜单中的 Preprocessor > Element Type > Add/Edit/Delete 命令，弹出"单元类型"对话框；单击"Add"按钮，弹出"单元类型库"对话框，在列表框中选择"Thermal Solid > Quad 4node 55"选项，单击"OK"按钮，返回"单元类型"对话框；单击"Options"按钮，弹出"PLANE55 单元类型选项"对话框；在"K3"下拉列表框中选择"Axisymmetric"选项，单击"OK"按钮返回"单元类型"对话框，然后单击"Close"按钮关闭对话框。

10.4.2.2 设置材料属性

执行主菜单中的 Preprocessor > Material Props > Material Models 命令，弹出"定义材料模型属性"对话框；在"Material Models Available"列表框中依次选择 Structural > Linear > Elastic > isotropic 选项，弹出"线性各向同性材料"对话框，在"EX"文本框中输入"2.2E11"，在"PRXY"文本框中输入"0.28"，单击"OK"按钮返回"定义材料模型属性"对话框；然后依次选择 Structural > Density 选项,弹出"材料密度"对话框,在"DENS"文本框中输入"7800",单击"OK"按钮返回"定义材料模型属性"对话框。再依次选 Structural > Thermal Expansion > Secant Coefficient > Isotropic 命令,出现"热膨胀系数"对话框,在"ALPX"文本框中输入"1.3E-6",单击"OK"按钮返回"定义材料模型属性"对话框;再依次选择 Thermal > Conductivity > Isotropic 选项,弹出"导热系数"对话框,在"KXX"文本框中输入"70",单击"OK"按钮返回"定义材料模型属性"对话框;最后依次选择 Thermal > Specific Heat 选项,弹出"比热"对话框,在"C"文本框中输入"448",单击"OK"按钮完成设置。

10.4.3 生成有限元模型

(1)建立 1/4 圆面。执行主菜单中的 Preprocessor > Modeling > Create > Areas > Circle > By Dimensions 命令,弹出"通过尺寸创建扇形"对话框,按照如图 10-42 所示的参数进行设置,单击"OK"按钮。

(2)划分网格。执行主菜单中的 Preprocessor > Meshing > Size Contrls > Manual Size > Lines > All Lines 命令,弹出"所有拾取线的单元尺寸"对话框,在"NDIV"文本框中输入"20",单击"OK"按钮。

(3)生成有限元模型。执行主菜单中的 Preprocessor > Meshing > Mesh > Areas > Free 命令,弹出"划分面"拾取框,拾取创建的面,单击"OK"按钮,然后执行菜单栏中的 Plot > Elements 命令,显示生成的有限元模型,如图 10-43 所示。

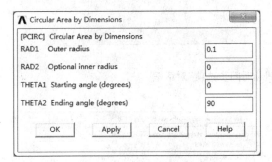
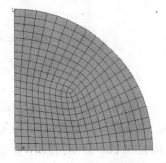

图 10-42 "通过尺寸创建扇形"对话框　　图 10-43 生成的有限元模型

10.4.4 施加载荷和求解

(1)设定分析类型。执行主菜单中的 Solution > Analysis Type > New Analysis 命令,弹出如图 10-44 所示的"新建分析"对话框,点选"Transient"单选钮,单击"OK"按钮,弹出如图 10-45 所示的"瞬态分析"对话框,单击"OK"按钮关闭即可。

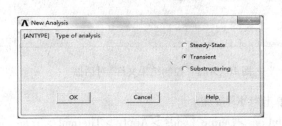
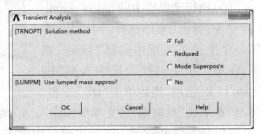

图 10-44 "新建分析"对话框　　图 10-45 "瞬态分析"对话框

(2)设定载荷步。执行主菜单中的 Solution > Load Step Opts > Time/Frequenc > Time – Time Step 命令,弹出"时间和时间步选项"对话框,按照如图 10 – 46 所示的参数输入数据,单击"OK"按钮。

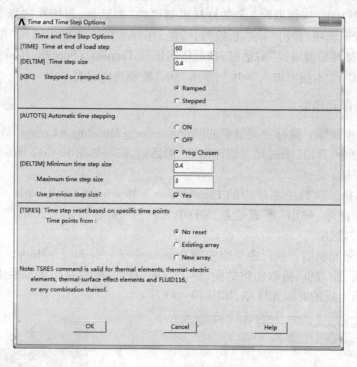

图 10 – 46 "时间和时间步选项"对话框

(3)输出控制。执行主菜单中 Solution > Load Step Opts > Output Ctrls > DB/Results File 命令,弹出"控制结果文件"对话框,按图 10 – 47 所示的参数进行设置,单击"OK"按钮。

(4)打开线编号。执行主菜单中的 Plot Ctrls > Numbering,在弹出的对话框中选中"Line numbers"复选框,单击"OK"按钮。

(5)执行菜单栏中的 Select > Entities 命令,弹出"实体选择"对话框,在第一个下拉列表框中选择"Lines"选项,在第二个下拉列表框中选择"By Num/Pick"选项,然后单击"OK"按钮,

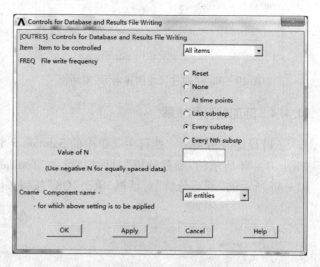

图 10 – 47 "控制结果文件"对话框

弹出"拾取线"拾取框,在文本框中输入"4",单击"OK"按钮。

(6)施加温度载荷。执行主菜单中的 Solution > Define Loads > Apply > Thermal > Temperature > Uniform Temp 命令,在弹出的"均匀温度"对话框中输入"500",单击"OK"按钮。

(7) 执行菜单栏中 Select > Entities 命令,弹出"实体选择"对话框,在第一个下拉列表框中选择"Lines"选项,在第二个下拉列表框中选择"By Num/Pick"选项,然后单击"OK"按钮,弹出"拾取线"拾取框,拾取编号为 1 的线,单击"OK"按钮;执行菜单栏中的 Select > Entities 命令,再弹出"实体选择"对话框,按图 10 – 48 所示的参数进行设置,然后单击"OK"按钮。

(8) 给钢球外壁施加对流及温度载荷。执行主菜单中的 Solution > Define Loads > Apply > Thermal > Convection > On Nodes 命令,弹出"对节点施加对流约束"对话框,单击"Pick All"按钮,弹出如图 10 – 49 所示的"对节点施加对流约束"对话框,在"VALI Film coefficient"文本框中输入"650",在"VAL21 Bulk temperature"文本框中输入"0",单击"OK"按钮。

图 10 – 48 "实体选择"对话框

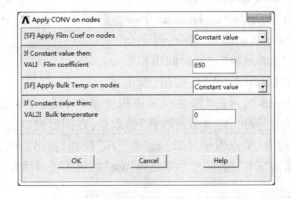

图 10 – 49 "对节点施加对流约束"对话框

(9) 保存模型。执行菜单栏中的 Select > Everything 命令选择所有图元,然后执行菜单栏中的 File > Save as 命令,弹出"保存数据库"对话框,在"Save Database to"文本框中输入"Ball theimal. db",保存求解结果,单击"OK"按钮。

(10) 求解计算。执行主菜单中的 Solution > Solve > Current LS 命令,弹出一个信息提示窗口和"求解当前载荷步"对话框,浏览信息提示窗口的内容,确认无误后单击对话框中的"OK"按钮进行求解;求解结束后,弹出提示对话框,单击"Close"按钮即可。

10.4.5 后处理

(1) 生成温度场分布云图。执行主菜单中的 General Postproc > Plot Results > Contour Plot > Nodal Solu 命令,弹出"轮廓节点解数据"对话框,在列表框中依次选择 Nodal Solution > DOF Solution > Nodal Temperature 选项,单击"OK"按钮,生成的温度场分布云图如图 10 – 50 所示。

(2) 生成动画。执行菜单栏中的 Plot Ctrls > Animate > Over Time 命令,弹出"设

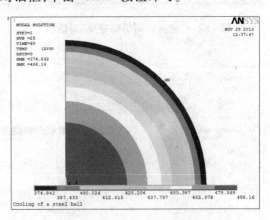

图 10 – 50 温度场分布云图

置动画显示"对话框,按照如图 10-51 所示的参数进行设置,单击"OK"按钮,可以得到整个淬火过程钢球温度分布变化的动态显示。

(3) 进入时间历程后处理器。执行主菜单中的 TimeHist Postpro 命令,弹出"时间历程变量 - Ball thermal. rth"对话框,直接关闭该对话框即可。

(4) 定义分析变量。执行菜单栏中的 Plot > Elements 命令,显示单元;执行主菜单中的 TimeHist Postpro > Define Variables 命令,弹出如图 10-52 所示的"定义时间历程变量"对话框;单击"Add"按钮,弹出

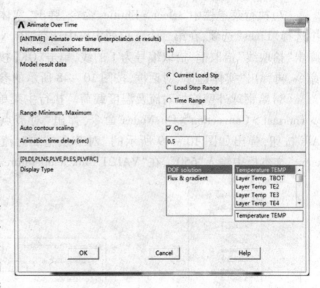

图 10-51 "设置动画显示"对话框

如图 10-53 所示的"添加时间历程变量"对话框,点选"Nodal DOF result"单选钮,单击"OK"按钮,弹出"定义节点数据"拾取框;在图形窗口拾取钢球模型的中心节点,即两条边线相交的点(节点编号为 22);单击"OK"按钮,弹出如图 10-54 所示的"定义节点数据"对话框,单击"OK"按钮,然后单击"Close"按钮关闭对话框。

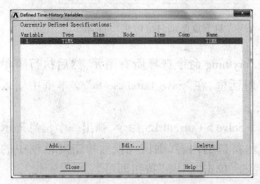

图 10-52 "定义时间历程变量"对话框

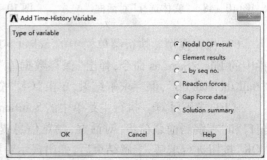

图 10-53 "添加时间历程变量"对话框

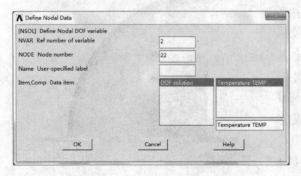

图 10-54 "定义节点数据"对话框

(5) 图形输出设置。执行菜单栏中的 Plot Ctrls > Style > Graphs > Modify Axes 命令,弹出"设置坐标轴"对话框,按图 10-55 所示的参数定义坐标轴名称,然后单击"OK"按钮。

(6) 设定曲线图的网格线。执行菜单栏中的 Plot ctrls > Style > Graphs > Modify Grid 命令,弹出如图 10-56 所示的"设置网格线"对话框,在"Type of

10.4 钢球淬火过程温度分析示例

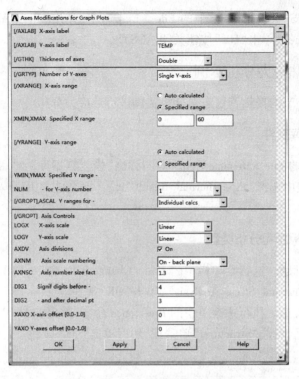

图 10-55 "设置坐标轴"对话框

Grid"下拉列表框中选择"X and Y Lines"选项,单击"OK"按钮。

(7)观察载荷-位移历程曲线。执行主菜单中的 TimeHist Postpro > Graph Variables 命令,弹出如图 10-57 所示的"时间历程曲线"对话框,在"NVAR1"文本框中输入"2",单击"OK"按钮,钢球球心的温度-时间历程曲线出现在图形窗口上,如图 10-58 所示。

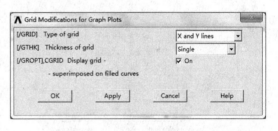

图 10-56 "设置网格线"对话框

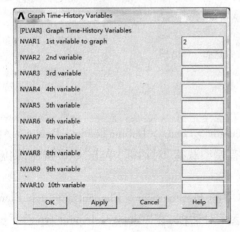

图 10-57 "时间历程曲线"对话框

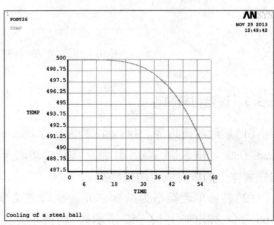

图 10-58 钢球球心的温度-时间历程曲线

(8)退出 ANSYS。执行菜单栏中的 File > Exit 命令,弹出"退出 ANSYS"对话框,点选"Quit-No Save"单选钮,单击"OK"按钮关闭 ANSYS。

10.5 换热管的热应力分析示例

本例对 10.3 小节的换热管稳态热分析实例进行热应力分析。

10.5.1 恢复数据库文件

执行菜单栏中的 File > Resume from 命令,弹出"恢复数据库"对话框,在"Resume Database from"下拉列表中选择"Pipe_thermal_Result.db"(该文件为 10.3 小节生成文件),单击"OK"按钮。

10.5.2 改变工作标题和分析类型

(1)改变工作标题。这行菜单栏中的 File > Change Title 命令,弹出"更改标题"对话框,输入标题为"Pipe Thermal_Stress Analysis",单击"OK"按钮。

(2)改变分析类型。执行主菜单中的 Preferencs 命令,弹出如图 10 – 59 所示的"菜单过滤参数选择"对话框,点选"Structural"单选钮,然后单击"OK"按钮。

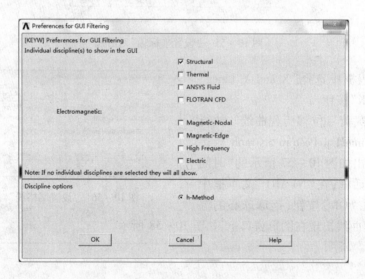

图 10 – 59 "菜单过滤参数选择"对话框

10.5.3 设置材料属性

(1)删除对流边界。执行主菜单中的 Preprocessor > Loads > Define Loads > Delete > All Loads Data > All Solid Mod Lds 命令,弹出"删除所有模型载荷"对话框,单击"OK"按钮,则施加在实体上的所有载荷均被删除。

(2)转换单元类型为结构单元。执行主菜单中的 Preprocessor > Element > Switch Elem Type 命令,弹出如图 10 – 60 所示的"转换单元类型"对话框,在"Change element type"下拉列表框中选择"Thermal to Struc"选项,单击"OK"按钮,弹出如图 10 – 61 所示的提示对话框,提示单元类型已经转变,要求检查单元类型及单元选项、实常数和材料编号等,单击"Close"按钮关闭即可。

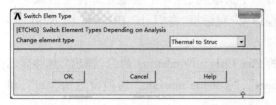

图 10-60 "转换单元类型"对话框　　　　图 10-61 提示对话框

10.5.4　施加结构分析载荷及求解

(1)施加节点温度载荷。执行主菜单中的 Solution > Define Loads > Apply > Structural > Temperature > From Therm Analy 命令,弹出如图 10-62 所示的"为热分析施加温度约束"对话框,单击"Nameof result file"右侧的"Browse"按钮,在弹出的"Fname name of results file"窗口中选择文件"Pipees thermal.rth",单击"打开"按钮,则该文件名在"Name of results file"文本框中显示,单击"OK"按钮关闭该对话框。

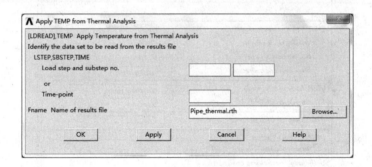

图 10-62　"为热分析施加温度约束"对话框

(2)施加管、壳程压力。执行主菜单中的 Solution > Define Loads > Apply > Structural > Pressure > On Areas 命令,弹出一个拾取框,拾取编号为 A23、A1、A7、A17、A8、A2、A27 的面,单击"OK"按钮,弹出如图 10-63 所示的"对面施加压力载荷"对话框,在"Load PRES value"文本框中输入"5.7E6",单击"OK"按钮;采用相同的方法,设置编号为 A24、A20、A28 的面"VALUE Load PRES value"值为"8.1E6"。

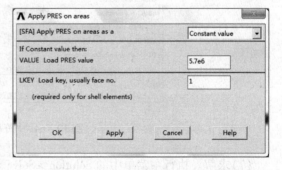

图 10-63　"对面施加压力载荷"对话框

(3)施加对称边界约束。执行主菜单中的 Solution > Define Loads > Apply > Structural > Displacement > Symmetry B.C. > On Areas 命令,弹出一个拾取框,拾取编号为 A22、A10、

A21、A9、A18、A19、A25、A15、A14、A26 的面,单击"OK"按钮。

(4)约束轴向位移。执行主菜单中的 Main Menu > Solution > Define Loads > Apply > Structural > Displacement > On Nodes 命令,弹出一个拾取框,在管子模型底部任意拾取一个节点,单击"OK",按钮,弹出"对节点施加位移约束"对话框,在"Lab2 DOFs to be constrained"列表框中选择"UX"选项,单击"OK"按钮。

(5)关闭线、面、体编号。执行主菜单中的 Plot Ctrls > Numbering 命令,弹出"编号显示控制"对话框,将"Line numbers"、"Area numbers"、"Volume numbers"选项设置为"Off",单击"OK"按钮。

(6)显示节点的温度体载荷。执行菜单栏中的 Plot Ctrls > Symbol 命令,弹出"符号"对话框,按照如图 10-64 所示的参数进行设置,单击"OK"按钮。

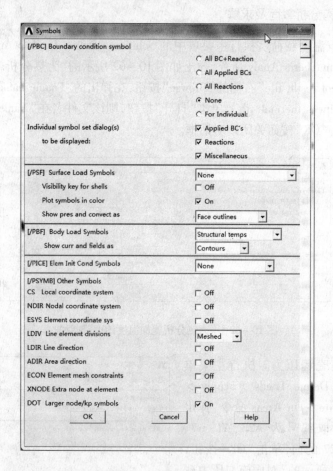

图 10-64 "符号"对话框

(7)求解。执行主菜单中的 Solution > Solve > Current LS 命令,弹出一个提示窗口和"求解当前载荷步"对话框,确认无误后单击对话框中的"OK"按钮开始求解;求解结束,弹出提示窗口,单击"Close"按钮关闭即可。

(8)保存计算结果,执行菜单栏中的 File > Save as 命令,弹出"另存为"对话框,在"Save Database To"下拉列表框中输入"Pipe Thermal _Stress. db"选项,单击"OK"按钮。

10.5.5 后处理

(1)显示等效应力云图。执行主菜单中的 General Postproc > Plot Results > Contour Plot Nodal Solu 命令,弹出如图 10 – 65 所示的"轮廓节点解数据"对话框,在"Item to be contoured"列表框中依次选择 Nodal Solution > Stress > Von Mises stress"选项,单击"OK"按钮,生成的等效应力云图如图 10 – 66 所示。

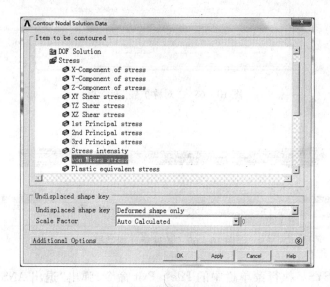

图 10 – 65 "轮廓节点解数据"对话框

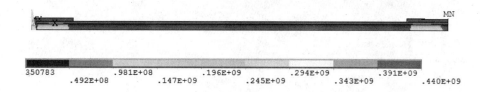

图 10 – 66 等效应力云图

(2)显示轴向应力云图。执行主菜单中的 General Fostproc > Plot Results > Contour Contour Plot > Nodal Solu 命令,弹出"轮廓节点解数据"对话框,在列表框中依次选择 Nodal Solution > Stress > X – Compotent of stress 选项,单击"OK"按钮,生成的轴向应力云图如图 10 – 67 所示。

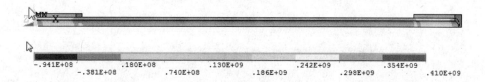

图 10 – 67 轴向应力云图

(3)扩展后处理(针对轴对称结构)。执行菜单栏中的 Plot Ctrls > Style > Symmetry Expansion > Periodic/Cyclic Symmetry 命令,弹出如图 10 – 68 所示的"对称扩展"对话框,点选

"Reflect about XZ"单选钮,单击"OK"按钮,生成的扩展后处理结果如图 10 – 69 所示。

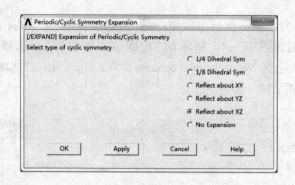

图 10 – 68 "对称扩展"对话框

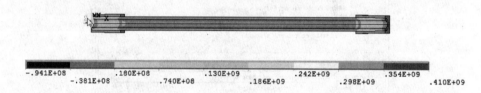

图 10 – 69 扩展后处理结果

(4)退出 ANSYS。执行菜单栏中的 File > Exit 命令,弹出"退出 ANSYS"对话框,选择"Quit-No Save"单选钮,单击"OK"按钮关闭 ANSYS。

11 屈曲分析

11.1 屈曲分析概述

静力分析方法认为杆件的破坏取决于材料的强度,当杆件承受的应力小于其许用应力时,杆件便可安全工作,对于细长受压杆件这却并不一定正确。压杆在承受的应力小于其许用应力时,杆件会发生变形而失去承载能力,这类问题称为压杆屈曲问题,或者压杆失稳问题。

工程中许多细长构件如发动机中的连杆、液压缸中的活塞杆和订书机中的订书钉等,以及其他受压零件,如承受外压的薄壁圆筒等,在工作的过程中,都面临着压杆屈曲的问题。

临界载荷是受压杆件承受压力时保持杆件形状的载荷上限。压杆承受临界载荷或更大载荷时会发生弯曲,如图 11-1 所示。经典材料力学使用 Euler 公式求取临界载荷:

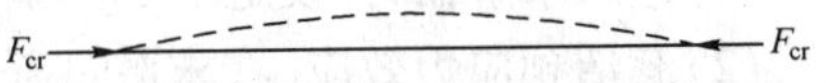

图 11-1 临界载荷下压杆发生屈曲

$$F_{cr} = \frac{\pi^2 EJ}{(\mu l)^2} \quad (11-1)$$

式(11-1)在长细比超过 100 时有效。针对不同的压杆约束形式,参数的 μ 取值如表 11-1 所示。

表 11-1 Euler 公式中参数 μ 的取值

约束情况	一端固定,一端自由	一端固定,一端绞支	两端绞支	两端固定	两端固定,一端可横向移动
群	2	0.7	1	0.5	1

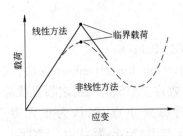

图 11-2 不同分析方法的屈曲分析结果

对于压杆屈曲问题,ANSYS 中一方面可以使用线性分析方法求解 Euler 临界载荷,另一方面可以使用非线性方法求取更为安全的临界载荷。

ANSYS 提供两种技术来分析屈曲问题,分别为非线性屈曲分析法和线性屈曲分析法(也称为特征值法)。因为这两种方法的结果可能截然不同(见图 11-2),故需要理解它们的差异:

(1)非线性屈曲分析法通常较线性屈曲分析法更符合工程实际,使用载荷逐渐增大的非线性静力学分析,来求解破坏结构稳定的临界载荷。使用非线性屈曲分析法,甚至可以分析屈曲后的结构变化模式。

(2) 线性屈曲分析法可以求解理想线性弹性理想结构的临界载荷,其结果与 Euler 方程求得的基本一致。

11.2 线性屈曲分析步骤

由于线性屈曲分析是基于线性弹性理想结构的假设进行分析的,所以该方法的结果安全性不佳,那么在设计中不宜直接采用分析结果。线性屈曲分析包含以下步骤。

11.2.1 前处理

建立模型,包括:(1)定义单元类型,截面结构、单元常数等。在线性屈曲分析中,ANSYS 对单元采取线性化处理,故即使定义了非线性的高次单元,在运行中也将被线性化处理。(2)定义材料,可以采用线性各向同性或线性正交各向异性材料,因求解刚性矩阵的需要,必须定义材料的杨氏模量。(3)建立有限元模型,包括几何建模与网格化处理。

11.2.2 求取静态解

求取静态解,包括:
(1)进入求解器,并设定求解类型为 Static。
(2)激活预应力效应(在求解过程中必须激活)。
命令方式:PSTRES,ON。
GUI 方式:选择 Main Menu > Solution > Analysis Type > Analysis Options 命令,找到 PSTRES 并选中,将其设置为打开状态。
(3)施加约束和载荷:可以施加一个单位载荷,也可取一个较大的载荷(特别在求解模型的临界载荷很大时)。
(4)求解并退出求解器。

11.2.3 求取屈曲解

求取临界载荷值和屈曲模态,包括:
(1)进入求解器,并设定求解类型为 Eigen Buckling。
命令方式:ANTYPE,BUCKLE。
GUI 方式:选择 Main Menu > Solution > Analysis Type-New Analysis 命令,在弹出的对话框中,将 Eigen Buckling 前的单选框选中。
(2)设置求解选项。
命令方式:BUCOPT, Method, NMODE, SHIFT, LDMULTE, RangeKey。
其中:1) Method 指定临界载荷提取的方法,可为 LAMB 指定 Block Lanczos 方法,或 SUBSP 指定子空间迭代法。2)NMODE 指定临界载荷提取的数目。3)SHIFT 指定临界载荷计算起始点,默认为 0.0。4) LDMULTE 指定临界载荷计算终止点,默认为正无穷。5) RangeKey 控制特征值提取方法的计算模式,可为 CENTER 或 RANGE;默认为 CENTER,计算范围为(SHIFT LDMULTE, SHIFT + LDMULTE),采用 RANGE 的计算范围为(SHIFT, LDMULTE)。
GUI 方式:选择 Main Menu > Solution > Analysis Type > Analysis Options 命令,在弹出的

对话框中,输入命令中的各项参数。

(3)设置载荷步骤、输出选项和需要扩展的模态。

扩展模态的方式为:

命令方式:MXPAND, NMODE, FREQB, FREQE, Elcalc。

其中:1)NMODE 指定需要扩展的模态数目,默认为 ALL,扩展求解范围内的所有模态。如果为 -1,不扩展模态,而且不将模态写入结果文件中。2)FREQB 指定特征值模态扩展的下限,如果与 FREQE 均默认,则扩展并写出指定求解范围内的模态。3)FREQE 指定特征值模态扩展的上限。4)Elcalc 网格单元计算开关,如果为 NO,则不计算网格单元结果、相互作用力和能量等结果;如果为 YES,计算网格单元结果、相互作用力、能量等;默认为 NO。5)SIGNIF 指定阈值,只有大于阈值的特征值模态才能被扩展。6)MSUPkey 指定网格单元计算结果是否写入模态文件中。

GUI 方式:选择 Main Menu > Solution > Load Step Opts > ExpansionPass > Single Expand > Expand Modes 命令,在弹出的对话框中,输入命令中的各项参数。

11.2.4 后处理

查看结果:(1)查看特征值。(2)查看屈曲变形图。

11.3 非线性屈曲分析步骤

非线性屈曲分析属于大变形的静力学分析,在分析中将压力扩展到结构承受极限载荷。如果使用塑性材料,结构在承受载荷时可能会发生其他非线性效应,如塑性变形等。

从图 11-2 中可以看到,使用非线性屈曲分析方法得到的临界载荷一般较线性方法小,因此在非线性分析中通常使用线性分析中的临界载荷为加载起点,分析结果出现屈曲后的变化形态。

11.3.1 前处理

建立模型,包括:(1)定义单元类型、截面结构、单元常数等。(2)定义材料,可以采用线性各向同性或线性正交各向异性材料,因求解刚性矩阵的需要,必须定义材料的杨氏模量。(3)建立有限元模型,包括几何建模与网格化处理。

11.3.2 加载与求解

加载并求解,包括:

(1)进入求解器,并设定求解类型为 static。

(2)激活大变形效应。

命令方式:NLGEOM,ON。

GUI 方式:选择 Main Menu > Solution > Analysis Type > Sol's Control 命令,弹出 Solution Controls 对话框,在对话框中的 Analysis Option 框下选择 Large Displacement Static 项。

(3)设置子载荷的时间步长。使用非线性屈服分析方法是逐渐增大载荷直到结果开始发散,如果载荷增量过大,得到的分析结果可能不准确。打开二分法选项和自动时间步长选项有利于避免这样的问题。

打开自动时间步长选项时,程序自动求出屈服载荷。在求解时,一旦时间步长设置过大导致结果不收敛,程序将自动二分载荷步长,在小的步长下继续求解,直到能获得收敛结果。在屈曲分析中,当载荷不小于屈曲临界载荷时,结果将不收敛。一般而言,程序将收敛到临界载荷。

(4)施加约束和载荷,可从小到大依次将载荷施加到模型上,不要一次施加过大的载荷,以免在求解过程中出现不收敛的现象。在施加载荷时,施加一个小扰动,使结构屈曲发生。

(5)求解并退出求解器。

11.3.3 后处理

查看结果,包括:(1)进入通用后处理器查看变形。(2)进入时间历程后处理器查看参数随时间的变化等。

11.4 中间铰支增强稳定性线性分析

11.4.1 问题描述与分析

问题描述:两端铰支的细长杆在承受压力时容易发生失稳线性(屈曲效应),工程上为了提高细长杆的稳定性,常在杆中间增加铰支提高杆的抗屈曲能力。图11-3所示为杆件在两端铰支和添加中间铰支情况下发生失稳现象的示意图。

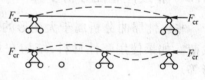

图11-3 杆件受压失稳示意图

求解增加中间铰支后的压杆临界载荷,验证添加中间铰支后的稳定性增强效应。有关的几何参数与材料参数如表11-2所示。

问题分析:对细长杆,可采用二维分析,使用梁单元建模,简化有限元模型。杆的约束情况为,杆长垂直方向3个铰支点位移为0,杆长方向一端固定,另一端承受压力载荷。

表11-2 几何参数与材料参数

几何参数	材料参数
杆长200;杆截面正方形0.5×0.5	杨氏模量30000000

注:本问题中没有给参数定义单位,但在 ANSYS 系统中不影响分析。

11.4.2 前处理

11.4.2.1 前处理的准备

设定工作目录、项目名称,可使用 ANSYS 14.0 Mechanical APDL Product Launcher 14.0 登录,输入 Working Directory 和 Job Name。可根据需要任意填写,但注意不要使用中文。

11.4.2.2 定义单元属性

(1)选择 Main Menu > Preprocessor > Element Type > Add/Edit/Delete 命令,在弹出的对话框中单击 Add 按钮。

(2)弹出 Library of Element Types,选中 Beam, 2 node 188,单击按钮 OK 确认,回到"Element Types"对话框。

(3) 选中前一步定义的单元后,单击 Options 按钮;弹出"BEAM188 element type options"对话框,将第三项 K3 改为 Cubic Form,使梁单元沿长度方向为三次曲线,单击按钮 OK 确认,关闭对话框。

(4) 选择 Main Menu > Preprocessor > Sections > Beam > Common Sections 命令,弹出"Beam Tool"对话框,在对话框中设置 ID 为 1,选择矩形截面,设置 B 和 H 为 0.5,单击按钮 OK 确认,关闭对话框。

11.4.2.3 定义材料特性

(1) 选择 Main Menu > Preprocessor > Material Props > Material Models 命令,弹出"Define Material Model Behavior"对话框。

(2) 在对话框右栏中选择 Structural > Linear > Elastic > Isotropic 命令,弹出对话框,在对话框中设置 EX 为 3E+007,单击 OK 按钮确认。关闭弹出的提示 PRXY 为 0 对话框,并关闭"Define Material Model Behavior"对话框。

11.4.2.4 建立有限元模型

采用直接生成网格单元的方法建立有限元模型。

(1) 选择 Main Menu > Preprocessor > Modeling > Create > Nodes > In Active CS 命令,弹出"Create Nodes in Active Coordinate System"对话框。

(2) 在对话框中,输入如图 11-4(a)所示的数据,单击 Apply 按钮确认,建立节点 1。

(3) 继续在对话框中,输入如图 11-4(b)所示的数据,单击 OK 按钮确认,建立节点 21。

(4) 选择 Main Menu > Preprocessor > Modeling > Create > Nodes > Fill between Nds 命令,弹出实体选择对话框,如图 11-4(c)所示,依次选择节点 1、节点 21,单击 OK 按钮确认,弹出"Create Nodes Between 2 Nodes"对话框。

(5) 在弹出的对话框中设置参数如图 11-4(d)所示,单击 OK 按钮,生成均匀分布的节点 2~20,如图 11-4(e)所示。

(6) 选择 Main Menu > Preprocessor > Modeling > Create > Elements > Auto Numbered > Thru Nodes 命令,弹出实体选取对话框,如图 11-5(a)所示,选择节点 1 和节点 2,单击 OK 按钮确认,生成网格单元 1。

(7) 选择 Main Menu > Preprocessor > Modeling > Copy > Elements > Auto Numbered 命令,弹出实体选取对话框,如图 11-5(b)所示,单击 Pick All 按钮,弹出对话框 Copy Elements (Automatically - Numbered)。

(8) 在对话框中,按图 11-5(c)中所示,分别填入 20 和 1,代表包括原网格单元在内,复制生成 20 个网格单元,使用节点增量为 1,即在每两个连续的节点间生成网格单元。

(9) 保存生成的模型。

(10) 选择 Plot Ctrls > Numbering 命令,打开"Plot Numbering Controls"对话框,在对话框中选中 Node numbers 为 On,Elem/Attrib numbering 中选择 Element numbers,如图 11-6(a)所示,打开节点和单元计数。

(11) 选择 Plot > Elements 命令,在图形窗口绘制的图如图 11-6(b)所示,其中包含了对节点和单元的计数。

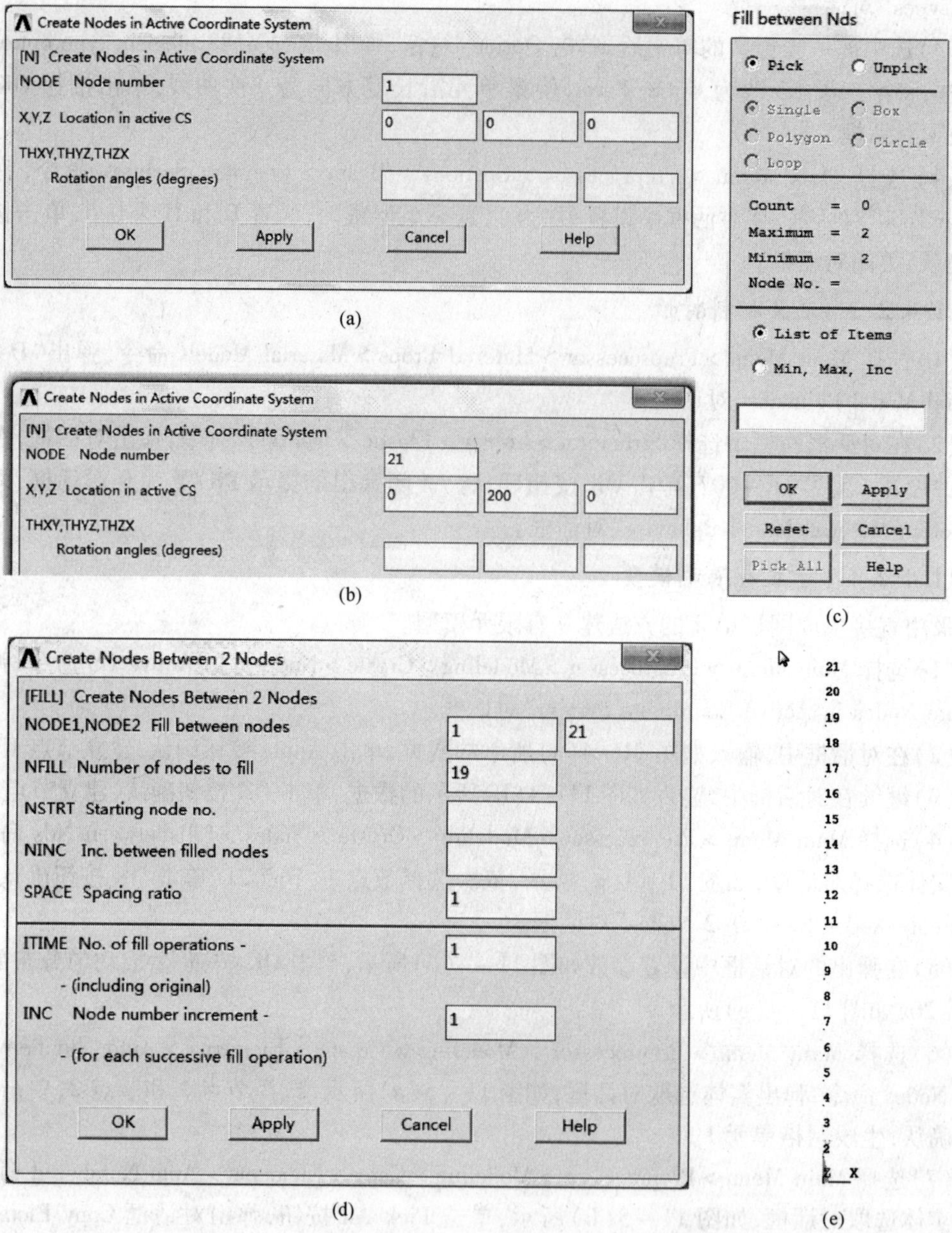

图 11-4　直接生成节点
(a)创建节点 1；(b)创建节点 21；(c)选取节点；(d)填充节点；(e)填充后的节点

11.4.3　求取静态解

定义边界条件并求静态解，命令方式：

(1)选择 Main Menu > Solution > Unabridged Menu > Analysis Type > New Analysis 命令，弹出"New Analysis"对话框，在对话框中选择 Static 单选按钮，如图 11-7 所示，单击 OK 按钮确认，关闭对话框。

11.4 中间铰支增强稳定性线性分析

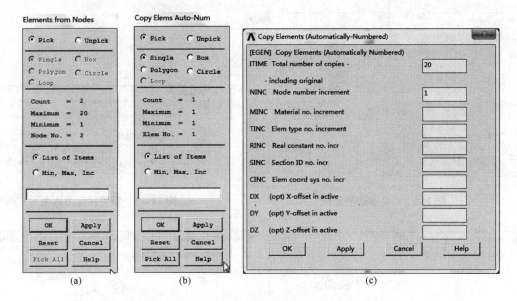

图 11-5 由节点生成单元
(a)生成单元;(b)复制单元;(c)复制单元设置

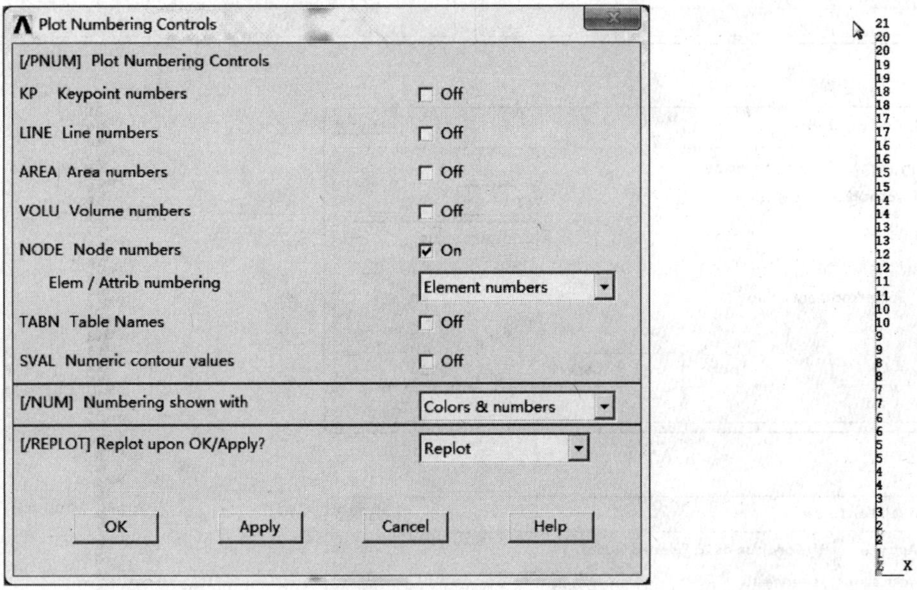

图 11-6 查看直接生成的模型
(a)设置编号显示;(b)编号显示的节点和单元

(2)选择 Main Menu > Solution > Analysis Type > Sol'n controls > Basic 命令,弹出"Solution Controls"对话框,拖动垂直滚动条,找到并选中 PSTRES 项,如图 11-8 所示,单击 OK 按钮确认,打开预应力选项。

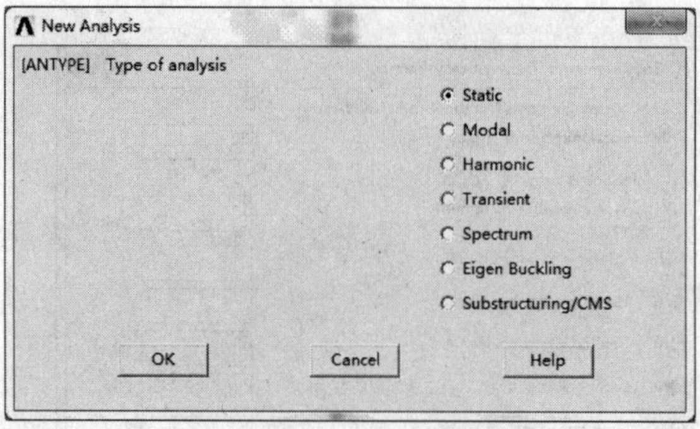

图 11-7 设置静态分析

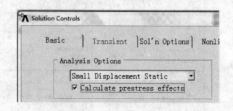

图 11-8 设置预应力选项

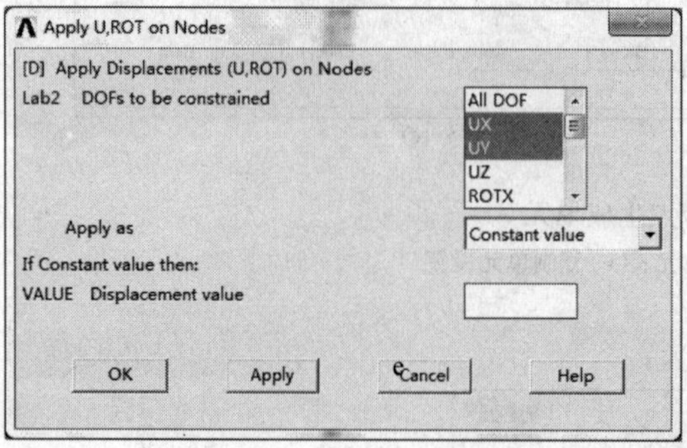

(a)

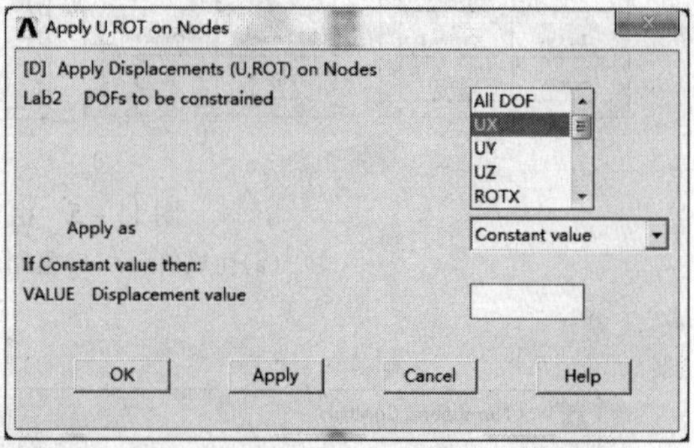

(b)

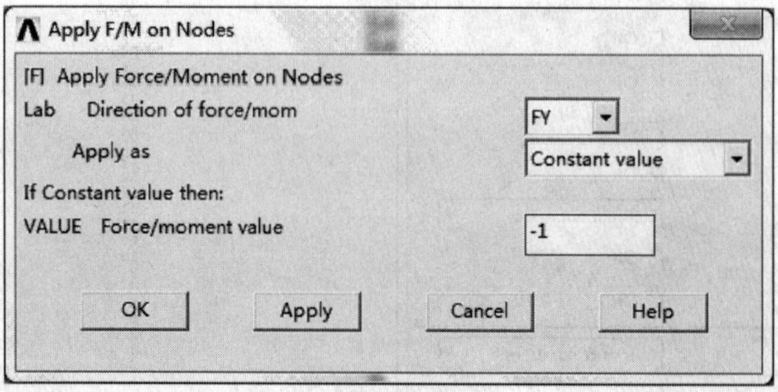

(c)

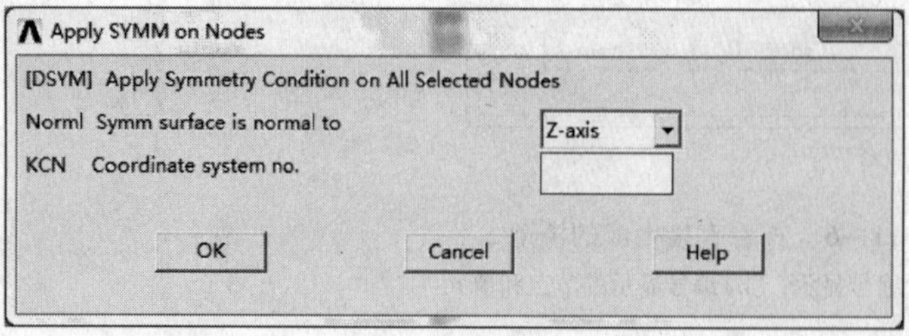

(d)

(e)

图 11-9 施加载荷
(a)约束节点1；(b)约束节点21；(c)施加载荷；(d)施加对称边界条件；(e)施加载荷后的模型

(3)选择 Main Menu > Solution > Define Loads > Apply > Structural > Displacement > On Nodes 命令,弹出实体选取对话框,选择节点 1,单击 OK 按钮确认,弹出"Apply U,ROT on Nodes"对话框。

(4)在"Apply U,ROT on Nodes"对话框中,找到 Lab2 项,在多选列表中选中 UX 和 UY,如图 11 - 9(a)所示,单击 OK 按钮确认。

(5)选择 Main Menu > Solution > Define Loads > Apply > Structural > Displacement > On Nodes 命令,弹出实体选取对话框,选择节点 11 和节点 21,单击 OK 按钮确认,弹出"Apply U,ROT on Nodes"对话框。

(6)在"Apply U,ROT on Nodes"对话框中,找到 Lab2 项,在多选列表中选中 UX,如图 11 - 9(b)所示,单击 OK 按钮确认。

(7)选择 Main Menu > Solution - Define Loads > Apply > Structural > Force/Moment On Nodes 命令,弹出实体选取对话框,选择节点 21,单击 OK 按钮确认,弹出"Apply F/M on Nodes"对话框。

(8)在对话框中,设置 Lab 为 FY,VALUE 为 -1,见图 11 - 9(c),单击 OK 按钮。

(9)选择 Main Menu > Solution > Define Loads > Apply > Structural > Displacement > Symmetry B. C. > On Nodes 命令,弹出 Apply SYMM on Nodes 对话框。

(10)在 Norml symm surface is normal to 后选中 Z - axis,如图 11 - 9(d)所示,单击 OK 按钮确认。施加约束后的模型如图 11 - 9(e)所示。

(11)选择 Main Menu > Solution > Solve > Current LS 命令,弹出"Solve Current Load"对话框和一个信息窗口,仔细阅读,确认设置正确后关闭信息窗口,单击 OK 按钮,开始求解。

(12)弹出对话框,单击 Close 按钮即可。

11.4.4 求取屈曲解

求解临界载荷,命令方式:

(1)选择 Main Menu > Solution > Analysis Type > New Analysis 命令,弹出"New Analysis"对话框,选择"Eigen Buckling"选项,单击 OK 按钮确认并关闭对话框。

(2)选择 Main Menu > Solution > Analysis Type > Analysis Options 命令,弹出"Eigenvalue Buckling Options"对话框,设定求取的模态数为 1,如图 11 - 10(a)所示,单击 OK 按钮确认。

(3)选择 Main Menu > Solution > Load Step Opts > ExpansionPass > Single Expand > Expand Modes 命令,弹出"Expand Modes"对话框,设置 NMODE 为 1,见图 11 - 10(b),单击 OK 按钮。

(4)选择 Main Menu > Solution > Solve > Current LS,弹出"Solve Current Load Step"对话框和一个信息窗口,仔细阅读,确认设置正确后关闭信息窗口,在对话框中单击 OK,开始求解,求解结束后弹出提示框。

11.4.5 后处理

(1)选择 Main Menu > General Postproc > Read Results > First Set 命令,读取求解结果。

(2)选择 Main Menu > General Postpro > Plot Results > Deformed Shape 命令,弹出"Plot Deformed Shape dialog"对话框。

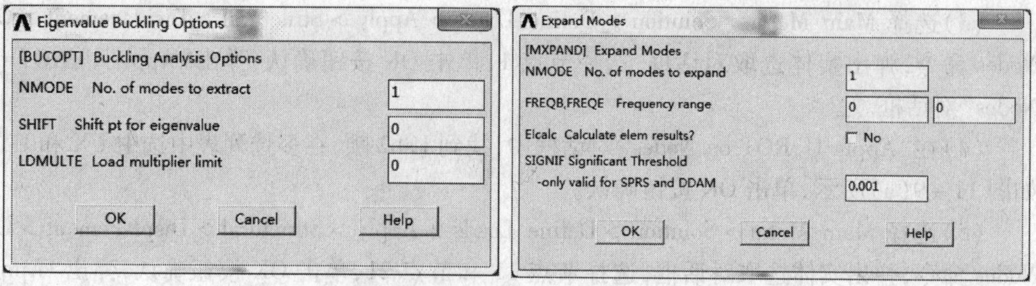

11 屈曲分析

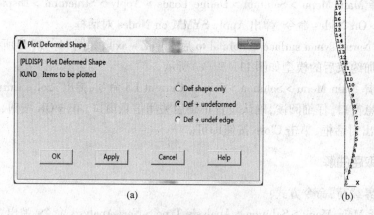

图 11 - 10 模态分析求解设置
(a)设置求解模态数；(b)设置扩展模态数

(3)选择"Def + undeformed"单选按钮，如图 11 - 11(a)所示，单击 OK 按钮，图形窗口中将显示变形前后细长杆的屈曲模态，如图 11 - 11(b)所示。

图 11 - 11 绘制模态变形图
(a)绘制变形图；(b)屈曲模态显示

求取得到的临界载荷为 154.2，对这个问题稍加修改，取出中间节点的约束条件，可以求出临界载荷为 38.6，为前者的 1/4，可见中间铰支使细长杆的承载能力提高到了原来的 4 倍。

11.4.6 命令流

命令流：

```
/PRET7                  ! 进入前处理器
ET,1,188                ! 定义 BEAM188
KEYOPT,1,3,3            ! 选择长度方向为三次曲线
SECTYPE,1,BEAM,RECT     ! 定义 BEAM188 单元截面为矩形
SECDATA,0.5,0.5         ! 定义截面长为 0.5x0.5
MP,EX,1,30E6            ! 定义材料 1，杨氏模量为 30E6
N,1,0,0,0               ! 建立节点 1，坐标(0,0,0)
N,2,0,200,0             ! 建立节点 2，坐标(0,200,0)
FILL,1,21,19,,,1,1,1    ! 自动添加节点 2~20
```

```
E,1,2                    ! 生成单元 1
EGEN,20,1,1              ! 直接复制生成模型中 20 个单元
FINISH                   ! 退出前处理器
/SOLU                    ! 进入求解器
ANTYPE,STATIC            ! 选择分析静态类型
PETRES,ON                ! 打开预应力选项
NSNEL,S,NODE,,1          ! 选择节点 1
D,ALL,UX                 ! 约束节点 1 X 方向
D,ALL,UY                 ! 约束节点 1 Y 方向
ALLSEL
NSNEL,S,NODE,,21         ! 选择节点 21
D,ALL,UX                 ! 约束节点 21 X 方向
F,ALL,UY, - 1            ! 在节点 21 施加 Y 方向载荷,F = - 1
ALLSEL
NSNEL,S,NODE,,11         ! 选择节点 11
D,ALL,UX                 ! 约束节点 11 X 方向
ALLSEL
DSYM,SYMM,Z              ! 转化为 XY 平面问题
SOLVE                    ! 求解
FINISH                   ! 退出求解器
/SOLU                    ! 进入求解器
ANTYPE,BUCKLE            ! 选择屈曲求解类型
BUCOPT,LANB,1            ! 使用 Block Lanczos 方法求解模态 1
MXPAND,1                 ! 指定需要扩展的模态
SOLVE                    ! 求解屈曲问题
FINISH                   ! 退出求解器
/POST1                   ! 进入通用后处理器
SET,FIRST                ! 读取结果
PLDISP,1                 ! 绘制第一阶屈曲模态
FINISH                   ! 退出通过后处理
```

11.5 中间铰支增强稳定性非线性分析

11.5.1 问题描述与分析

问题描述:采用非线性分析性方法分析,求解 11.4.1 节结构发生屈曲后,节点的位移情况和屈曲形态。

问题分析:对细长杆进行非线性屈曲分析,本质上是结构的几何非线性分析的一种。在分析中,为了得到稳定的解,对细长杆施加 X 向的微小扰动。

11.5.2 前处理

(1)设定工作目录、项目名称,可使用 ANSYS 14.0 登录器 Mechanical APDL Product Launcher 14.0,输入 Working Directory 和 Job Name;可根据需要任意输入,但注意不要使用中文。(2)定义单元属性(同 11.4.2 节)。(3)定义材料特性(同 11.4.2 节)。(4)建立有限元模型(同 11.4.2 节)。

11.5.3 加载与求解

(1)选择 Main Menu > Solution > Unabridged Menu > Analysis Type > New Analysis 命令,

弹出"New Analysis"对话框,选择"Static"单选按钮,单击 OK 按钮确认,关闭对话框。

(2)选择 Main Menu > Solution > Analysis Type > Sol's Control 命令,弹出"Solution Controls"对话框。

(3)在"Analysis Options"框下选择"Large Displacement Static"项,并在 Number of substeps 等三项的文字输入域中输入 60,见图 11-12,单击 OK 按钮,打开大变形选项。

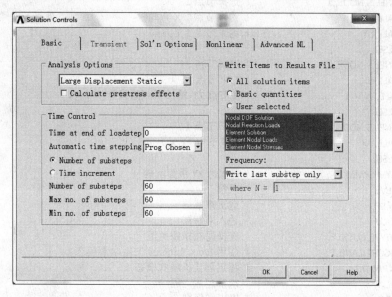

图 11-12　打开大变形选项

(4)选择 Main Menu > Solution > Define Loads > Apply > Structural > Displacement > On Nodes 命令,弹出实体选取对话框,选择节点 1,单击 OK 按钮确认,弹出"Apply U,ROT on Nodes"对话框。

(5)在"Apply U,ROT on Nodes"对话框中,找到 Lab2 项,在多选列表中选中 UX 和 UY,单击 OK 按钮确认。

(6)选择 Main Menu > Solution > Define Loads > Apply > Structural > Displacement > Symmetry B.C. > - On Nodes 命令,弹出"Apply SYMM on Nodes"对话框。

(7)在 Norml symm surface is normal to 后选中 Z-axis,单击 OK 按钮确认。

(8)选择 Main Menu > Solution > Define Loads > Apply > Structural > Displacement > On Nodes 命令,弹出实体选取对话框,选择节点 11 和节点 21,单击 OK 按钮确认,弹出"Apply U,ROT on Nodes"对话框。

(9)在"Apply U,ROT on Nodes"对话框中,找到 Lab2 项,在多选列表中选中 UX,单击 OK 按钮确认。

(10)选择 Main Menu > Solution > Define Loads > Apply > Structural > Force/Moment > On Nodes 命令,弹出实体选取对话框,选择节点 21,单击 OK 按钮确认,弹出"Apply F/M on Nodes"对话框。

(11)在"Apply F/M on Nodes"对话框中,设置 Lab 为 FY,VALUE 为 -150,单击 OK 按钮确认。

(12)选择 Main Menu > Solution > Define Loads > Apply > Structural > Force/Moment > On Nodes 命令,弹出实体选取对话框,选择节点 8,单击 OK 按钮确认,弹出"Apply F/M on Nodes"对话框。

(13)在"Apply F/M on Nodes"对话框中设置 Lab 为 FX,VALUE 为 0.01,单击 OK 按钮。

(14)选择 Main Menu > Solution > Solve > Current LS 命令,弹出"Solve Current Load Step"对话框和一个信息窗口,仔细阅读,确认设置正确后关闭,在对话框中单击 OK,开始求解。

(15)重复步骤(10)~(14),施加更多的载荷,分别为 -160,-170,-180,并进行求解。

11.5.4 后处理

11.5.4.1 使用通用后处理器

(1)选择 Main Menu > General Postproc > Read Results > First Set 命令,读取第 1 次加载结果,然后选择 Main Menu > General Postproc > Plot Results > Deformed Shape 命令,在弹出的对话框中选择第二项。在屏幕上绘制图形如图 11-13(a)所示。

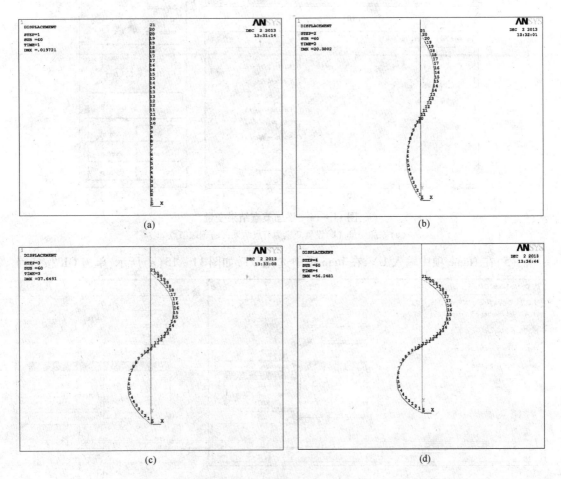

图 11-13 不同载荷步下的结果

(a)第 1 次加载结果;(b)第 2 次加载结果;(c)第 3 次加载结果;(d)第 4 次加载结果

(2)其余绘图参见步骤(1),得到图形,如图11-13所示。

11.5.4.2 使用时间历程后处理器查看结果

(1)选择 Main Menu > TimeHist Postpro 命令,弹出对话框,关闭它。

(2)选择 Main Menu > TimeHist Postpro > Define Variables 命令,弹出"Defined Time-History Variables"对话框,如图11-14(a)所示。

(3)单击 Add 按钮,弹出"Add Time-History Variable"对话框,选择"Nodal DOF result"单选按钮,如图11-14(b)所示,单击 OK 按钮确认,弹出"Define Nodal Data"对话框。

(4)使用图形化选取的方法选择节点21,或在文字输入框中输入21,如图11-14(c)所示,单击 OK 按钮确认。

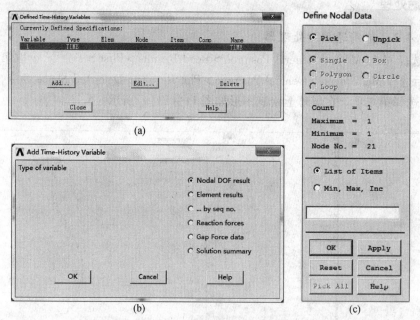

图11-14 添加节点结果变量
(a)添加变量;(b)设置变量为节点结果;(c)选取节点21

(5)在 Name 项中输入 UY,在 Item 项中选择 UY,如图11-15(a)所示,单击 OK 按钮确

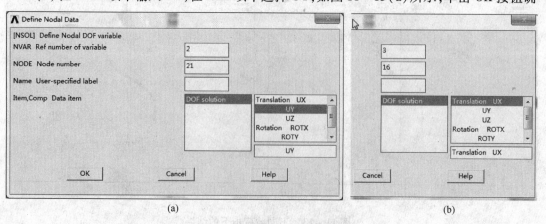

图11-15 定义节点结果变量
(a)节点21Y向位移;(b)节点16X向位移

认,添加变量2。

（6）继续在"Defined Time-History Variables"对话框中单击 Add 按钮,弹出"Add Time-History Variable"对话框,选择 Nodal DOF result 单选按钮,单击 OK 按钮确认,弹出"Define Nodal Data"对话框。

（7）使用图形化选取的方法选择节点16,或在文字输入框中输入16,如图11-15(b)所示,单击 OK 按钮确认,弹出"Define Nodal Data"对话框。

（8）在 Name 项中输入 UX,在 Item 项中选择 UX,单击 OK 按钮确认,添加变量3。

（9）选择 Main Menu > TimeHist Fostpro > Virable viewer 命令,弹出"Time History Variables"对话框,在其中单击第二项,第二项高亮,如图11-16所示,单击绘制按钮,绘制节点21的 Y 向变形量曲线,如图11-17(a)所示。

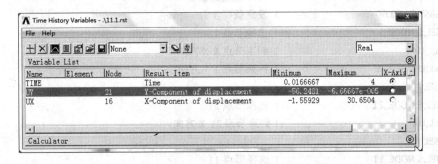

图11-16 设置绘制参数对话框

（10）在"Time History Variables"对话框中单击第三项,第三项高亮,单击绘制按钮,绘制节点16的 X 向变形量曲线,如图11-17(b)所示。

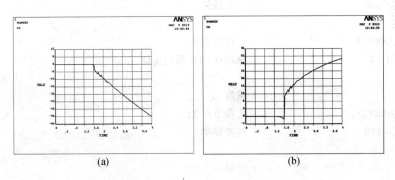

图11-17 基本数据曲线
(a)节点21的 Y 向变形量曲线；(b)节点16的 X 向变形量曲线

结果分析:使用非线性的方法,可以分析压杆屈曲后的变形量。相比线性分析,非线性分析的能力有了明显的提升。

命令流:

```
/PRET7                  ! 进入前处理器
ET,1,188                ! 定义 BEAM188
KEYOPT,1,3,3            ! 选择长度方向为三次曲线
```

```
SECTYPE,1,BEAM,RECT          ! 定义 BEAM188 单元截面为矩形
SECDATA,0.5,0.5              ! 定义截面长为 0.5×0.5
MP,EX,1,30E6                 ! 定义材料 1,杨氏模量为 30E6
N,1,0,0,0                    ! 建立节点 1,坐标(0,0,0)
N,2,0,200,0                  ! 建立节点 2,坐标(0,200,0)
FILL,1,21,19,,,1,1,1         ! 自动添加节点 2~20
E,1,2                        ! 生成单元 1
EGEN,20,1,1                  ! 直接复制生成模型中 20 个单元
FINISH                       ! 退出前处理器
/SOLU                        ! 进入求解器
ANTYPE,STATIC                ! 选择分析静态类型
PETRES,ON                    ! 打开预应力选项
NUSBST,60,60,60              ! 设定载荷步数
NSNEL,S,NODE,,1              ! 选择节点 1
D,ALL,UX                     ! 约束节点 1 X 方向
D,ALL,UY                     ! 约束节点 1 Y 方向
ALLSEL
NSNEL,S,NODE,,21             ! 选择节点 21
D,ALL,UX                     ! 约束节点 21 X 方向
ALLSEL
NSNEL,S,NODE,,11             ! 选择节点 11
D,ALL,UX                     ! 约束节点 11 X 方向
ALLSEL
DSYM,SYMM,Z                  ! 转化为 XY 平面问题
NSNEL,S,NODE,,21             ! 选择节点 21
F,ALL,FY,-150                ! 施加载荷
ALLSEL
NSNEL,S,NODE,,8              ! 选择节点 8
F,ALL,FX,0.01                ! 施加 0.01N 横向扰动
ALLSEL
SOLVE                        ! 求解
NSNEL,S,NODE,,21             ! 选择节点 21
F,ALL,FY,-160                ! 施加载荷
ALLSEL
SOLVE                        ! 求解
NSNEL,S,NODE,,21             ! 选择节点 21
F,ALL,FY,-170                ! 施加载荷
ALLSEL
SOLVE                        ! 求解
NSNEL,S,NODE,,21             ! 选择节点 21
F,ALL,FY,-180                ! 施加载荷
ALLSEL
SOLVE                        ! 求解
/POST1                       ! 进入通用后处理器
SET,FIRST                    ! 读取第 1 次加载结果
```

```
PLDISP,1                    ！显示结构变形
SET,NEXT                    ！读取第2次加载结果
PLDISP,1                    ！显示结构变形
SET,NEXT                    ！读取第3次加载结果
PLDISP,1                    ！显示结构变形
SET,NEXT                    ！读取第4次加载结果
PLDISP,1                    ！显示结构变形
FINISH                      ！退出通过后处理
/POST26                     ！进入时间历程后处理器
NSOL,2,21,U,Y,UY            ！定义参数2
NSOL,3,16,U,X,UX            ！定义参数3
PLVAR,2                     ！选择参数2作图
PLVAR,3                     ！选择参数3作图
FINISH                      ！退出时间历程后处理器
```

12 模态分析

12.1 模态分析概述

模态分析是 ANSYS 中分析结构自然频率和模态形状的方法;它假设:

(1)结构刚度矩阵和质量矩阵不发生改变。(2)除非指定使用阻尼特征求解方法,否则不考虑阻尼效应。(3)结构中没有随时间变化的载荷。

在无阻尼系统中,结构振动方程为:

$$[M]\{\ddot{u}\} + [K]\{u\} = \{0\} \quad (12-1)$$

式中,$[M]$ 为质量矩阵;$[K]$ 为刚度矩阵;$\{\ddot{u}\}$ 为节点加速度向量;$\{u\}$ 为节点位移向量。其中刚度矩阵包括预应力效应带来的附加刚度。对线性系统而言,自由振动满足以下方程:

$$\{u\} = \{\varphi_i\}\cos\omega_i t \quad (12-2)$$

式中,$\{\varphi_i\}$ 为第 i 阶模态形状的特征向量;ω_i 为第 i 阶自然振动频率;t 为时间。

将式(12-2)代入方程式(12-1),得到

$$(-\omega_i^2[M] + [K])\{\varphi_i\} = \{0\} \quad (12-3)$$

从式(12-3)中得到结构的振动特征方程为

$$|-\omega_i^2[M] + [K]| = 0 \quad (12-4)$$

通过式(12-4)可以求出第 i 阶自然振动频率 ω_i,进而代入式(12-3)可以求出第 i 阶模态形状的特征向量 $\{\varphi_i\}$。将 $\{\varphi_i\}$ 对质量矩阵 $[M]$ 进行归一化处理,使用命令 MODOPT,,,,,,,OFF,可以得到

$$\{\varphi_i\}^T[M]\{\varphi_i\} = 1 \quad (12-5)$$

如果 $\{\varphi_i\}$ 向自身做归一化处理,使用命令 MODOPT,,,,,,ON,那么 $\{\varphi_i\}$ 中最大的向量坐标将归一化为 1.0。

如果使用缩减模态提取方法,使用 MODOPT,REDUC,第 i 阶模态形状的特征向量 $\{\varphi_i\}$ 可以通过使用 MXPAND 命令进行扩展。

12.2 模态分析过程

ANSYS 的模态分析是线性分析的一种,对于任何非线性特性,如塑性和接触(间隙)单元,在模态分析中将被忽略。模态分析过程由 4 个主要步骤组成,即前处理、加载与求解、扩展模态,以及查看结果和后处理。

12.2.1 前处理

建模是指建立分析的有限元数学模型,包括建立几何模型和划分网格,模态分析的建模

过程与一般的建模过程并没有实质性的区别,具体建模可以参见第3章。但根据模态分析的特点,需要注意以下几点:

(1)定义材料特性时,必须考虑质量的问题。如果最终得到的模型中没有任何质量,那么质量矩阵将为[0],而无法求解系统的固有频率。

(2)模态分析只考虑材料的线性行为。材料可以为线性各向同性、正交各向异性、温度无关和温度有关等类型,必须定义材料的杨氏模量和质量相关属性。对于可能定义的非线性特性,ANSYS在求解时都将忽略。

模态分析只考虑网格单元的线性行为,对于非线性的单元类型将会被视为线性单元处理,例如在结构中定义了接触单元,在分析中将计算接触单元初始状态的刚度矩阵,而将此刚度矩阵应用到分析的其他任何时候。对于预应力分析,模态分析将接触单元的刚度矩阵取为静态预应力分析结束时的刚度矩阵。

如果定义特殊的阻尼单元类型(如COMBIN14,COMBIN37等),必须按单元的要求定义需要的实常数。

12.2.2 加载与求解

在这个步骤中要定义分析类型和分析选项,施加载荷,指定加载阶段选项,并进行固频率的有限元求解。应在求解前设置模态扩展选项,或在得到初始解后,对模态进行扩展以供查看。

12.2.2.1 设置分析类型

首先进入求解器,并使用ANTYPE命令或GUI交互的方式,定义求解类型为模态分析。具体操作方法如下。

命令方式:ANTXPE,2。

GUI方式:选择Main Menu > Solution > Analysis Type > New Analysis命令,弹出"New Analysis"对话框,在对话框中选中Modal,单击OK按钮确认。

12.2.2.2 设置分析选项

包括使用MODOPT命令设置模态提取方法和模态提取数量、使用MXPAND设置模态扩展阶次、使用LUMPM设置质量矩阵生成方式、使用PSTRES命令设置预应力效应、使用OUTRES命令设置结果写出选项。对于特殊的分析需求,还可以使用RESVEC命令计算残余向量。下面具体介绍部分操作步骤。

A 设置模态提取方法和模态提取数量

命令方式:MODOPT, Method, NMODE, FREQB, FREQE, Cpxmod/PRMODE, Nrmkey, >, Blocksize, Scalekey

参数说明如下。

(1)Method:模态提取方法,如表12-1所示。(2)NMODE:需要提取的模态数量。(3)FREQB:目标频段起始搜索频率。(4)FREQE:目标频段终止搜索频率。(5)Cpxmod/PRMODE:复数模态求解选项。(6)Nrmkey:模态归一化选项;默认为OFF,向质量矩阵归一化;可选为ON,向模态向量自身归一化。(7)BlockSize:分块方法的模态向量大小,取值为0~16之间的整数。(8)Scalekey:声学结构矩阵放大系数:默认为OFF。

表 12-1 模态提取方法

符号	方法	描述
LANG	分块兰索斯法	适用于大型对称特征值求解问题,采用的方法是直接消项法
LANPCG	预条件共轭分块兰索斯法	采用迭代的方法求解,适用于大型对称特征值问题
SNODE	超节点模态法	可以用来在一次求解中求解大量模态的方法
REDUC	缩减法	采用缩减系统矩阵的方法计算结果,速度比分块兰索斯法更快,但是精度却在后者之下
UNSYM	非对称矩阵法	用于系统矩阵为非对称矩阵的问题,例如流体—结构相同作用
DAMP	阻尼系统方法	用于阻尼不可忽略的分析
QRDAMP	阻尼系统使用 QR 方法	采用减缩的阻尼阵计算复杂阻尼问题,比 DAMP 方法有更快的计算速度和更好的计算效率
VT	变分加速方法	使用 ANSYS 提供的变分加速功能

GUI 方式:

(1)选择 Main Menu > Solution > Analysis Type > Analysis Options 命令,弹出"Modal Analysis"对话框,如图 12-1 所示。

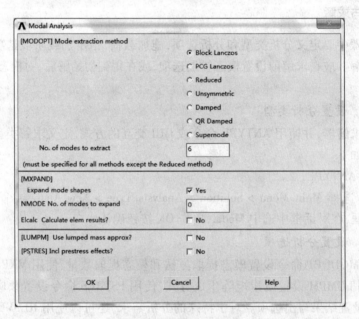

图 12-1 模态分析选项

(2)在 Mode extraction method 后选择模态提取方法,在 No. of modes to extract 后面的输入框中输入需要提取的模态数目,单击 OK 按钮确认。

单击 OK 按钮后,弹出对话框,如图 12-2 所示,可以在对话框中设置更多的模态分析选项,包括求解的频率范围等。

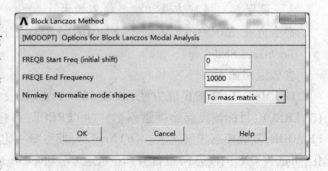

图 12-2 设置更多的模态分析选项

模态分析其他选项如下。

B　设置模态扩展阶次

命令方式：MXPAND, NMODE, FREQB, FREQE, Elcalc, , SIGNIF, MSUkey

参数说明：(1) NMODE：扩展的模态数量。(2) FREQB：扩展起始频率。(3) FREQE：扩展终止频率。(4) Elcalc：网格单元计算选项，默认为 No 不计算，可设为 Yes，进行计算。(5) SIGNIF：扩展模态重要性值，根据向模态向量归一化得到的结果，大于这个阈值的模态才被扩展。(6) MSUPkey：单元结果写出选项，默认为 No 不写出。可设为 Yes，进行写出。

GUI 方式：(1) 选择 Main Menu > Solution > Analysis Type > Analysis Options 命令，弹出 "Modal Analysis" 对话框，如图 12 - 1 所示。(2) 在 Expand mode shapes 中设置是否扩展模态。(3) 在 No. of modes to expand 后面的输入框中输入需要扩展的模态数目。(4) 在 Calculate elem results 后设置是否求解网格单元结果，单击 OK 按钮确认。

C　设置质量矩阵生成方式

命令方式：LUMPM, Key。

Key：矩阵生成选项，默认为 0，使用单元默认的质量矩阵生成方式。可设为 1，使用质量集中近似生成质量矩阵。

GUI 方式：选择 Main Menu > Solution > Analysis Type > Analysis Options 命令，弹出 "Modal Analysis" 对话框，见图 12 - 1，在 Use lumped mass approx 后设置质量矩阵生成方式。

D　设置预应力效应

命令方式：PSTRES, Key。

Key：矩阵生成选项，默认为 OFF，关闭预应力效应。可设为 1，打开预应力效应。

GUI 方式：选择 Main Menu > Solution > Analysis Type > Analysis Options 命令，弹出 "Modal Analysis" 对话框，在 Ind prestress effects 后设置预应力效应选项。

E　定义主自由度方向

使用缩减模态求解法求解模态分析模态时，需要定义主自由度(MDOFs)。主自由度是表现动力学行为的重要自由度。一般而言，至少定义提取模态数量两倍的主自由度才能满足分析的需求，而且把预计结构或部件要振动的方向选为主自由度。至于究竟应该定义多少，则需根据需要、相关知识和经验确定。

下面介绍定义主自由度方向的操作方法。

命令方式：M, NODE, Lab1, MEND, NTNC, Lab2, Lab3, Lab4, Lab5, Lab6。

参数说明：(1) NODE：节点号。(2) Lab1：主自由度标识。(3) NEND, NINC：节点范围设置。(4) Lab2, Lab3, Lab4, …, Lab6：更多的主自由度标识。

GUI 方式：选择 Main Menu > Solution > Master DOFs > User Selected > Define 命令，弹出实体选取对话框，选取需要定义主自由度的节点，单击 OK 按钮确认。弹出 "Define Master DOFs" 对话框，如图 12 - 3

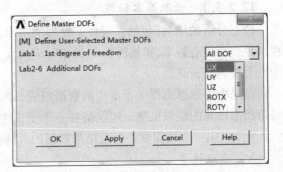

图 12 - 3　设置主自由度方向

所示，在对话框中设置主自由度方向，单击 OK 按钮确认。

12.2.2.3　加载

加载包括设置载荷步选项和施加自由度约束，下面介绍这两个方法的内容。

A　设置载荷步选项

在载荷步选项中，需要设置的阻尼选项，如表 12-2 所示。

表 12-2　设置阻尼选项

阻尼选项	设置命令	GUI 路径
质量衰减阻尼比（Alpha (mass) Damping）	ALPHAD	Main Menu > Solution > Load Step Opts > Time/Frequenc > Damping
刚度衰减阻尼比（Beta (stiffness) Damping）	BETAD	Main Menu > Solution > Load Step Opts > Time/Frequenc > Damping
材料相关阻尼比（Material-Dependent Damping Ratio）	MP,BETD, MP,ALPD	Main Menus > Preprocessors > Material Props > Material Models > Main Menus Solution > Load Step Opts > Other > Change Mat Props > Material Models
网格单元阻尼比	R,TB	Main Menu > Solution > Load Step Opts > Other > Real Constants > Add/Edit/Delete

B　施加自由度约束

对模态分析而言，能够施加载荷位移为 0 的自由度约束。如果定义了位移不为 0 的自由度约束，ANSYS 会默认将位移设置为 0。对于没有定义自由度约束的模型，程序会计算刚体的零频率和其余频率的模态。在模态分析中施加载荷的命令和 GUI 详细的方法参见第 3 章相关内容。

12.2.2.4　求解并退出求解器

在求解之前，保存现有模型到一个子命名的数据库文件中，以便在需要时恢复模型。不使用载荷文件的情况下，使用 SOLVE 命令求解。

求解的结果包含了结构的固有频率。结果输出文件 Jobname.OUT 和模态形状文件 Jobname.MODE 会自动包含固有频率。如果采用 Dmaped 模态提取方法，求得的特征值和特征向量将是复数解。特征值的虚部代表固有频率，实部为系统稳定性的量度。退出求解器可使用 FINISH 命令或者选择 Main Menu > Finish 命令，或打开其他求解器均可。

12.2.3　后处理

12.2.3.1　读取基本结果

模态分析的结果（包括扩展模态处理的结果）已经写入结构分析 Jobname.rst 文件中，这些结果包括固有频率、扩展的振型和相对应力及力分布等，可以在普通后处理器（/POST1）中查看模态分析结果。

结果中的数据由每个子步中的数据组成，每个子步中都包含了一阶模态计算的结果，而每阶模态计算的结果也唯一地保持在一个子步中。例如扩展了 8 阶模态，结果文件中将有 8 个子步组成一个载荷步。查看结果数据的具体操作如下。

A　读取结果

命令方式：SET, Lstep, Sbatep, Fact。

参数说明为：(1)Lstep：载荷步选项，默认即可。(2)Sbstep：载荷子步选项，在模态分析中为需要查看的模态阶次。(3)Fact：放大因子，默认为1.0。

GUI方式为：选择 Main Menu > General Postproc > Read Results > By Load Step > Substep 命令，弹出"Read Results by Load Step Number"对话框，如图12-4所示，在对话框中设置需要读取数据的对象和命令参数，单击 OK 按钮确认。

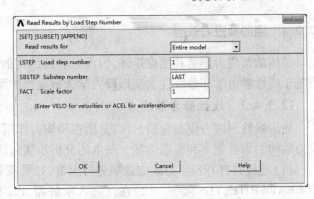

图12-4 读取数据结果

B 列表显示频率

命令方式：SET,LIST。

GUI方式：选择 Main Menu > General Postproc > List Results 命令，弹出信息查看窗口，在信息查看窗口中可以查看各阶频率的信息。一个典型的信息为：

```
****** INDEX OF DATA SEAS ON RESULTS FILE******
SET      TIME/FREQ    LOAD STEP    SUBSTEP    CUMULATIVE
1        22.973       1            1          1
2        40.476       1            2          2
3        710.082      1            3          3
4        1810.34      1            4          4
```

12.2.3.2 后处理方式查看

(1) 查看结构变形图。使用命令 PLDISP 或选择 Main Menu > General Postproc > Plot Results > Deformed Shape 命令，然后在弹出的对话框中选择相应的显示方式，可以查看不同阶次模态结构变形图。

(2) 列表显示主自由度。

命令方式：MLIST, NODE1, NODE2, NINC。

其中 NODE1, NODE2, NINC：选择列表显示主自由度的节点。

GUI方式：选择 Main Menu > Solution > Master DOFs > User Selected > List All 命令，或选择 Main Menu > Solution > Master DOFs > User Selected > List Picked 命令，弹出实体选取对话框，选取相应的节点，单击 OK 按钮确认，即可在弹出的信息窗口查看主自由度信息。

(3) 查看线单元表结果。对于线网格单元，使用 ETABLE 命令或选择 GUI 路径 Main Menu > General Postproroc > Element Table > Define Table，然后按照单元表的操作方式可以查看单元表的结果。

(4) 等值线显示。可以使用 PLNSOL, PLESOL 等命令查看等值线显示图形结果，包括相对应力、位移等，详细的绘制方式参见第7章或 ANSYS 帮助文件。

(5) 列表显示结果。可以列表的结果数据包括节点结果、单元结果、反作用力结果等数据，详细的绘制方式参考第7章或 ANSYS 帮助文件。

12.2.4 施加预应力效应

结构的预应力影响其刚度矩阵,因而影响其结构的固有频率和相应振型。下面简单介绍基于线性静力学和非线性大变形静力学分析施加的预应力,然后进行模态分析的步骤。

12.2.4.1 线性静力预应力

使用线性预应力模态分析,可以分析在预应力作用下变形较小、刚度矩阵变化不大的预应力结构的固有频率和模态形状。基本的分析步骤包括以下3步:

(1)建模并打开预应力效应选项进行求解,如果需要查看变形能,则在求解预应力时使用 EMATWRITE,YES 命令。(2)在此进入求解器,求取振动模态分析结果。(3)扩展模态并查看结果。

12.2.4.2 大变形静力预应力

使用大变形预应力模态分析,可以分析在预应力作用下变形较大、刚度矩阵或质量矩阵变化较大的预应力结构的固有频率和模态形状。

基本的分析步骤包括以下8步:

(1)建模,并使用预应力载荷求取非线性静力分析结果,在这个过程中,使用 RESCONTROL 命令建立重新启动文件。(2)从需要的时间或载荷步与载荷子步处重新启动分析。(3)使用 PERTURB 命令定义分析类型、材料行为、接触状态和前次分析的载荷值。(4)使用 CNKMOD 命令修改接触状态下接触副的行为。(5)使用 SOLVE,ELFORM 命令生成新的求解矩阵。(6)使用 MODOPT 和 MXPAND 命令指定模态分析选项。(7)使用 SOLVE 命令进行特征值求解。(8)处理 Jobname.RSTP 文件中的结果,并查看。

12.3 带集中质量结构扭振分析

12.3.1 问题描述

问题描述:将扭转弹簧简化为梁模型,每隔6°施加一个质量点,求解振动频率和观察结构的扭振模态。

12.3.2 前处理

12.3.2.1 前处理准备

设置工作项目目录和工作项目名称,确保进行的工作不会覆盖别的分析工作。操作步骤为,打开 ANSYS Mechanical APDL Product Launcher,在程序对话框中设置工作目录名称和工作项目名,单击 Run 按钮运行 ANSYS 主程序。

12.3.2.2 进入前处理器

定义单元类型、材料特性、截面参数等特性参数。

(1)定义单元。选择 Main Menu > Preprocessor > Element Type > Add/Edit/Delete 命令,弹出"Element Types"对话框,如图 12 - 5(a)所示。

(2)在"Element Types"对话框中单击 Add 按钮,弹出"Library of Element Types"对话框。

(3)在对话框的双列列表中的左栏选 Beam,右栏中选 2 node 188,单击 Apply 按钮确认。

(4)在"Library of Element Types"对话框的双列列表中的左栏选择 Structure Mass,右栏

中选择 3D mass 21,单击 OK 按钮确认,关闭"Element Types"对话框。

(5)定义材料特性:选择 Main Menu > Preprocessor > Material Props > Material Models 命令,弹出"Define Material Model Behavior"对话框。

(6)在对话框右栏中选择 Structural > Linear > Elastic > Isotropic 命令,弹出"Linear Isotropic Material Properties"对话框。

(7)在对话框中设置 EX 为 2.08E+005,PRXY 为 0.3,单击 OK 按钮确认。

(8)在"Define Material Model Behavior"对话框右栏中选择 Structural > Linear > Density,弹出"Density"对话框。

(9)在对话框中设置 DENS 为 7.8E-6,单击 OK 按钮确认,并关闭"Define Material Model Behavior"对话框。

(10)定义截面参数。选择 Main Menu > Preprocessor > Sections > Beam > Common Sections 命令,弹出"Beam Tool"对话框,在 Beam Tool 对话框中设置 ID 为 1, Sub-Type 为实体圆,R 为 100E-6,N 为 12,T 为 2,单击 OK 按钮确认。

(11)定义实常数。Main Menu > Preprocessor > Real Constants > Add/Edit/Delete,添加 mass21,参数设置 MASSX、MASSY 及 MASSZ 为 0.0001。

12.3.2.3 直接建立有限元模型

(1)更改当前坐标系。选择 Utility Menu > WorkPlane > Change Active CS to > Global Cylindrical 命令,激活圆柱坐标系。

(2)创建节点 1。选择 Main Menu > Preprocessor > Modeling > Create > Nodes > In Active CS 命令,在弹出的"Create Nodes in Active Coordinate System"对话框中设置节点号为 1,X 坐标为 10,其余默认,如图 12-5 所示,单击 OK 按钮确认,创建节点 1。

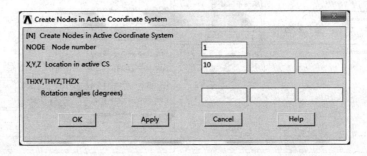

图 12-5 创建节点 1

(3)沿螺旋线复制到其他 360 个节点。选择 Main Menu > Preprocessor > Modeling > Copy > Nodes > Copy 命令,弹出"Copy nodes"对话框,在对话框中设置如图 12-6(a)所示的命令参数,单击 OK 按钮确认。创建节点模型,如图 12-6(b)所示。

(4)设置单元属性。选择 Main Menu > Preprocessor > Modeling > Create > Elements > Elem Attributes 命令,弹出"Element Attributes"对话框,在对话框中设置命令参数,如图 12-7(a)所示,单击 OK 按钮确认。

(5)创建梁单元 1。选择 Main Menu > Preprocessor > Modeling > Create > Elements > Auto Numbered > Thru Nodes 命令,弹出实体选取对话框,选取节点 1 和节点 2,单击 OK 按钮确认。

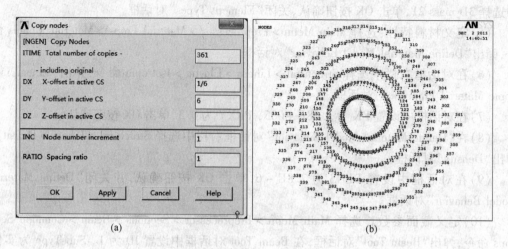

图 12-6 沿螺旋线复制到其他 360 个节点
(a)复制命令设置；(b)节点模型

(6)复制梁单元。选择 Main Menu > Preprocessor > Modeling > Copy > Elements > Auto Numbered 命令，弹出实体选取对话框，选取单元1，单击 OK 按钮确认，弹出"Copy Elements"对话框，在对话框中设置命令参数，如图 12-7(b)所示，单击 OK 按钮确认。

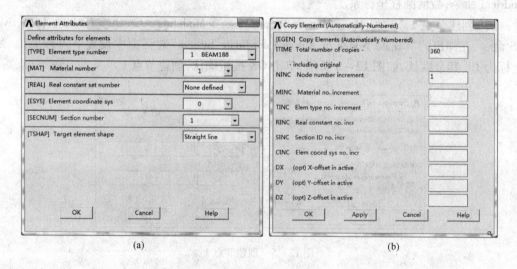

图 12-7 创建梁单元模型
(a)设置单元属性；(b)复制梁单元

(7)设置单元属性。选择 Main Menu > Preprocessor > Modeling > Create > Elements > Elem Attributes 命令，弹出"Element Attributes"对话框，在对话框中设置[TYPE]为 2 MASS21，单击 OK 按钮确认。

(8)创建质量单元361。选择 Main Menu > Preprocessor > Modeling > Create > Elements > Auto Numbered > Thru Nodes 命令，弹出实体选取对话框，选取节点1，单击 OK 按钮确认。

(9)复制质量单元。选择 Main Menu > Preprocessor > Modeling > Copy > Elements > Auto

Numbered 命令,弹出实体选取对话框,选取单元 361,单击 OK 按钮确认,弹出"Copy Elements"对话框,在对话框中设置命令参数,如图 12-7(b)所示,单击 OK 按钮确认。

12.3.3 加载与求解

施加载荷并求解。

(1)定义分析类型为模态分析。选择 Main Menu > Solution > Analysis Type > New Analysis 命令,弹出"New Analysis"对话框,在对话框中选中 Modal 单选按钮,如图 12-8(a)所示,单击 OK 按钮确认。

(2)选择求解方法为直接消去法。选择 Main Menu > Solution > Analysis Type > Analysis Options 命令,弹出"Modal Analysis"对话框,在对话框中按图 12-8(b)所示设置命令参数,单击 OK 按钮确认。

(3)弹出"Block Lanczos Method"对话框,如图 12-8(c)所示,单击 OK 按钮确认。

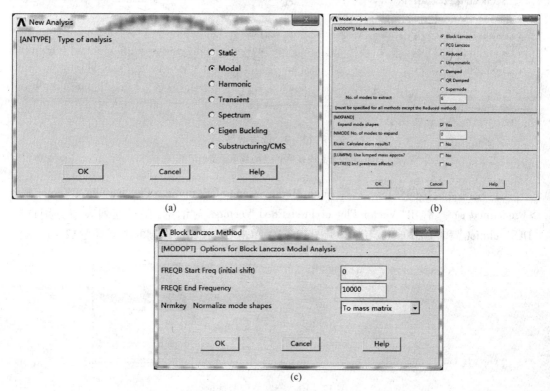

图 12-8 定义模态分析选项
(a)定义分析类型为模态分析;(b)选择求解方法为直接消去法;(c)设置直接消去法参数

(4)约束所有节点 Z 向自由度:选择 Main Menu > Solution > Define Loads > Apply > Structural > Displacement > On Nodes 命令,弹出实体选取对话框,单击 Pick All 按钮,弹出"Apply U, ROT on Nodes"对话框,在对话框中选中 UZ,单击 OK 按钮确认。

(5)约束节点 1 的 X 向自由度。选择 Main Menu > Solution > Define Loads > Apply > Structural > Displacement > On Nodes 命令,弹出实体选取对话框,选取节点 1,单击 OK 按钮确认,弹出"Apply U, ROT on Nodes"对话框,在对话框中选中 ALL DOF,单击 OK 按钮确认。

(6)选择 Main Menu-Solution > Solve > Current LS 命令,弹出提示对话框和状态查看窗口,仔细查看状态窗口中的信息,确认无误后,单击 OK 按钮确认。

12.3.4 后处理

(1)列表查看固有频率。选择 Main Menu > General Postproc > Results Summary 命令,弹出信息查看窗口,如图 12-9(a)所示。

(2)读取子步 1 结果。选择 Main Menu > General Postproc > Read Results > By Load Step 命令,弹出"Read Results by Load Step Number"对话框,在对话框中设置如图 12-9(b)所示的命令参数,单击 OK 按钮确认。

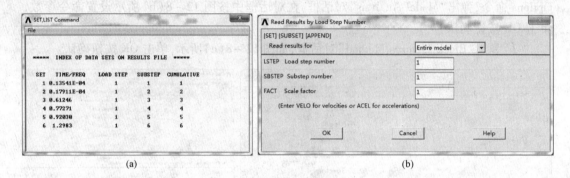

图 12-9 读取结果
(a)列表查看固有频率;(b)读取子步 1 结果

(3)绘制合位移向量图。选择 Main Menu > General Postproc > Plot Results > Vector Plot > Predefined 命令,弹出"Vector Plot of Predefined Vectors"对话框,在双列列表中分别选择"DOF solution"和"Translation U"项,见图 12-10,单击 OK 按钮。绘制的图形见图 12-11(a)。

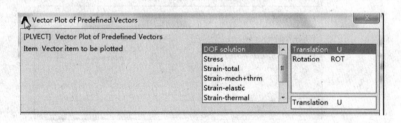

图 12-10 绘制向量图选项

(4)根据命令修改参数,重复步骤(2)~(3),绘制所有求解频率下的向量图;得到的绘图结果如图 12-11 所示。

12.3.5 命令流

命令流:
```
/PREP7                      !进入前处理器
ET,1,BEAM188                !定义梁单元
ET,2,MASS21                 !定义质点单元
```

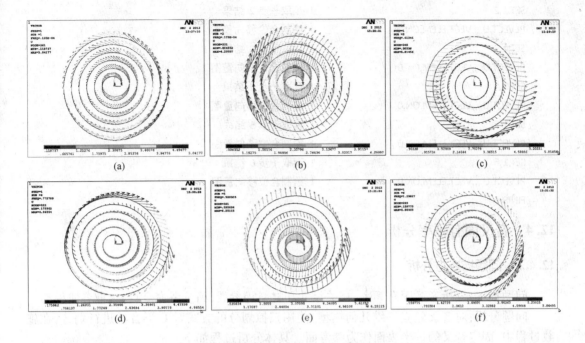

图 12-11 不同固有频率对应的振型模态

(a) 第 1 阶振型；(b) 第 2 阶振型；(c) 第 3 阶振型；(d) 第 4 阶振型；(e) 第 5 阶振型；(f) 第 6 阶振型

```
KEYOPT,2,3,2                    !定义质量单元类型选项3,为无旋转惯量
MP,EX,1,208E3                   !定义杨氏模数
MP,PRXY,1,0.3                   !定义泊松比
MP,DENS,1,7.8E-6                !定义密度
SECTYPE,1,BEAM,CSOLID,,0        !定义截面1
SECDATA,1.5,12,2                !截面参数
R,1,100E-6                      !定义单元实常数
CSYS,1                          !激活圆柱坐标系
N,1,10                          !创建节点1
NGEN,361,1,1,,,1/6,6,0          !沿螺旋线复制到其他360个节点
TYPE,1                          !选择单元类型1
SECNUM,1                        !选择截面号
E,1,2                           !使用节点1、2 建立梁单元1
EGEN,360,1,1,,,,,,,1/6,6,0      !将梁单元复制到其他相邻节点上
TYPE,2                          !选择单元类型
REAL,1                          !选择实常数号1
E,1                             !使用节点1 建立质量单元
EGEN,360,1,1,,,,,,,1/6,6,0      !将梁单元复制到其他相邻节点上
FINISH                          !退出前处理
/POST1                          !进入通用后处理器
SET,LIST                        !列表查看固有频率
SET,1,1                         !读取子步1结果
PLVECT,U,,,,VECT,ELEM,ON,0      !绘制合位移向量图
```

```
SET,1,2                         ! 读取子步 2 结果
PLVECT,U,,,,VECT,ELEM,ON,0      ! 绘制合位移向量图
SET,1,3                         ! 读取子步 3 结果
PLVECT,U,,,,VECT,ELEM,ON,0      ! 绘制合位移向量图
SET,1,4                         ! 读取子步 4 结果
PLVECT,U,,,,VECT,ELEM,ON,0      ! 绘制合位移向量图
SET,1,5                         ! 读取子步 5 结果
PLVECT,U,,,,VECT,ELEM,ON,0      ! 绘制合位移向量图
SET,1,6                         ! 读取子步 6 结果
PLVECT,U,,,,VECT,ELEM,ON,0      ! 绘制合位移向量图
FINISH
```

12.4 音叉固有频率分析

12.4.1 问题描述与分析

问题描述：分析音叉固有频率，相关尺寸和材料等参数，请参考命令行，求取各阶模态。

问题分析：对音叉建立三维几何模型，使用扫掠划分的方式对 U 形音叉进行划分，在施载过程中，固定音叉的一半表面作为参考面。具体分析过程如下。

12.4.2 前处理

12.4.2.1 设置工作项目目录和工作项目名称

设置工作项目目录和工作项目名称，确保进行的工作不会覆盖别的分析工作。操作步骤为，打开 ANSYS Mechanical APDL Product Launcher，在程序对话框中设置工作目录名称和工作项目名，单击 Run 按钮运行 ANSYS 主程序。

12.4.2.2 进入前处理器

定义单元类型、材料特性、截面参数等特性参数。

(1) 定义单元。选择 Main Menu > Preprocessor > Element Type > Add/Edit/Delete 命令，弹出 "Element Types" 对话框。

(2) 在 "Element Types" 对话框中单击 Add 按钮，弹出 "Library of Element Types" 对话框。

(3) 在 "Library of Element Types" 对话框的双列列表中的左栏选择 Shell，右栏中选择 3D 4node 181，单击 Apply 按钮确认。

(4) 在 Library of Element Types 对话框的双列列表中的左栏选择 Solid，右栏中选择 Brick 8 node 185，单击 OK 按钮确认，关闭 "Element Types" 对话框。

(5) 定义材料特性。选择 Main Menu > Preprocessor > Material Props > Material Models 命令，弹出 "Define Material Model Behavior" 对话框。

(6) 在对话框右栏中选择 Structural > Linear > Elastic > Isotropic 命令，弹出 "Linear Isotropic Material Properties" 对话框。

(7) 在对话框中设置 EX 为 $2.08E+005$，PRXY 为 0.3，单击 OK 按钮确认。

(8) 在对话框右栏中选择 Structural > Linear > Density 命令，弹出 "Density" 对话框。

(9) 在对话框中设置 DENS 为 $7.8E-6$，单击 OK 按钮确认，并关闭 "Define Material Model Behavior" 对话框。

12.4.2.3 建立几何模型

(1)建立长方体1。选择 Main Menu > Preprocessor > Modeling > Create > Volumes > Block > By 2 Corners&Z 命令,弹出空间选取对话框,在对话框中依次设置命令参数(10,0,3,50,6),如图12-12(a)所示,单击 Apply 按钮确认。

(2)建立长方体2。继续在对话框中依次设置命令参数(-10,0,-3,50,6),单击 OK 按钮确认。

(3)建立连接环体。选择 Main Menu > Preprocessor > Modeling > Create > Volumes > Cylinder > Partial Cylinder 命令,弹出空间选取对话框,在对话框中依次设置命令参数(0,0,10,180,13,360,6),如图12-12(b)所示,单击 OK 按钮确认。

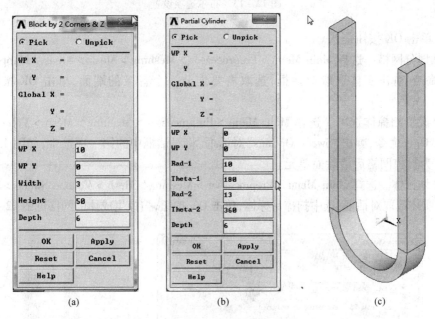

图 12-12 建立几何模型
(a)建立长方体1;(b)建立连接环体;(c)建立的几何模型

(4)设置布尔操作选项。选择 Main Menu > Preprocessor > Modeling > Operate > Booleans > Settings 命令,弹出"Boolean Operation Settings"对话框,将 KEEP 保存原图元选项设置为 No,如图12-13所示,单击 OK 按钮确认。

(5)将所有的体合并。选择 Main Menu > Preprocessor > Modeling > Operate > Booleans > Add > Volumes 命令,弹出实体选取对话框,单击"Pick All"按钮。

12.4.2.4 划分网格并退出前处理器

(1)设置全局划分密度。选择 Main Menu > Preprocessor > Meshing > Size Cntrls > ManualSize > Global > Size 命令,弹出"Global Element Sizes"对话框,在对话框中设置 SIZE 划分尺寸为1.5,单击 OK 按钮确认。

(2)设置映射网格划分方式。选择 Main Menu > Preprocessor > Meshing > Mesher Opts 命令,在弹出"Mesher Options"对话框中设置[MSHKEY]的命令参数为 Mapped,单击 OK 按钮。

(3)弹出"Set Element Shape"对话框,在对话框中设置 2D Shape key 为 Quad 四边形划

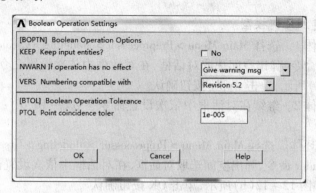

图 12-13 布尔选项设置

分方式,单击 OK 按钮确认。

(4)划分网格。选择 Main Menu > Preprocessor > Meshing > Mesh > Areas > Mapped > 3 or 4 sided 命令,弹出实体选取对话框,选取需要划分一个音叉的端面,单击 OK 按钮,划分网格。

(5)设置扫掠体选项。选择 Main Menu > Preprocessor > Meshing > Mesh > Volume Sweep > Sweep Opts 命令,弹出"Sweep Options"对话框,将对话框中的第一项选中,如图 12-14 所示,设置为扫掠网格后清除面单元。

(6)划分体。选择 Main Menu > Preprocessor > Meshing > Mesh > Volume Sweep > Sweep 命令,弹出实体选取对话框,选中扫掠目标体,单击 OK 按钮,扫掠生成体的网格见图 12-15。

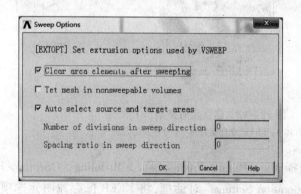 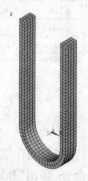

图 12-14 设置扫掠体选项　　　图 12-15 划分后的音叉

12.4.3 加载与求解

进行求解设置、施加载荷并求解。

(1)定义分析类型为模态分析。选择 Main Menu > Solution > Analysis Type > New Analysis 命令,弹出"New Analysis"对话框,在对话框中选中 Modal 单选按钮,如图 12-8(a)所示,单击 OK 按钮确认。

(2)选择求解方法为直接消去法。选择 Main Menu > Solution > Analysis Type > Analysis Options 命令,弹出"Modal Analysis"对话框,见图 12-8(b)设置命令参数,单击 OK 按钮。

(3)设置频率求解范围。弹出"Block Lanczos Method"对话框,设置求解范围为 0 ~

10000,单击 OK 按钮确认。

（4）选择 Utility Menu > Select > Entities 命令,弹出"Select Entities"对话框,设置选取的实体为 Nodes 节点,选取方式为 By Location,选取操作为 From Full 从全集中选取。

（5）选取长方体 1 上表面的点。在"Select Entities"对话框中,选中 X coordinates,在输入框中输入(10,13),单击 Apply 按钮。

（6）更改选取操作类型为 Reselect,选 Y coordinates,在输入框中输入 50,单击 OK 按钮。

（7）施加 Y 向约束。选择 Main Menu > Solution > Define Loads > Apply > Structural > Displacement On Nodes 命令,弹出实体选取对话框,单击 Pick All 按钮,选取所有节点施加约束。

（8）弹出"Apply U,ROT on Nodes"对话框,在对话框中选择 UY,单击 OK 按钮确认,对 Y 坐标为 50 的节点施加 Y 向约束。

（9）施加 X 向约束。在操作类型为 Reselect 条件下,选中 X coordinates,在输入框中输入 13,单击 OK 按钮确认。选择 Main Menu > Solution > Define Loads > Apply > Structural > Displacement > On Nodes 命令,弹出实体选取对话框,单击 Pick All 按钮,选取所有节点施加约束。

（10）弹出"Apply U,ROT on Nodes"对话框,在对话框中选择 UY,单击 OK 按钮确认,对 X 坐标为 13 的节点施加 X 向约束。

（11）设置 Z 向约束。重复步骤(5)~(6)后,在 Select Entities 对话框中,选中 Z coordinates,在输入框中输入 0,单击 Apply 按钮,选取 Z 坐标为 0 的节点。

（12）选择 Main Menu > Solution > Define Loads > Apply > Structural > Displacement > On Nodes 命令,弹出实体选取对话框,单击 Pick All 按钮,选取所有节点施加约束。

（13）弹出"Apply U,ROT on Nodes"对话框,在对话框中选择 UZ,单击 OK 按钮确认,对 Z 坐标为 0 的节点施加 Z 向约束。

（14）在"Select Entities"对话框中,单击 Sele All 按钮,选中所有节点。

（15）选择 Main Menu > Solution > Solve > Current LS 命令,弹出提示对话框和状态查看窗口,仔细查看状态窗口中的信息,确认无误后,单击 OK 按钮确认。

12.4.4 后处理

进行结果处理。

（1）列表查看固有频率。选择 Main Menu > General Postproc > Results Summary 命令,弹出信息查看窗口,如图 12 – 16(a)所示。

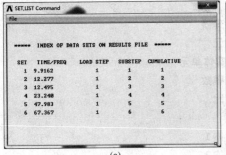
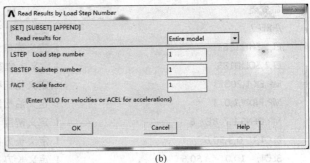

(a)   (b)

图 12 – 16 读取结果

(a)列表查看固有频率；(b)读取子步 1 结果

(2)读取子步1结果。选择 Main Menu > General Postproc > Read Results > By Load Step 命令,弹出"Read Results by Load Step Number"对话框,在对话框中设置如图 12-16(b)所示的命令参数,单击 OK 按钮确认。

(3)绘制相对合位移等值线图。选择 Main Menu > General Postproc > Plot Results > Contour Plot > Nodal Solu 命令,弹出"Contour Nodal Solution Data"对话框,在对话框的 item to be contoured 中选择 Nodal Solution > DOF Solution > Displacement vector sum 命令,单击 Apply 按钮确认,绘制合位移等值线图,如图 12-17(a)所示。

(4)根据命令修改参数,重复步骤(2)~(3),绘制所有求解频率下的相对合位移等值线图。得到的绘图结果如图 12-17 所示。

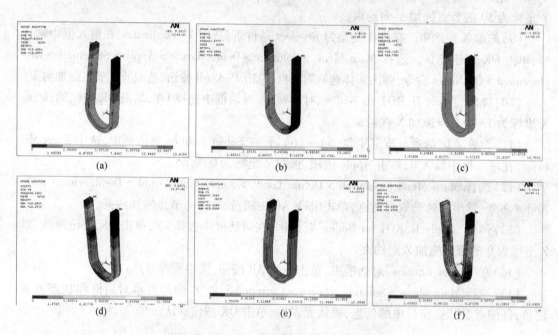

图 12-17 不同固有频率对应的振型模态
(a)第1阶振型;(b)第2阶振型;(c)第3阶振型;(d)第4阶振型;(e)第5阶振型;(f)第6阶振型

12.4.5 命令流

```
命令流
/PREP7                          !进入前处理器
ET,1,SHELL181                   !定义壳单元
ET,2,SOLID185                   !定义3维实体单元
MP,EX,1,208E3                   !定义杨氏模数
MP,PRXY,1,0.3                   !定义泊松比
MP,DENS,1,7.8E-6                !定义密度
BLC4,10,0,3,50,6                !定义长方体1
BLC4,-10,0,-3,50,6              !定义长方体2
CYL4,0,0,10,180,13,360,6        !建立连接环体
BOPTN,KEEP,0                    !设置布尔操作不保留原图元
```

```
VADD,1,3,2                          ! 将所有体合并
ESIZE,1.5,0                         ! 定义网格单元尺寸为1.5
MSHKEY,1                            ! 设置映射划分方式
AMESH,4                             ! 划分音叉上表面中的一个
EXTOPT,ACLEAR,1                     ! 设置扫掠网格后删除二维单元
VSWEEP,4                            ! 扫掠音叉体网格
FINISH
/SOLU                               ! 进入求解器
ANTYPE,2                            ! 定义模态分析类型
MODOPT,LANB,6                       ! 设置使用分块法提取6阶固有频率
MXPAND,6,0,10000                    ! 扩展6阶频率的模态
NSEL,S,LOC,X,10,13                  ! 选取上表面的点
NSEL,R,LOC,Y,50
D,ALL,UY                            ! 施加Y方向约束
NSEL,R,LOC,X,13                     ! 选取音叉边线上的点
D,ALL,UX                            ! 施加X方向约束
NSEL,S,LOC,X,10,13                  ! 选取上表面的点
NSEL,R,LOC,Y,50
NSEL,R,LOC,Z,50                     ! 选择音叉边线上的点
D,ALL,UY                            ! 施加Z方向约束
NSEL,ALL                            ! 选取所有节点
SOLVE                               ! 求解
FINISH
/POST1                              ! 进入通用后处理器
SET,LIST                            ! 列表查看固有频率
SET,1,1                             ! 读取子步1结果
PLVECT,U,,,,VECT,ELEM,ON,0          ! 绘制合位移向量图
SET,1,2                             ! 读取子步2结果
PLVECT,U,,,,VECT,ELEM,ON,0          ! 绘制合位移向量图
SET,1,3                             ! 读取子步3结果
PLVECT,U,,,,VECT,ELEM,ON,0          ! 绘制合位移向量图
SET,1,4                             ! 读取子步4结果
PLVECT,U,,,,VECT,ELEM,ON,0          ! 绘制合位移向量图
SET,1,5                             ! 读取子步5结果
PLVECT,U,,,,VECT,ELEM,ON,0          ! 绘制合位移向量图
SET,1,6                             ! 读取子步6结果
PLVECT,U,,,,VECT,ELEM,ON,0          ! 绘制合位移向量图
FINISH
```

13 瞬态动力学分析

13.1 瞬态动力学分析概述

可以用瞬态动力学分析确定结构在静载荷、瞬态载荷和简谐载荷的随意组合作用下随时间变化的位移、应变、应力及力。载荷和时间的相关性使得惯性力和阻尼作用比较显著。如果惯性力和阻尼作用不重要,就可以用静力学分析代替瞬态分析。

瞬态动力学分析比静力学分析更复杂,因为按"工程"时间计算,瞬态动力学分析通常要占用更多的计算机资源和人力。可以先做一些预备工作以理解问题的物理意义,从而节省大量资源。

首先分析一个比较简单的模型。由梁、质量体、弹簧组成的模型可以以最小的代价对问题提供有效深入的理解,简单模型或许正是确定结构所有的动力学响应所需要的。

如果分析中包含非线性,可以首先通过进行静力学分析尝试了解非线性特性如何影响结构的响应。有时在动力学分析中没必要包括非线性。

了解问题的动力学特性。通过做模态分析计算结构的固有频率和振型,便可了解当这些模态被激活时结构如何响应。固有频率同样对计算出正确的积分时间步长有用。

对于非线性问题,应考虑将模型的线性部分子结构化以降低分析代价。子结构在帮助文件中的"ANSYS Advanced Analysis Techniques Guide"里有详细的描述。

进行瞬态动力学分析可以采用3种方法:Full(完全法),Reduced(减缩法),Mode Superposition(模态叠加法)。下面比较一下各种方法的优缺点。

13.1.1 完全法(Full Method)

Full法采用完整的系统矩阵计算瞬态响应(没有矩阵减缩)。它是3种方法中功能最强的,允许包含各类非线性特性(塑性、大变形、大应变等)。Full法的优点是:

(1)容易使用,因为不必关心如何选取主自由度和振型。(2)允许包含各类非线性特性。(3)使用完整矩阵,因此不涉及质量矩阵的近似。(4)在一次处理过程中计算出所有的位移和应力。(5)允许施加各种类型的载荷:节点力、外加的(非零)约束、单元载荷(压力和温度)。(6)允许采用实体模型上所加的载荷。

13.1.2 模态叠加法(Mode Superposition Method)

"Mode Superposition"法通过对模态分析得到的振型(特征值)乘上因子并求和来计算出结构的响应。它的优点是:

(1)对于许多问题,比"Reduced"或"Full"法更快。(2)在模态分析中施加的载荷可以通过"LVSCALE"命令用于谐响应分析中。(3)允许指定振型阻尼(阻尼系数为频率的函数)。

"Mode Superposition"法的缺点是：

(1)整个瞬态分析过程中时间步长必须保持恒定,因此不允许用自动时间步长。(2)唯一允许的非线性是点点接触(有间隙情形)。(3)不能用于分析"未固定的(floating)"或不连续结构。(4)不接受外加的非零位移。(5)在模态分析中使用"PowerDynamics"法时,初始条件中不能有预加的载荷或位移。

13.1.3 减缩法(Reduced Method)

"Reduced"法通常采用主自由度和减缩矩阵来压缩问题的规模。主自由度处的位移被计算出来后,解可以被扩展到初始的完整 DOF 集上。

这种方法的优点是：比 Full 法更快。

"Reduced"法的缺点是：

(1)初始解只计算出主自由度的位移。要得到完整的位移,应力和力的解则需执行被称为扩展处理的进一步处理(扩展处理在某些分析应用中可能不必要)。(2)不能施加单元载荷(压力,温度等),但允许有加速度。(3)所有载荷必须施加在用户定义的自由度上(这就限制了采用实体模型上所加的载荷)。(4)整个瞬态分析过程中时间步长必须保持恒定,因此不允许用自动时间步长。(5)唯一允许的非线性是点点接触(有间隙情形)。

13.2 瞬态动力学分析的基本步骤

首先将描述如何用"Full"法进行瞬态动力学分析,然后列出用"Reduced"法和"Mode Superposition"法有差别的步骤。Full 法瞬态动力学分析的过程由 8 个下述主要步骤组成。

13.2.1 前处理

在这一步中需指定文件名和分析标题,然后用 PREP7 来定义单元类型,单元实常数,材料特性及几何模型。需要记住的要点：

(1)可以使用线性和非线性单元。

(2)必须指定弹性模量 EX(或某种形式的刚度)和密度 DENS(或某种形式的质量)。材料特性可以是线性的,各向同性的或各向异性的,恒定的或和温度相关的。

非线性材料特性将被忽略。另外,在划分网格时需记住以下几点：

(1)有限元网格需要足够精度以求解所关心的高阶模态。

(2)感兴趣的应力-应变区域的网格密度要比只关心位移的区域相对加密一些。

(3)如果求解过程包含了非线性特性,那么网格则应该与这些非线性特性相符合。例如,对于塑性分析来说,它要求在较大塑性变形梯度的平面内有一定的积分点密度,所以网格必须加密。

(4)如果关心弹性波的传播(例如杆的端部抖动),有限元网格至少要有足够的密度求解波,通常的准则是沿波的传播方向每个波长范围内至少要有 20 个网格。

13.2.2 建立初始条件

在进行瞬态动力学分析之前,必须清楚如何建立初始条件以及使用载荷步。从定义上来说,瞬态动力学包含按时间变化的载荷。为了指定这种载荷,需要将载荷-时间曲线分解成相应的载荷步,载荷-时间曲线上的每一个拐角都可以作为一个载荷步,如图13-1所示。

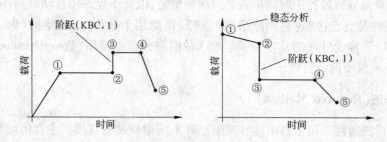

图 13-1 载荷-时间曲线

第一个载荷步通常被用来建立初始条件,然后要指定后继的瞬态载荷及加载步选项。对于每一个载荷步,都要指定载荷值和时间值,同时要指定其他的载荷步选项,不论载荷是按"Stepped"还是按"Ramped"方式施加,是否使用自动时间步长等。最后将每一个载荷步写入文件并一次性求解所有的载荷步。

施加瞬态载荷的第一步是建立初始关系(即零时刻时的情况)。瞬态动力学分析要求给定两种初始条件:初始位移(u_0)和初始速度($\dot{u}_0$)。如果没有进行特意设置,u_0 和 $\dot{u}_0$ 都被假定为0。初始加速度($\ddot{u}_0$)一般被假定为0,但可以通过在一个小的时间间隔内施加合适的加速度载荷来指定非零的初始加速度。

非零初始位移及非零初始速度的设置:

命令:IC。

GUI: Main Menu > Solution > Define Loads > Apply > Initial Condit'n > Define。

谨记不要给模型定义不一致的初始条件。比如说,如果在一个自由度(DOF)处定义了初始速度,而在其他所有自由度处均定义为0,这显然就是一种潜在的互相冲突的初始条件。在多数情况下,可能需要在全部没有约束的自由度处定义初始条件,如果这些初始条件在各个自由度处不相同,用 GUI 路径定义比用 IC 命令定义要容易得多。

13.2.3 设定求解控制器

该步骤跟静力结构分析是一样的,需特别指出的是:如果要建立初始条件,必须是在第一个载荷步上建立,然后可以在后续的载荷步中单独定义其余选项。

13.2.3.1 访问求解控制器(Solution Controls)

选择 GUI 路径进入求解控制器。

GUI: Main Menu > Solution > Analysis Type > Sol'n Control,弹出"Solution Controls"对话框,如图 13-2 所示。

从图 13-2 中可以看到,该对话框主要包括5大块:基本选项(Basic)、瞬态选项(Transient)、求解选项(Sol'n Options)、非线性选项(Nonlinear)和高级非线性选项(Advanced NL)。

13.2.3.2 利用基本选项

当进入求解控制器时,基本选项(Basic)立即被激活。它的基本功能跟静力学一样,在瞬态动力学中,需特别指出以下几点:

在设置"ANTYPE"和"NLGEOM"时,如果想开始一个新的分析并且忽略几何非线性(例

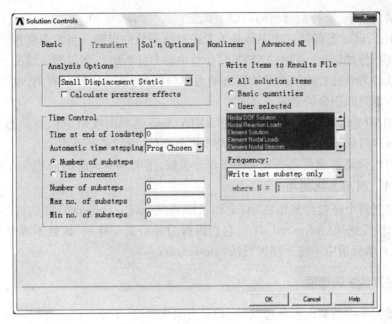

图 13-2 "Solution Controls"对话框

如大转动、大挠度和大应变)的影响,那么选择"Small Displacement Transient"选项,如果要考虑几何非线性的影响(通常是受弯细长梁考虑大挠度或者是金属成型时考虑大应变),则选择"Large Displacement Transient"选项。如果想重新开始一个失败的非线性分析或者是将刚做完的静力分析结果作为预应力或者刚做完瞬态动力学分析想要扩展其结果,选择"Restart Current Analysis"选项。

在设置 AUTOTS 时,需记住该载荷步选项(通常被称为瞬态动力学最优化时间步)是根据结构的响应来确定是否开启。对于大多数结构而言,推荐打开自动调整时间步长选项,并利用 DELTIM 和 NSUBST 设定时间积分步的最大和最小值。

默认情况下,在瞬态动力学分析中,结果文件(Jobname. RST)只有最后一个子步的数据。如果要记录所有子步的结果,需重新设定 Frequency 数值。另外,在默认情况下,ANSYS 最多只允许在结果文件中写入 1000 个子步,超过时会报错,可以用命令"/CONFIG, NRES"更改这个限定。

13.2.3.3 利用瞬态选项

ANSYS 求解控制器中包含的瞬态选项如表 13-1 所示。

表 13-1 瞬态(Transient)选项

选 项	具体信息可参阅 ANSYS 帮助
指定是否考虑时间积分的影响(TIMINT)	ANSYS Structural Analysis Guide 中的 Performing Nonlinear Transient Analysis
指定在载荷步(或者子步)的载荷发生变化时是采用阶跃载荷还是斜坡载荷(KBC)	ANSYS Basic Analysis Guide 中的 Stepped Versus Ramped Loads ANSYS Basic Analysis Guide 中的 Stepping or Ramping Loads
指定质量阻尼和刚度阻尼(ALPHAD, BETAD)	ANSYS Structural Analysis Guide 中的 Damping
定义积分参数(TINTP)	ANSYS, Inc. Theory Reference

在瞬态动力学中，需特别指出的是以下几点：

(1) TIMINT，该动态载荷选项表示是否考虑时间积分的影响。当考虑惯性力和阻尼时，必须考虑时间积分的影响（否则，ANSYS 只会给出静力分析解），所以默认情况下，该选项就是打开的。从静力学分析的结果开始瞬态动力学分析时，该选项特别有用，也就是说，第一个载荷步不考虑时间积分的影响。

(2) ALPHAD（alpha 表示质量阻尼）和 BETA（beta 表示刚度阻尼），该动态载荷选项表示阻尼项。很多时候，阻尼是已知的而且是不可忽略的，所以必须考虑。

(3) TINTP，该动态载荷选项表示瞬态积分参数，用于 Newmark 时间积分方法。

13.2.3.4 利用其他选项

该求解控制器中还包含其他选项，诸如求解选项（Sol'n Options）、非线性选项（Nonlinear）和高级非线性选项（Advanced NL），它们跟静力分析是一样的，该处不再赘述。需强调的是，瞬态动力学分析中不能采用弧长法（arc-length）。

13.2.4 设定其他求解选项

在瞬态动力学中的其他求解选项（比如应力刚化效应、牛顿–拉夫森（Newton-Raphson）选项、蠕变选项、输出控制选项、结果外推选项）跟静力学是一样的，与静力学相比有以下几项不同：

(1) 预应力影响（Prestress Effects）。ANSYS 允许在分析中包含预应力，比如可将先前的静力分析或动力分析结果作为预应力施加到当前分析上，它要求必须存在先前结果文件。

命令：PSTRES。

GUI：Main Menu > Solution > Unabridged Menu > Analysis Type > Analysis Options。

(2) 阻尼选项（Damping Option）。利用该选项加入阻尼。在大多数情况下，阻尼是已知的，不能忽略。可以在瞬态动力学分析中设置如下几种阻尼形式：

1) 材料阻尼（MP，DAMP）。

2) 单元阻尼（COMBIN7 等）。

施加材料阻尼的方法有：

命令：MP，DAMP。

GUI：Main Menu > Solution > Load Step Opts > Other > Change Mat Props > Material Models > Structural > Damping。

(3) 质量阵的形式（Mass Matrix Formulation）。利用该选项指定使用集中质量矩阵。通常，ANSYS 推荐使用默认选项（协调质量矩阵），但对于包含薄膜构件（例如细长梁或者薄板等）的结构，集中质量矩阵往往能得到更好的结果。同时，使用集中质量矩阵也可以缩短求解时间且降低求解内存。

命令：LUMPM。

GUI: Main Menu > Solution > Unabridged Menu > Analysis Type > Analysis Options。

13.2.5 施加载荷

表 13-2 概括了适用于瞬态动力学分析的载荷类型。除惯性载荷外，可以在实体模型（由关键点、线、面组成）或有限元模型（由节点和单元组成）上施加载荷。

在分析过程中,可以施加,删除载荷或对载荷进行操作或列表。表 13-3 列出瞬态动力学分析中可用的载荷步选项。

表 13-2 瞬态动力学分析中可施加的载荷

载荷形式	范畴	命令	GUI 路径
位移约束(UX, UY, UZ, ROTX, ROTY, ROTZ)	约束	D	Main Menu > Solution > Define Loads > Apply > Structural > Displacement
集中力或者力矩(FX, FY, FZ, MX, MY, MZ)	力	F	Main Menu > Solution > Define Loads > Apply > Structural > Force/Moment
压力(PRES)	面载荷	SF	Main Menu > Solution > Define Loads > Apply > Structural > Pressure
温度(TEMP),流体(FLUE)	体载荷	BF	Main Menu > Solution > Define Loads > Apply > Structural > Temperature
重力,向心力等	惯性载荷		Main Menu > Solution > Define Loads > Apply > Structural > Other

表 13-3 载荷步选项

选项	命令	GUI 途径
普通选项(General Options)		
时间	TIME	Main Menu > Solution > Load Step Opts > Time/Frequenc > Time-Time Step
阶跃载荷或者倾斜载荷	KBC	Main Menu > Solution > Load Step Opts > Time/Frequenc > Time-Time Step or Freq and Substeps
积分时间步长	NSUBST DELTIM	Main Menu > Solution > Load Step Ops > Time/Frequenc > Time and Substps
开关自动调整时间步长	AUTOTS	Main Menu > Solution > Load Step Opts > Time/Frequenc > Time and Substps
动力学选项(Dynamics Options)		
时间积分影响	TIMINT	Main Menu > Solution > Load Step Opts > Time/Frequenc > Time Integration > Newmark Parameters
瞬态时间积分参数(用于 Newmark 方法)	TINPT	Main Menu > Solution > Load Step Opts > Time/Frequenc > Time Integration > Newmark Parameters
阻尼	ALPHAD BETAD DMPRAT	Main Menu > Solution > Load Step Opts > Time/Frequenc > Damping
非线性选项(Nonlinear Option)		
最多迭代次数	NEQIT	Main Menu > Solution > Load Step Opts > Nonlinear > Equilibrium Iter
迭代收敛精度	CNVTOL	Main Menu > Solution > Load Step Opts > Nonlinear > Transient
预测校正选项	PRED	Main Menu > Solution > Load Step Opts > Nonlinear > Predictor
线性搜索选项	LNSRCH	Main Menu > Solution > Load StepOps > Nonlinear > LineSearch
蠕变选项	CRPLIM	Main Menu > Solution > Load Step Opts > Nonlinear > Creep Criterion
终止求解选项	NCNV	Main Menu > Solution > Analysis Type > Sol'n Controls > Advanced NL
输出控制选项(Output Control Options)		
输出控制	OUTPR	Main mom > Solution > Load Stepopts > Output Ctrls > Solu Printout
数据库和结果文件	OUTRES	Main Menu > Solution > Load Step Opts > Output Ctrls > DB/ Results File
结果外推	ERESX	Main Menu > Solution > Load StepOps > Output Ctrls > Integration Pt

13.2.6 设定多载荷步

重复以上步骤,可定义多载荷步,对于每一个载荷步,都可以根据需要重新设定载荷求解控制和选项,并且可以将所有信息写入文件。

在每一个载荷步中,可以重新设定的载荷步选项包括:TIMINT, TINTP, ALPHAD, BETAD, MP, DAMP, TIME, KBC, NSUBST, DELTIM, AUTOTS, NEQIT, CNVTOL, PRED, LNSRCH, CRPLIM, NCNV, CUTCONTROL, OUTPR, OUTRES, ERESX 和 RESCONTROL。

保存当前载荷步设置到载荷步文件中。

命令:LSWRITE。

GUI: Main Menu > Solution > Load Step Opts > Write LS File。

13.2.7 瞬态求解

(1)只求解当前载荷步:

命令:SOLVE。

GUI: Main Menu > Solution > Solve > Current LS。

(2)求解多载荷步:

命令:LSSOLVE。

GUI: Main Menu > Solution > Solve > From LS Files。

13.2.8 后处理

瞬态动力学分析的结果被保存到结构分析结果文件 Jobname. RST 中。可以用 POST26 和 POST1 观察结果。

POST26 用于观察模型中指定点呈现为时间函数的结果。

POST1 用于观察在给定时间整个模型的结果。

13.2.8.1 使用 POST26

POST26 要用到结果项/频率对应关系表,即"variables"(变量)。每一个变量都有一个参考号,1 号变量被内定为频率。

(1)用以下选项定义变量:

命令:NSOL 用于定义基本数据(节点位移)。

ESOL 用于定义派生数据(单元数据,如应力)。

RFORCE 用于定义反作用力数据。

FORCE(合力或合力的静力分量,阻尼分量,惯性力分量)。

SOLU(时间步长,平衡迭代次数,响应频率等)。

GUI: Main Menu > TimeHist Postpro > Define Variables。

Reduced 法或 Mode Superposition 法中,用命令 FORCE 只能得到静力。

(2)绘制变量变化曲线或列出变量值。通过观察整个模型关键点处的时间历程分析结果,就可以找到用于进一步的 POST1 后处理的临界时间点。

命令:PLVAR(绘制变量变化曲线)。

PLVAR, EXTREM(变量值列表)。

GUI: Main Menu > TimeHist Postpro > Graph Variables。

Main Menu > TimeHist Postpro > List Variables。

Main Menu > TimeHist Postpro > List Extremes。

13.2.8.2 使用 POST1

(1)从数据文件中读入模型数据。

命令：RESUME。

GUI：Utility Menu > File > Resume from。

(2)读入需要的结果集：用 SET 命令根据载荷步及子步序号或根据时间数值指定数据集。

命令：SET。

GUI: Main Menu > General Postproc > Read Results > By Time/Freq。

如果指定的时刻没有可用结果,到的结果将是和,到相距最近的两个时间点对应结果之间的线性插值。

(3)显示结构的变形状况,应力,应变等的等值线,或者向量的向量图[PLVECT]。要得到数据的列表表格,请用 PRNSOL, PRESOL, PRRSOL 等。

1)显示变形形状：

命令：PLDISP。

GUI：Main Menu > General Postproc > Plot Results > Deformed Shape。

2)显示变形云图：

命令：PLNSOL 或 PLESOL。

GUI：Main Menu > General Postproc > Plot Results > Contour Plot > Nodal Solu orElement Solu。

在 LNSOL,PLESOL 命令的 KUND,数可用来选择是,未变形的形状叠加到显示结果中。

3)显示反作用力和力矩：

命令：PRRSOL。

GUI: Main Menu > General Postproc > List Results > Reaction Solu。

4)显示节点力和力矩：

命令：PRESOL, F 或 M。

GUI: Main Menu > General Postproc > List Results > Element Solution。

可以列出选定的一组节点的总节点力和总力矩。这样,就可以选定一组节点并得作用在这些节点上的总力的大小,命令方式和 GUI 方式为：

命令：FSUM。

GUI: Main Menu > General Postproc > Nodal Calcs > Total Force Sum。

同样,也可以察看每个选定节点处的总力和总力矩。对于处于平衡态的物体,除非存在外加的载荷或反作用载荷,所有节点处的总载荷应该为零。命令和 GUI 为：

命令：NFORCE。

GUI: Main Menu > General Postproc > Nodal Calcs > Sum > Each Node。

还可以设置要观察的是力的哪个分量：合力(默认),静力分量,阻尼力分量,惯性力分量。命令为：

命令：FORCE。

GUI: Main Menu > General Postproc > Options for Outp。

显示线单元(例如梁单元)结果：

命令：ETABLE。

GUI: Main Menu > General Postproc > Element Table > Define Table。

对于线单元,如梁单元,杆单元及管单元,用此选项可得到派生数据(应力,应变等)。

细节可查阅 ETABLE 命令。

绘制矢量图：

命令：PLVECT。

GUI: Main Menu > General Postproc > Plot Results > Vector Plot > Predefined。

列表显示结果：

命令：PRESOL(节点结果)。

PRESOL(单元—单元结果)。

PRRSOL(反作用力数据)等。

NSORT, ESORT(对数据进行排序)。

GUI: Main Menu > General Postproc > List Results > Nodal Solution。

Main Menu > General Postproc > List Results > Element Solution。

Main Menu > General Postproc > List Results > Reaction Solution。

Main Menu > General Postproc > List Results > Sorted Listing > Sort Nodes。

13.3 有阻尼自由振动分析示例

在此例中，有一个集中质量块的钢梁受到动力载荷作用，用完全法(full method)来执行动力响应分析，确定一个随时间变化载荷作用的瞬态响应。

13.3.1 问题描述

一个有阻尼的弹簧—质量块系统，如图 13-3 所示，质量块被移动位移 Δ 然后释放。假定表面摩擦力是一个滑动常阻力 F，求系统的位移时间关系。表 13-4 给出了问题的材料属性、载荷条件以及初始条件(采用英制单位)。

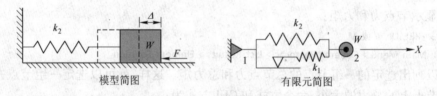

模型简图　　　　　　　　　　有限元简图

图 13-3 模型简图

表 13-4 材料属性、载荷以及初始条件

材料属性	载荷		初始条件	
$W = 4.536\text{kg}(10\text{lb})$	$\Delta = 0.0254\text{m}(-1\text{in})$		X	v_0
$k_2 = 30\text{lb/in}$	$F = 0.85\text{kg}(1.875\text{lb})$	$t=0$	-1	0.0
$m = W/g$				

13.3.2 前处理

13.3.2.1 定义工作标题

Utility Menu > File > Change Title，弹出"Change Title"对话框，输入"FREE VIBRATION WITH COULOMB DAMPING"，然后单击"OK"按钮。

13.3.2.2 建立有限元模型

(1)定义单元类型:Main Menu > Preprocessor > Element Type > Add/Edit/Delete,弹出"Element Types"对话框,单击"Add"按钮,弹出"Library of Element Types"对话框,在左面列表框中选择"Combination",在右面的列表框中选中"Combination 40",单击"OK"按钮。

(2)定义单元选项。单击"Options"按钮,弹出"COMBIN40 element type options"对话框,在"Element degree(s) of freedom K3"后面的下拉列表中选择"UX",在"Mass location K6"后面的下拉列表中选择"Mass at node J",单击"OK"按钮。单击"Close"按钮关闭该对话框。

(3)定义第一种实常数。Main Menu > Preprocessor > Real Constants > Add/Edit/Delete,弹出"Real Constants"对话框,单击"Add"按钮,弹出"Element Type for Real Constants"对话框。

(4)在"Real Constant"对话框中选取"Type 1 COMBIN40",单击"OK"按钮,出现"Real Constants Set Number 1,for COMBIN40"对话框,在"Spring constant K1"文本框中输入10000,在"Mass M"文本框中输入10/386,在"Limiting sliding force FSLIDE"文本框中输入1.875,在"Spring const(par to slide)K2"文本框中输入30,单击"OK"按钮。接着单击"Real Constants"对话框的"Close"按钮关闭该对话框,退出实常数定义。

(5)创建节点:Main Menu > Preprocessor > Modeling > Create > Nodes > In Active CS,弹出"Create Nodes in Active Coordinate System"对话框。在"NODE Node number"文本框中输入1,如图13-4所示。在"X,Y,Z Location in active CS"文本框中输入"0,0,0",单击"Apply"按钮。

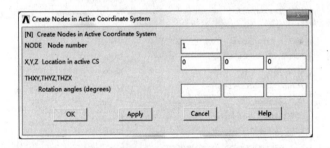

图13-4 生成第一个节点

(6)在"Create Nodes in Active Coordinate System"对话框中,在"NODE Node number"文本框中输入2,在"X,Y,Z Location in active CS"文本框中输入"1,0,0",单击"OK"按钮,屏幕显示如图13-5所示。

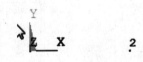

图13-5 节点显示

(7)打开节点编号显示控制,Utility Menu > PlotCtrls > Numbering,弹出"Plot Numbering Controls"对话框,单击"NODE Node numbers"复选框使其显示为"On",如图13-6所示,单击"OK"按钮。

(8)选择菜单路径:Utility Menu > PlotCtrls > Window Controls > Window Options,弹出"Window Options"对话框,在"[/TRIAD] Location of triad"下拉列表中选择"At top left",如图13-7所示,单击"OK"按钮关闭该对话框。

(9)定义单元属性:Main Menu > Preprocessor > Modeling > Create > Elements > Elem At-

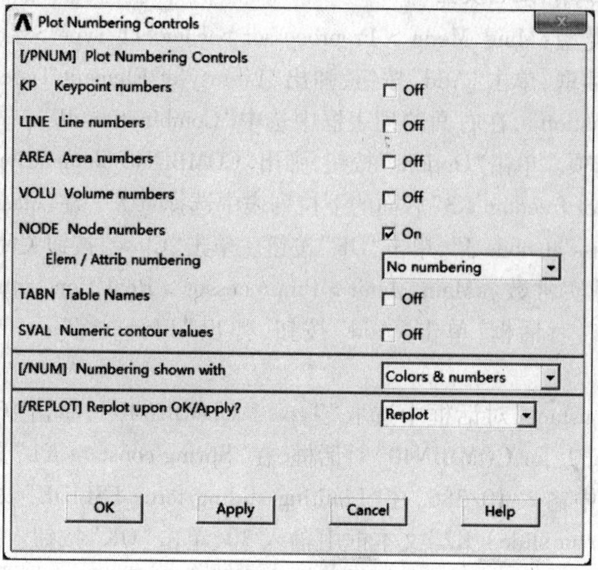

图 13-6　打开节点编号显示控制

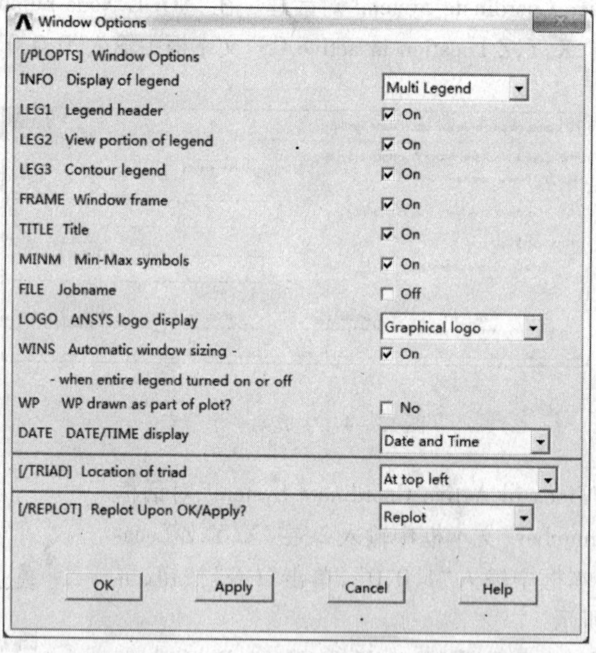

图 13-7　"Window Options"对话框

tributes,弹出"Elements Attributes"对话框,在"[TYPE] Element type number"下拉列表中选择" 1 COMBIN40",在"[REAL] Real constant set number"下拉列表中选择1,如图 13-8 所示。

(10)创建单元:Main Menu > Preprocessor > Modeling > Create > Elements > AutoNumbered > Thru Nodes,弹出"Elements from Nodes"拾取菜单。用鼠标在屏幕上拾取编号为 1 和 2 的

13.3 有阻尼自由振动分析示例 ·229·

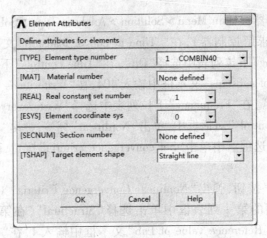

图 13-8 "Elements Attributes" 对话框

节点,单击"OK"按钮,屏幕上在节点 1 和节点 2 之间出现一条直线。此时屏幕显示如图 13-9 所示。

图 13-9 单元模型

13.3.2.3 施加载荷

建立初始条件。定义初始位移和速度:Main Menu > Preprocessor > Loads > Define Loads > Apply > Initial Condit'n > Define,弹出"Define Initial Conditions"拾取菜单,用鼠标在屏幕上拾取编号为"2"的节点,单击"OK"按钮,弹出"Define Initial Conditions"对话框,如图 13-10 所示,在"Lab DOF to be specified"后面的下拉列表中选择"UX",在"VALUE Initial value of DOF"文本框中输入 -1,在"VALUE2 Initial velocity"文本框中输入 0,单击"OK"按钮。

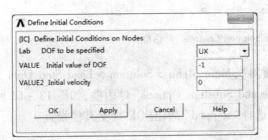

图 13-10 "Define Initial Conditions"对话框

如果在 Menu > Preprocessor > Loads > Define Loads > Apply 路径下没有找到"Initial Condit'n"项,可以先选择 Main Menu > Solution > Unabridged Menu 路径显示所有可能的菜单,然后再执行 Main Menu > Preprocessor > Loads > Define Loads > Apply > Initial Condit'n > Define。另外,定义初始位移和初始速度还有一条路径:MainMenu > Solution > Define Loads > Apply > Initial Condit'n > Define,它跟上面的做法是完全等效的。

13.3.3 求解

13.3.3.1 设定求解类型和求解控制器

(1)定义求解类型:Main Menu > Solution > Analysis Type > New Analysis。在"New Analysis"对话框中选"Transient",单击"OK"按钮,弹出"Transient Analysis"对话框,在"[TRNOPT] Solution method"后面选中"Full"按钮(通常为默认选项),单击"OK"按钮。

(2) 设置求解控制器。Main Menu > Solution > Analysis Type > Sol'n Controls,弹出"Solution Controls"对话框(求解控制器),在"Time at end of loadstep"文本框中输入 0.2025,在"Automatic time stepping"下拉列表中选择"Off",在"Time controls"下面单击选择"Number of substeps",在"Number of substeps"文本框中输入 404,在"Write items to results file"下面单击选择"All solution items",在"Frequency"下拉列表中选择"Write every substeps"。

(3) 在"Solution Controls"对话框中,单击"Nonlinear"标签,弹出"Nonlinear"选项卡。

(4) 在"Nonlinear"选项卡中单击"Set convergence criteria"按钮,弹出"Nonlinear Convergence Criteria"工具框。

(5) 单击"Replace"按钮,弹出"Nonlinear Convergence Criteria"对话框,在"Lab Convergence is based on"右面的第一列表框中单击选择"Structural",在第二列表框中单击选择"Force F",在"VALUE Reference value of Lab"文本框中输入 1,在"TOLER Tolerance about VALUE"文本框中输入"0.001",单击"OK"按钮,接受其他默认设置,返回到"Nonlinear Convergence Criteria"工具框,单击"Close"按钮,返回到"Nonlinear"选项卡,单击"OK"按钮。

13.3.3.2 设定其他求解选项

(1) 关闭优化设置,Main Menu > Solution > Unabridged Menu > Load Step Opts > Solution Ctrl,弹出"Nonlinear Solution Controls"对话框,在"[SOLCONTROL] Solution Control"后面选择"Off",如图 13-11 所示,单击"OK"按钮。

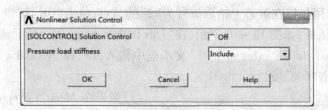

图 13-11 "Nonlinear Solution Controls"对话框

(2) 设置载荷和约束类型(阶跃或者倾斜),Main Menu > Solution > Load Step Opts > Time/Frequenc > Time and Subsips,弹出"Time and Substeps Options"对话框,如图 13-12 所示,在"[KBC] Stepped or ramped b. c."后面选择"stepped",单击 OK 接受其他设置。

13.3.3.3 施加载荷和约束

施加约束,Main Menu > Solution > Define Loads > Apply > Structural > Displacement > On Nodes,弹出"Apply U,ROT on Nodes"拾取菜单,用鼠标在屏幕上拾取编号为 1 的节点,单击"OK"按钮,弹出"Apply U,ROT on Nodes"对话框,在"Lab2 DOFs to be constrained"后面的列表中选择"UX",如图 13-13 所示,单击"OK"按钮。

13.3.3.4 瞬态求解

(1) 瞬态分析求解:Main Menu > Solution > Solve > Current LS,弹出"/STATUS Command"信息提示栏和"Solve Current Load Step"对话框。浏览信息提示栏中的信息,如果无误,则单击 File > Close 关闭。单击"Solve Current Load Step"对话框的"OK"按钮,开始求解。

(2) 当求解结束时,会弹出"Solution is done"的提示框,单击"OK"按钮。此时屏幕显示求解迭代进程,如图 13-14 所示。

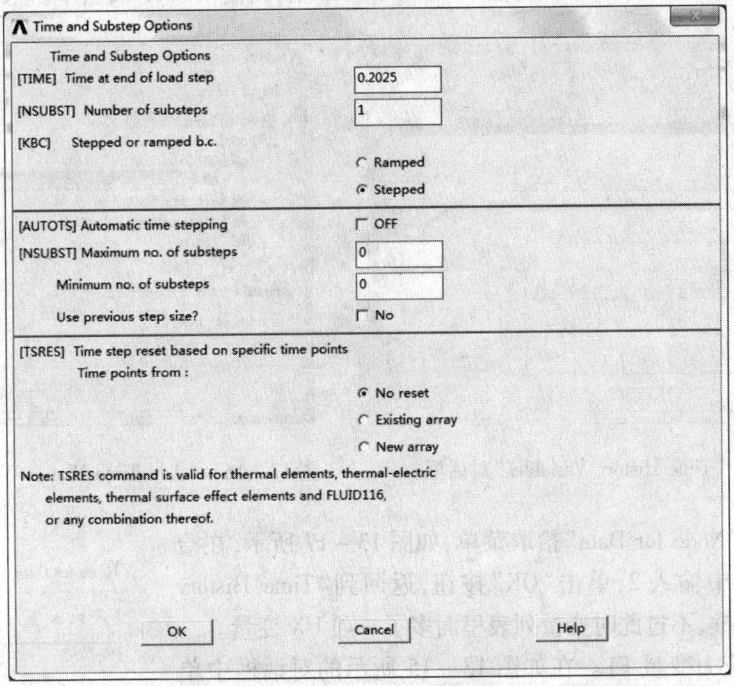

图 13 – 12 "Time and Substeps Options"对话框

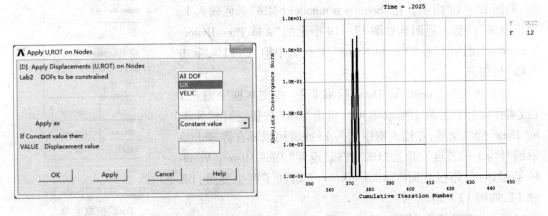

图 13 – 13 "Apply U,ROT on Nodes"对话框　　　　图 13 – 14 求解迭代进程

(3)退出求解器:Main Menu > Finish。

13.3.4 后处理

(1)进入时间历程后处理:Main Menu > TimeHist PostPro,弹出如图 13 – 15 所示的"Time History Variables"对话框,里面已有默认变量时间(TIME)。

(2)定义位移变量"UX":在如图 13 – 15 所示的对话框中单击左上角的"＋"按钮,弹出"Add Time-History Variables"对话框,连续单击 Nodal Solution > DOF Solution > X-Component of displacement,如图 13-16 所示,在"Variable Name"后面输入"UX-2",单击"OK"按钮。

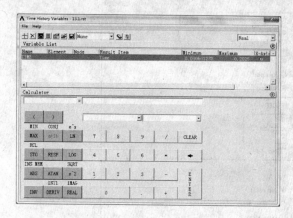

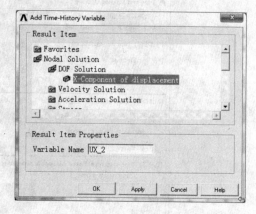

图 13-15 "Time History Variables"对话框

图 13-16 "Add Time-History Variables"对话框

（3）弹出"Node for Data"拾取菜单,如图 13-17 所示,在拾取菜单文本框中输入 2,单击"OK"按钮,返回到"Time History Variables"对话框,不过此时变量列表里面多了一项 UX 变量。

（4）定义应力变量 F1。在如图 13-15 所示的对话框中单击左上角的"+"按钮,弹出如图 13-16 所示对话框,在该对话框中连续单击 Element Solution > Miscellaneous Items > Summable data（SMISC,I）,弹出"Miscellaneous Sequence Number"对话框,如图 13-18 所示。在"Sequence number SMIS"后面输入 1,单击"OK"按钮。返回到如图 13-19 所示的"Add Time-History Variables"对话框,在"Viable Name"文本框中输入"F1",单击"OK"按钮。

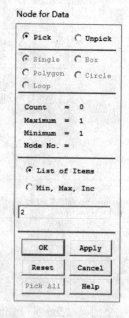

（5）弹出"Element for Data"拾取菜单,在文本框中输入 1（或者用鼠标在屏幕上拾取单元）,单击"OK"按钮,弹出"Node for Data"拾取菜单,在输入框中输入 1（或者用鼠标在屏幕上拾取编号为 1 的节点）,单击"OK"按钮,返回"Time History Variables"对话框,不过此时"Variable List"下增加了两个变量:UX 和 F1,如图 13-20 所示。

图 13-17 "Node for Data"拾取菜单

（6）设置坐标 1,Utility Menu > Plot Ctrls > Style > Graphs > Modify Grid,弹出"Grid Modifications for Graph Plots"对话框,在"[/GRID] Type of grid"后面的下拉列表中选择"X and Y lines",如图 13-21 所示,单击"OK"按钮。

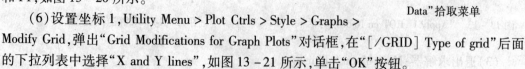

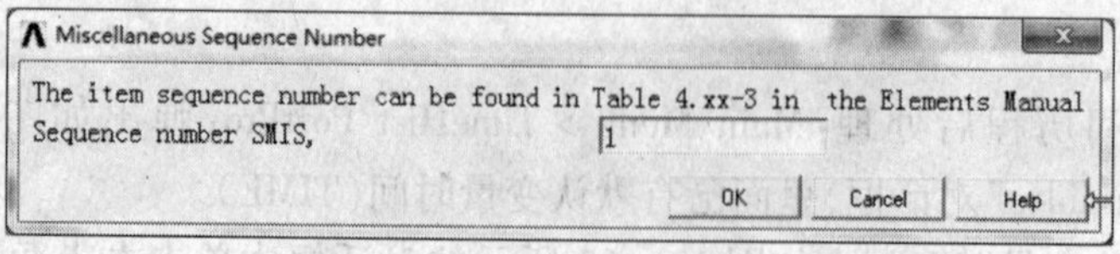

图 13-18 "Miscellaneous Sequence Number"对话框

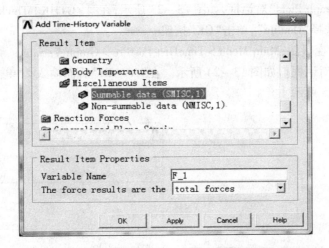

图 13-19 "Add Time-History Variables"对话框

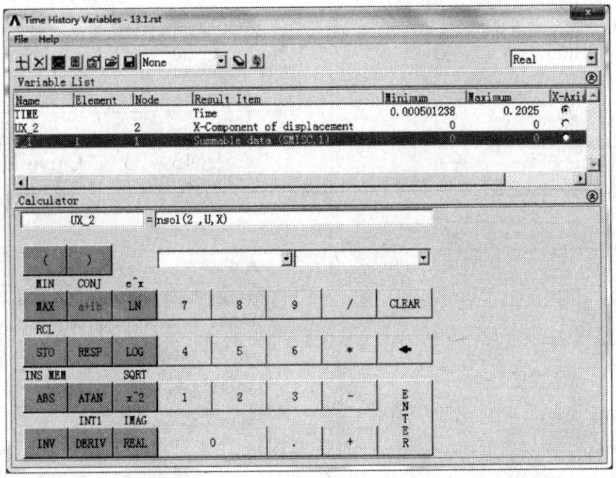

图 13-20 "Time History Variables"对话框

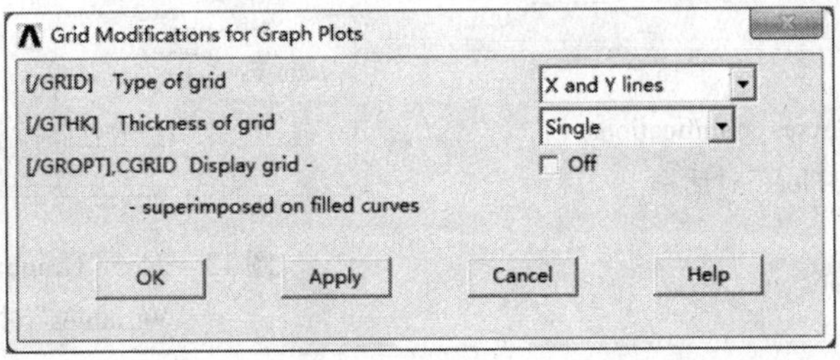

图 13-21 "Grid Modifications for Graph Plots"对话框

(7) 设置坐标2, Utility Menu > Plot Ctrls > Style > Graphs > Modify Axes, 弹出"Axes Modifications for Graph Plots"对话框, 在"[/AXLAB] Y - axis label"文本框中输入"DISP", 如图 13-22 所示, 单击"OK"按钮。

(8) 设置坐标3, Utility Menu > PlotCtrls > Style > Graphs > Modify Curve, 弹出"Curve

Modifications for Graph Plots"对话框,如图 13-23 所示,在"[/GTHK] Thickness of curves"后面的下拉列表中选择"Double",单击"OK"按钮。

(9) 绘制 UX 变量图,Main Menu > TimeHist PostPro > Graph Variables,弹出"Graph Time-History Variables"对话框。如图 13-24 所示。在"NVARI"后面输入 2,单击"OK"按钮,屏幕显示如图 13-25 所示。

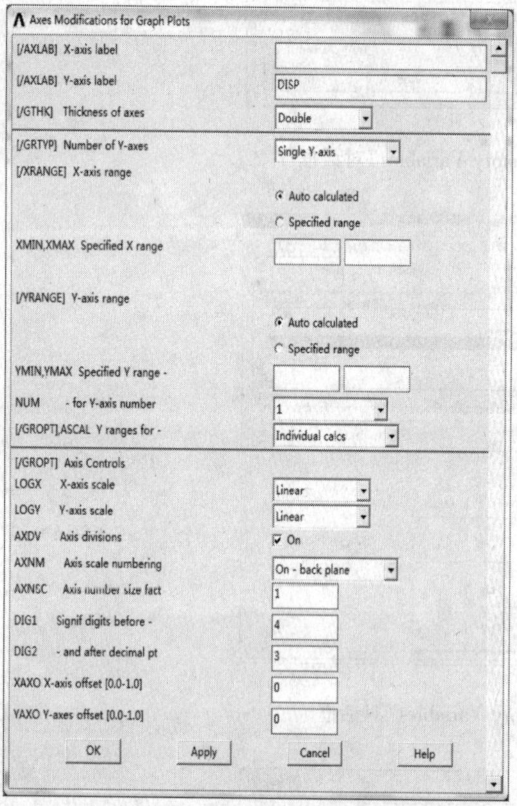

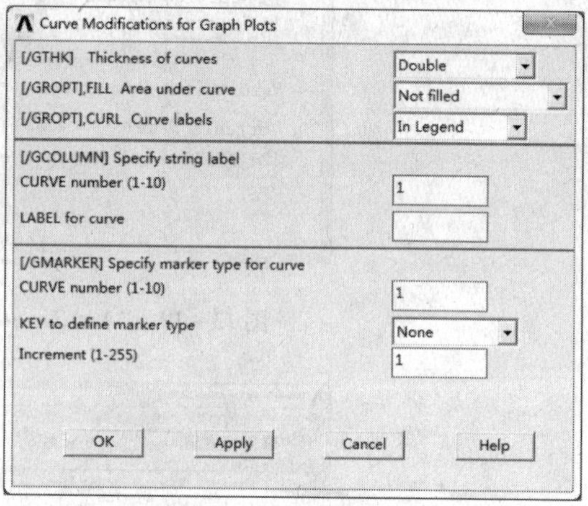

图 13-23 "Curve Modifications for Graph Plots"对话框

图 13-22 "Axes Modifications for Graph Plots"对话框

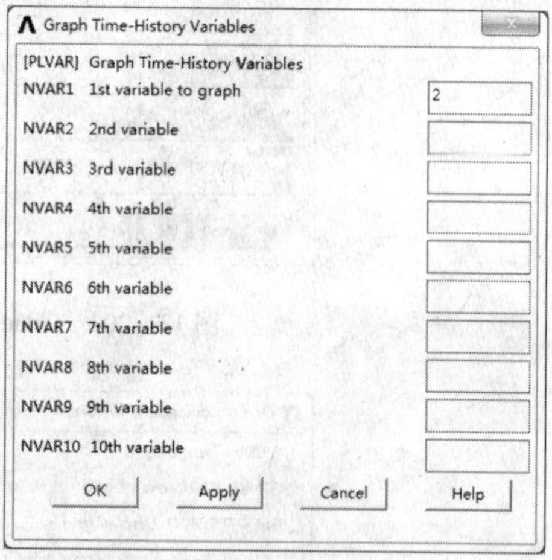

图 13-24 "Graph Time-History Variables"对话框

(10) 重新设置坐标轴标号:Utility Menu > PlotCtrls > Style > Graphs > Modify Axes,弹出见图 13-22 对话框,在"[/AXLAB] Y - axis label"后面输入"FORCE",单击"OK"按钮。

(11) 绘制 F1 变量图,Main Menu > TimeHist PostPro > Graph Variables,弹出"Graph Time-History Variables"对话框,如图 13-24 所示。在"NVAR1"后面输入 3,单击"OK"按钮,屏幕显示如图 13-26 所示。

13.3 有阻尼自由振动分析示例 · 235 ·

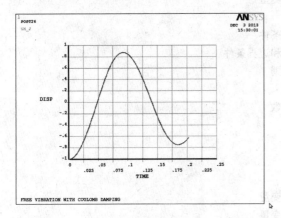 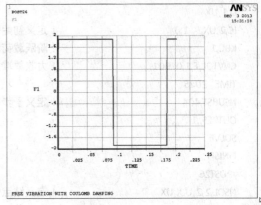

图 13-25 位移时间曲线　　　　　　　图 13-26 应力时间曲线

（12）列表显示变量，Main Menu > TimeHist PostPro > List Variables，弹出"List Time – History Variables"对话框，如图 13-27 所示，在"NVAR1"后面输入 2，在"NVAR2"后面输入 3，单击"OK"按钮，屏幕显示如图 13-28 所示。

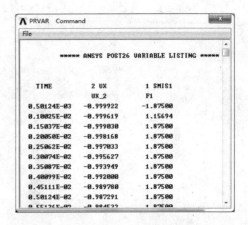

图 13-27 "List Time-History Variables"对话框　　　　图 13-28 列表显示变量

13.3.5　命令流

```
/PREP7
/TITLE, FREE VIBRATION WITH COULOMB DAMPING
ET,1,COMBIN40,,,,,,2              !定义单元类型
R,1,1E4,,(10/386),,1.875,30       !定义实常数
N,1
N,2,1
E,1,2
FINISH
/SOLU
SOLCONTROL,0
```

```
ANTYPE,TRANS              ! 定义分析类型
D,1,UX
IC,2,UX,-1,0              ! 定义初始条件
KBC,1                     ! 阶跃载荷和边界条件
CNVTOL,F,1,0.001          ! 力收敛准则
TIME,.2025
NSUBST,404                ! 定义子步数
OUTRES,,1
SOLVE
FINISH
/POST26
NSOL,2,2,U,X,UX           ! 定义结点变量
ESOL,3,1,,SMISC,1,F1      ! 定义单元变量
PRVAR,2,3
/GRID,1                   ! 设置坐标
/AXLAB,Y,DISP
/GTHK,CURVE,2
```

14 谱 分 析

14.1 谱分析概述

谱是指频率与谱值的曲线,它表征时间历程载荷的频率和强度特征。谱分析包括:
(1)响应谱:单点响应谱(SPRS)和多点响应谱(MPRS)。(2)动力设计分析方法(DDAM)。(3)功率谱密度(PSD)。

14.1.1 响应谱

响应谱表示单自由度系统对时间历程载荷的响应,它是响应与频率的曲线,这里的响应可以是位移、速度、加速度或者力。响应谱包括两种:

(1)单点响应谱(SPRS)。在单点响应谱分析(SPRS)中,只可以给节点指定一种谱曲线(或者一族谱曲线),例如在支撑处指定一种谱曲线,如图 14-1(a)所示。

(2)多点响应谱(MPRS)。在多点响应谱分析(MPRS)中可在不同节点处指定不同的谱曲线,如图 14-1(b)所示。

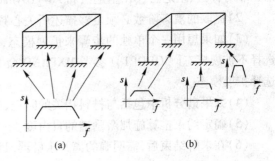

图 14-1 响应谱分析示意图
(a)s—谱值;(b)f—频率

14.1.2 动力设计分析方法(DDAM)

该方法是一种用于分析船装备抗振性的技术,它本质上来说也是一种响应谱分析,该方法中用到的谱曲线是根据一系列经验公式和美国海军研究实验报告(NRL-1396)提供的抗振设计表格得到的。

14.1.3 功率谱密度(PSD)

功率谱密度(PSD)是针对随机变量在均方意义上的统计方法,用于随机振动分析,此时,响应的瞬态数值只能用概率函数来表示,其数值的概率对应一个精确值。

功率密度函数表示功率谱密度值与频率的曲线,这里的功率谱可以是位移功率谱、速度功率谱、加速度功率谱或者力功率谱。从数学意义上来说,功率谱密度与频率所围成的面积就等于方差。跟响应谱分析类似,随机振动分析也可以是单点或者多点。对于单点随机振动分析,在模型的一组节点处指定一种功率谱密度;对于多点随机振动分析,可以在模型不同节点处指定不同的功率谱密度。

14.2 谱分析的基本步骤

14.2.1 前处理

该步骤跟普通结构静力分析一样,不过需注意以下两点:

(1)在谱分析中只有线性行为有效。如果有非线性单元存在,将作为线性来考虑。举例来说,如果分析中包括接触单元,它们的刚度将依据原始状态计算并且之后就不再改变。

(2)必须指定弹性模量(EX)(或者是某种形式的刚度)和密度(DENS)(或某种形式的质量)。材料属性可以是线性的,各向同性或者各向异性的,与温度无关或者有关。如果定义了非线性材料属性,其非线性将被忽略。

14.2.2 模态分析

谱分析之前需进行模态分析(包括自振频率和固有模态),其具体步骤可参考模态分析章节,不过需注意以下几点:

(1)提取模态可以用兰索斯方法(Block Lanczos)、自空间法或者减缩方法,其他的方法诸如非对称法、阻尼法、QR 阻尼法和 PowerDynamics 法不能用于后来的谱分析。

(2)提取的模态阶数必须足够描述所关心频率范围内的结构响应特性。

(3)如果想用一个单独的步骤来扩展模态,那么使用 GUI 分析时在弹出的对话框中要选择不扩展模态[MODOPT](参考 MXPAND 命令的 SIGNIF 变量)。否则,在模态分析时就选择扩展模态。

(4)如果谱分析中包括与材料相关的阻尼,必须在模态分析时指定。

(5)确定约束推算施加激励谱的自由度。

(6)在求解结束后,需明确的离开求解器[FINISH]。

14.2.3 谱分析

从模态分析得到的模态文件和全部文件(jobname.MODE, jobname.FULL)必须存在且有效,数据库中必须包含相同的结构模型。

14.2.3.1 进入求解器

命令:/SOLU。

GUI: Main Menu > Solution。

14.2.3.2 定义分析类型和选项

ANSYS 程序为谱分析提供了如表 14-1 所示的选项,须注意的是,并不是所有模态分析选项和特征值提取方法都可用于谱分析。

表 14-1 分析类型和选项

选项	命令	GUI 路径
新的分析	ANTYPE	Main Menu > Solution > Analysis Type > New Analysis
分析类型:谱分析	ANTYPE	Main Menu > Solution > Analysis Type > New Analysis > Spectrum
谱分析类型:SPRS	SPOPT	Main Menu > Solution > Analysis Type > Analysis Options
提取的模态阶数	SPOPT	Main Menu > Solution > Analysis Type > Analysis Options

(1) 选项:New Analysis [ANTYPE]。选择"New Analysis"。

(2) 选项:Analysis Type > Spectrum [ANTYPE]。选择"spectrum"(谱分析)。

(3) 选项:Spectrum Type [SPOPT]。可供选择项有,"Single-point Response Spectrum"(SPRS)(单点响应谱),"Multi-pt response"(MPRS)(多点响应谱),"D.D.A.M"(动力设计分析)和"P.S.D"(功率谱密度),如图14-2所示。这其实就是选择谱分析的方法,针对不同的谱分析方法,后面的载荷步选项也不相同。

(4) 提取的模态阶数[SPOPT]。提取足够的模态,要可以覆盖谱分析所跨越的频率范围,这样才可以描述结构的响应特

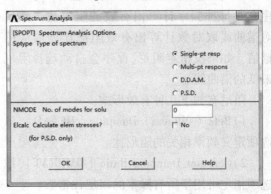

图14-2 谱分析选项

征。求解的精度依赖于模态的提取阶数:提取阶数越多,求解精度越高,该项对应于图14-2中的"NMODE No. of modes for solu"。如果想计算相对应力,在"SPOPT"命令里选择"YES",对应于图14-2中的"Elcalc Calculate elem stresses"。

14.2.3.3 指定载荷步选项

表14-2给出对于单点响应谱分析有效的载荷步选项。

表14-2 载荷步选项

选 项	命令	GUI 路径
谱分析选项		
响应谱的类型	SVTYP	Main Menu > Solution > Load Step Opts > Spectrum > Single Point > Settings
直接激励	SED	Main Menu > Solution > Load Step Opts > Spectrum > Single Point > Settings
谱值与频率的曲线	FREQ,SV	Main Menu > Solution > Load Step Opts > Spectrum > Single Point > Freq Table or Spear Values
阻尼(动力学选项)		
刚度阻尼	BETAD	Main Menu > Solution > Load Step Opts > Time/Frequenc > Damping
阻尼比常数	DMPRAT	Main Menu > Solution > Load Step Opts > Time/Frequenc > Damping
模态阻尼	MDAMP	Main Menu > Solution > Load Step Opts > Time/Frequenc > Damping

(1) 响应谱的类型[SVTYP]。如图14-3所示,响应谱的类型(Type of response spectr)可以是位移、速度、加速度、力或者功率谱。除了力之外,其余都可以表示地震谱,也就是说,它们都假定作用于基础上(即约束处)。力谱作用于没有约束的节点,可以利用命令F或者FK来施加,其方向分别用FX,FY,FZ表示。功率谱密度谱[SVTYP,4]在内部被转化为位移响应谱并且限定为平面窄带谱。

(2) 直接激励[SED]。

(3) 谱值与频率的曲线[FREQ,SV] a SV和FREQ命令可以用来定义谱曲线。可以定义一族谱曲线,每条曲线都有不同的阻尼率,可以利用STAT命令来列表显示谱曲线值。另

一条命令 ROCK 可用来定义摆动谱。

（4）阻尼。如果定义多种阻尼，ANSYS 程序会对每种频率计算出有效的阻尼比。然后对谱曲线取对数计算出有效阻尼比处对应的谱值。如果没指定阻尼，程序会自动选择阻尼最低的谱曲线。

阻尼有如下几种有效形式：

1）Beta（stiffness）Damping ［BETAD］，该选项定义频率相关的阻尼比。

2）Constant Damping Ratio ［DMPRAT］，该选项指定可用于所有频率的阻尼比常数。

3）Modal Damping ［MDAMP］。

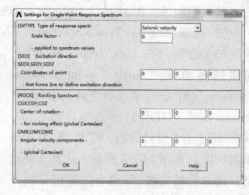

图 14 - 3　单点响应谱分析选项

材料相关阻尼比［MP,DAMP］也有效。必须在模态分析步骤指定。"MP,DAMP"命令还可以指定材料相关阻尼比常数，但不能指定用于其他分析中的材料相关刚度阻尼。

14.2.3.4　开始求解并离开求解器

命令：SOLVE。

GUI：Main Menu > Solution > Solve > Current LS。

求解输出结果中包括参与因子表。该表作为打印输出的一部分，列出了参与因子、模态系数（基于最小阻尼比）以及每阶模态的质量分布。用振型乘以模态系数就可以得到每阶模态的最大响应（模态响应）。利用"*GET"命令可以重新得到模态系数，在"SET"命令里可以将它作为一个比例因子。

14.2.4　扩展模态

命令：MXPAND。

GUI：Main Menu > Solution > Analysis Type > New Analysis > Modal。

　　　　Main Menu > Solution > Analysis Type > Expansion Pass。

　　　　Main Menu > Solution > Load Step Opts > Expansion Pass > Expand Modes。

（1）弹出"New Analysis"对话框，选择"Modal"选项，如图 14 - 4 所示。

（2）弹出"Expansion Pass"对话框，选择"Expansion pass"（见图 14 - 5），单击"OK"按钮。

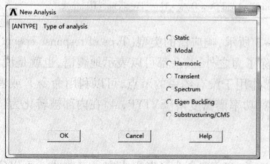

图 14 - 4　"New Analysis"对话框

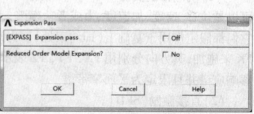

图 14 - 5　"Expansion Pass"对话框

(3)弹出"Expand Modes"对话框,如图 14-6 所示填入想要扩展的模态或者频率范围,如果想计算应力,选择"Elcalc"选项,单击"OK"按钮。

不论模态分析时采用何种模态提取方法,都需要扩展模态。前面已经说过模态扩展的具体方法和步骤,但要记住以下两点:

(1)只有有意义的模态才能被有选择

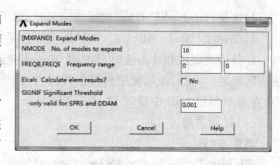

图 14-6 "Expand Modes"对话框

的扩展。如果用命令方法,可以参考"MSPAND"命令的"SIGNIF"选项;如果用 GUI 路径,在模态分析步骤时,在"Expansion Pass"对话框(如图 14-5 所示)选择"No",然后就可以在谱分析结束后用一个单独的步骤来扩展模态。

(2)只有扩展后的模态才能进行合并模态操作。

另外,如果想要扩展所有模态,可以在模态分析步骤时就选择扩展模态。但如果想只是有选择的扩展模态(只扩展对求解有意义的模态),则必须在谱分析结束后用单独的模态扩展步骤来完成。只有扩展后的模态才会写入结果文本(Jobname. RST)。

14.2.5 合并模态

模态合并作为一个单独的过程,其步骤为:

(1)进入求解器。

命令:/SOLU。

GUI: Main Menu > Solution。

(2)定义求解类型。

命令:ANTYPE。

GUI: Main Menu > Solution > Analysis Type > New Analysis。选择 analysis type spectrum。

(3)选择一种合并模态方式。ANSYS 程序提供了 5 种合并模态方式,分别是:

1)Square Root of Sum of Squares(SRSS)。2)Complete Quadratic Combination(CQC)。3)Double Sum(DSUM)。4)Grouping(GRP)。5)Naval Research Laboratory Sum(NRLSUM)。

其中,NRLSUM 方法专门用于动力设计分析方法,用下面的方法激活合并模态方法:

命令:SRSS、CQC、DSUM、GRP、NRLSUM。

GUI: Main Menu > Solution > Analysis Type > New Analysis > Spectrum。

Main Menu > Solution > Analysis Type > Analysis Opts > Single-pt resp。

Main Menu > Load Step Opts > Spectrum > Spectrum-Single Point > Mode Combine。

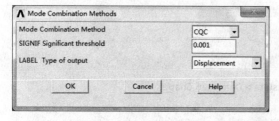

图 14-7 "Mode Combination Methods"对话框

弹出"Mode Combination Methods"对话框,如图 14-7 所示。

ANSYS 允许计算 3 种不同响应类型的合并模态,对应于如图 14-7 所示对话框中 LABEL 的下拉列表。

1)位移(label = DISP)。位移响应包括:位移、应力、力等。

2) 速度(label = VELO)。速度响应包括:速度、应力速度、集中力速度等。

3) 加速度(label = ACEL)。加速度响应包括:角速度、应力加速度、集中力加速度等。

在分析地震波和冲击波时,DSUM 方法还允许输入时间。如果要选用 CQC 方法,则必须指定阻尼。另外,如果使用材料相关阻尼[MP,DAMP,…],在模态扩展时就必须计算应力(在命令 MXPAND 中设置 Elcalc = YES)。

(4) 开始求解。

命令: SOLVE。

GUI: Main Menu > Solution > Solve > Current LS。

模态合并步骤建立一个 POST1 命令文件(Jobname.MCOM),在 POST1(通用后处理)读入这个文件并利用模态扩展的结果文件(Jobname.RST)来进行模态合并。文件(Jobname.MCOM)包含 POST1 命令,命令中包含由指定模态合并方法计算得到的整体结构响应的最大模态响应。模态合并方法决定了结构模态响应如何被合并:

1) 如果选择位移响应类型(label = DISP),模态合并命令将合并每一阶模态的位移和应力。2) 如果选择速度响应类型(label = VELO),模态合并命令将合并每一阶模态的速度和应力速度。3) 如果选择加速度响应类型(label = ACEL),模态合并命令将合并每一阶模态的加速度和应力加速度。

(5) 离开求解器。如果除了位移之外,还想计算速度和加速度,在合并位移类型之后,重复执行模态合并步骤以合并速度和加速度。需要记住,在执行了新的模态合并步骤之后,Jobname.MCOM 文件被重新写过了。

14.2.6 后处理

单点响应谱分析的结果文件以 POST1 命令形式被写入了模态合并文件"Jobname.MCOM"。这些命令以某种指定的方式合并最大模态响应,然后计算出结构的整体响应。整体响应包括位移(或者速度或者加速度),另外,如果在模态扩展阶段作了相应设定,则还包括整体应力(或者应力速度或者应力加速度)、应变(或者应变速度或者应变加速度),以及反作用力(或者反作用力速度或者反作用力加速度)。可以通过 POST1(通用后处理器)来观察这些结果。

如果想直接合并衍生应力(S1,S2,S3,SEQV,SI),在读入 Jobname.MCOM 文件之前执行"SUMTYPE,PRIN"命令。默认命令"SUMTYPE,COMP"只能直接处理单元非平均应力以及这些应力的衍生量。

14.2.6.1 读入 Jobname.MCOM 文件

命令:/INPUT。

GUI: Utility Menu > File > Read Input From。

14.2.6.2 显示结果

(1) 显示变形图。

命令:PLDISP。

GUI: Main Menu > General Postproc > Plot Results > Deformed Shape。

(2) 显示云图。

命令:PLNSOL or PLESOL。

GUI: Main Menu > General Postproc > Plot Results > Contour Plot > Nodal Solu or Element Solu。

利用命令 PLNSOL 和 PLESOL 可以绘制任何结果项的云图(等值线),例如应力(SX,SY,SZ,…),应变(EPELX,EPELY,EPELZ,…),位移(UX,UY,UZ,…)。如果执行了 SUMTYPE 命令,那么 PLNSOL 和 PLESOL 命令的显示结果将会受到 SUMTYPE 命令的具体设置(SUMTYPE,COMP 或者 SUMTYPE,PRIN)的影响。

利用 PLETAB 命令可以绘图显示单元表,利用 PLLS 可以绘图显示线单元数据。利用"PLNSOL"命令绘制衍生数据(例如应力和应变)时,其节点处是平均值。在单元不同材料处、不同壳厚度处或者其他不连续时,这种平均导致节点处结果被"磨平"。如果想避免这种"磨平"的影响,可以在执行"PLNSOL"命令之前选择同种材料、通常壳厚度等的单元。

(3)显示矢量图。

命令:PLVECT。

GUI: Main Menu > General Postproc > Plot Results > Vector Plot > Predefined。

(4)列表显示结果。

命令:PRNSOL(节点结果)

　　　PRESOL(单元结果)

　　　PRRSOL(反作用力)

GUI: Main Menu > General Postproc > List Results > Nodal Solution。

Main Menu > General Postproc > List Results > Element Solution。

Main Menu > General Postproc > List Results > Reaction Solution。

(5)其他功能:后处理器还包含许多其他功能,例如将结果映射到具体路径,将结果转化到不同坐标系,载荷工况叠加等。

14.3　支撑平板的动力效果分析示例

下面通过对一个平板结构的随机载荷分析阐述谱分析的具体方法和步骤,同时,本例采用的是直接生成有限元模型方法,该方法最大的优点在于可以完全控制节点的编号和排序,用户会通过对本例的学习更深一步体会直接方法的优越性。

14.3.1　问题描述

一块简支厚板,边长为 L,厚度为 t,单位面积的质量为 m,受一随机均布压力作用,压力的功率谱密度为 PSD,模型和载荷见图 14-8 和表 14-3,求无阻尼固有频率处的位移峰值。

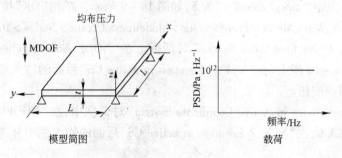

图 14-8　模型简图

表 14-3 材料属性、几何尺寸、加载情况

材料属性	几何尺寸	加载情况
$E = 200 \times 10^9 \text{Pa}$	$L = 10\text{m}$	$\text{PSD} = 10^{12}(\text{N/m}^2)/\text{Hz}$
$\mu = 0.3$	$t = 1.0\text{m}$	$\text{Damping} = 2\%$
$\rho = 8000\text{kg/m}^3$		

14.3.2 前处理

14.3.2.1 前处理准备

定义工作文件名,Utility Menu > File > Change Jobname,弹出"Change Jobname"对话框"Enter new jobname"文本框中输入"Example",将"New Log and error files"复选框选为"yes",单击"OK"按钮。

定义工作标题,Utility Menu > File > ChangeTitle,键入文字"DYNAMIC LOAD EFFECT ON SIMPLY – SUPPORTED THICK SQUARE PLATE",单击"OK"按钮。

14.3.2.2 建立有限元模型

(1)定义单元类型:Main Menu > Preprocessor > Element Type > Add/Edit/Delete,弹出"Element Types"对话框,单击"Add"按钮,弹出"Library of Element Types"对话框,在左侧滚动栏中选择"Structural"及其下的"Shell",在右侧选择"8node 281",单击"OK"按钮。

(2)定义材料性质,Main Menu > Preprocessor > Material Props > Material Models,弹出"Define Material Model Behavior"对话框。

(3)在"Material Models Available"栏目中连续单击 Favorites > Linear Static > Density,弹出"Density for Material Number 1"对话框,在"DENS"后键入 8000,单击"OK"按钮。

(4)在"Material Models Available"栏目中连续单击 Favorites > Linear Static > Linear Isotropic,弹出"Linear Isotropic Properties for Material Number 1"对话框,在"EX"后键入"2e +011",在"PRXY"后键入 0.3,单击"OK"按钮。

(5)在"Material Models Available"栏目中连续单击 Favorites > Linear Static > Thermal Expansion (Secant – iso),弹出"Thermal Expansion Secant Coefficient for Material Number1"对话框,在"ALPX"后键入"1E –6",单击"OK"按钮。选择菜单路径 Material > Exit,退出。

(6)定义厚度,Main Menu > Preprocessor > Sections > Shell > Lay – up > Add/Edit,输入"Thickness"为 1,单击"Integration Pts"为 5,如图 14-9 所示。单击"OK"按钮。

(7)创建节点,Main Menu > Preprocessor > Modeling > Create > Nodes > In Active CS,弹出"Create Nodes in Active Coordinate System"对话框。在"NODE Node number"后面的输入栏中输入 1,如图 14-10 所示,在"X,Y,Z Location in active CS"后面的输入栏中分别输入"0,0,0",单击"Apply"按钮。

(8)在"Create Nodes in Active Coordinate System"对话框中,在"NODE Node number"后面的输入栏中输入 9,在"X,Y,Z Location in active CS"后面的输入栏中分别输入"0,10,0",单击"OK"按钮。

(9)打开节点编号显示控制:Utility Menu > Plotctrls > Numbering,弹出"Plot Numbering

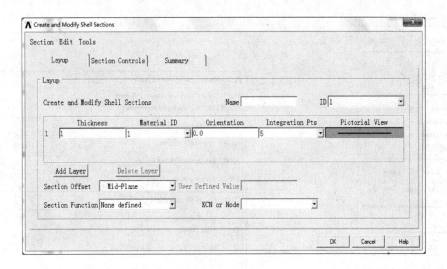

图 14-9 "Create and Modify Shell Sections"对话框

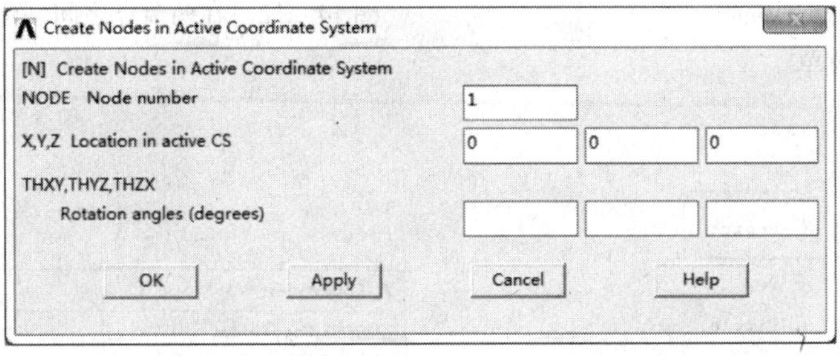

图 14-10 生成第一个节点

Controls"对话框,单击"NODE Node numbers"后面的选项使其显示为"On",单击"OK"按钮。

(10)选择菜单路径,Utility Menu > PlotCtrls > Window Controls > Window Options,弹出"Window Options"对话框,在"[/TRIAD] Location of triad"后面的下拉列表中选择"Not shown",单击"OK"按钮关闭该对话框。

(11)插入新节点,Main Menu > Preprocessor > Modeling > Create > Nodes > Fill between Nds,弹出"Fill between Nds"拾取菜单,如图 14-11 所示。用鼠标在屏幕上单击拾取编号为1 和 9 的两个节点,单击"OK"按钮,弹出"Create Nodes Between 2 Nodes"对话框。单击"OK"按钮接受默认设置,如图 14-12 所示。

(12)复制节点组,Main Menu > Preprocessor > Modeling > Copy > Nodes > Copy,弹出"Copy nodes"拾取菜单,如图 14-13 所示,单击上面的"Box"选项,然后在屏幕上框选编号为 1~9 的节点(即现在的所有节点),单击"OK"按钮。

(13)弹出"Copy nodes"对话框,如图 14-14 所示,在"ITIME Total number of copies"后面输入 5,在"DX X-offset in active CS"后面输入 2.5,在"INC Node number increment"后面输入 40,单击"OK"按钮,屏幕显示如图 14-15 所示。

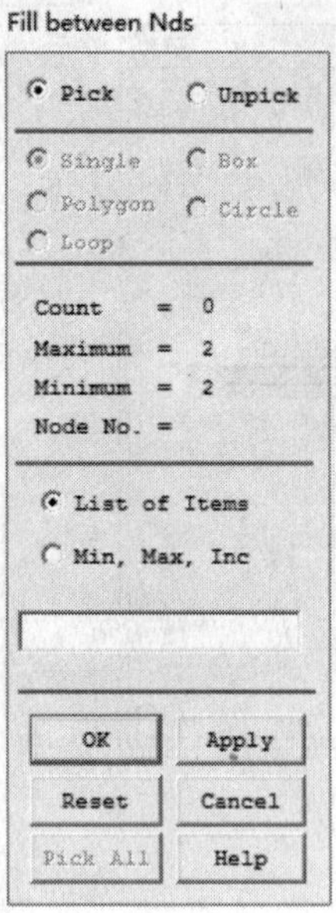

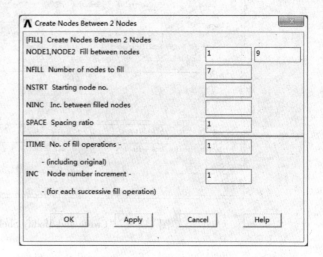

图 14-11 "Fill between Nds"拾取菜单

图 14-12 在两节点之间创建节点对话框

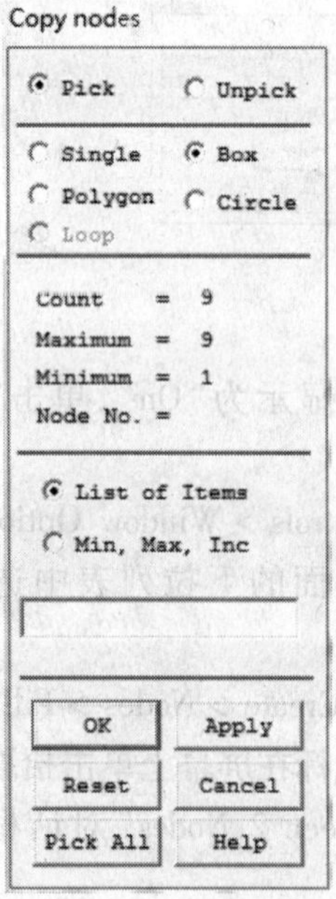

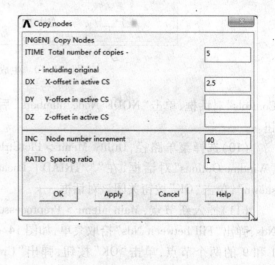

图 14-13 "Copy nodes"拾取菜单

图 14-14 "Copy nodes"对话框

(14)创建节点,Main Menu > Preprocessor > Modeling > Create > Nodes > In Active CS,弹出"Create Nodes in Active Coordinate System"对话框。在"NODE Node number"后面的输入栏中输入21,在"X,Y,Z Location inactive CS"后面的输入栏中分别输入"1.25,0,0",如图14-16所示,单击"Apply"按钮。

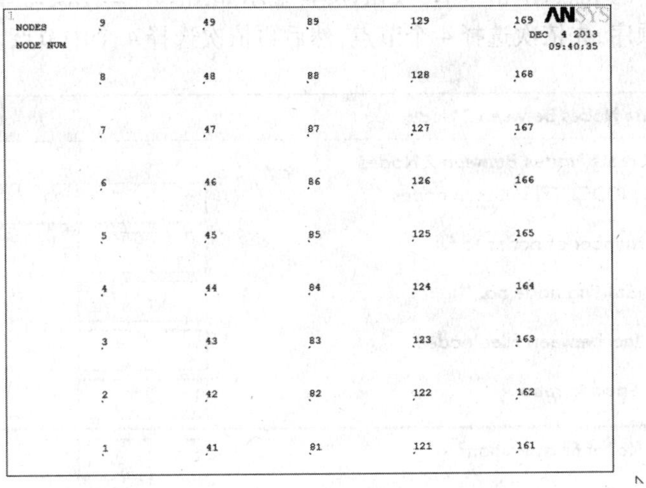

图 14-15 第一次复制节点后显示

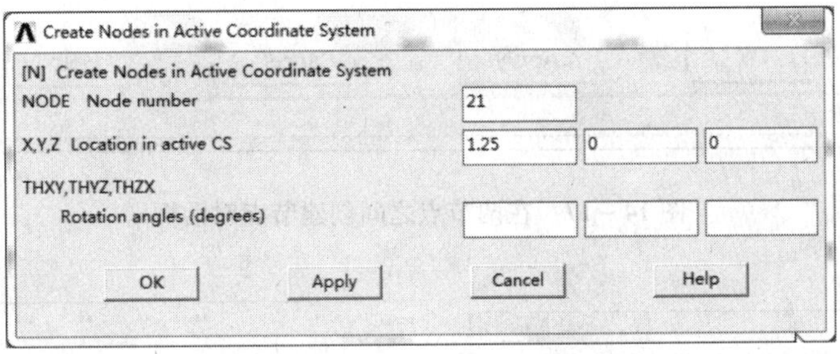

图 14-16 生成第一个节点

(15) 在"Create Nodes in Active Coordinate System"对话框中,"NODE Node number"后面的输入栏中输入 29,在"X,Y,Z Location in active CS"后面的输入栏中分别输入"1.25,10,0",单击"OK"按钮。

(16) 插入新节点,Main Menu > Preprocessor > Modeling > Create > Nodes > Fill between Nds,弹出"Fill between Nds"拾取菜单。用鼠标在屏幕上单击拾取编号为 21 和 29 的两个节点,单击"OK"按钮,弹出"Create Nodes Between 2 Nodes"对话框。在"NFILL Numberof nodes to fill"后面输入 3,单击"OK"按钮接受其余默认设置,如图 14-17 所示。

(17) 复制节点组,Main Menu > Preprocessor > Modeling > Copy > Nodes > Copy,弹出"Copy nodes"拾取菜单,单击上面的"Box"选项,然后在屏幕上框选编号为 21~29 的节点,单击"OK"按钮。弹出"Copy nodes"对话框,如图 14-18 所示,在"ITIME Total number of copies"后面输入 4,在"DX X-offset in active CS"后面输入 2.5,在"INC Node, number increment"后面输入 40,单击"OK"按钮,屏幕显示如图 14-19 所示。

(18) 创建单元,Main Menu > Preprocessor > Modeling > Create > Elements > User Numbered > Thru Nodes,弹出"Create Elems User-Num"对话框,如图 14-20 所示,单击"OK"按钮接受默认选项弹出"Elements from Nodes"拾取菜单,用鼠标在屏幕上依次拾取编号为"1,41,

43,3,21,42,23,2"的节点,单击"OK"按钮,屏幕显示如图14-21所示。创建单元时一定要注意选择节点的顺序,先依次选择4个节点,然后再依次选择4个中节点。

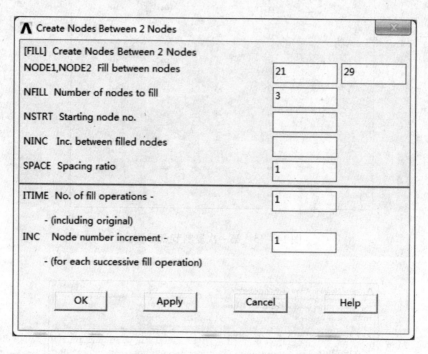

图14-17　在两节点之间创建节点对话框

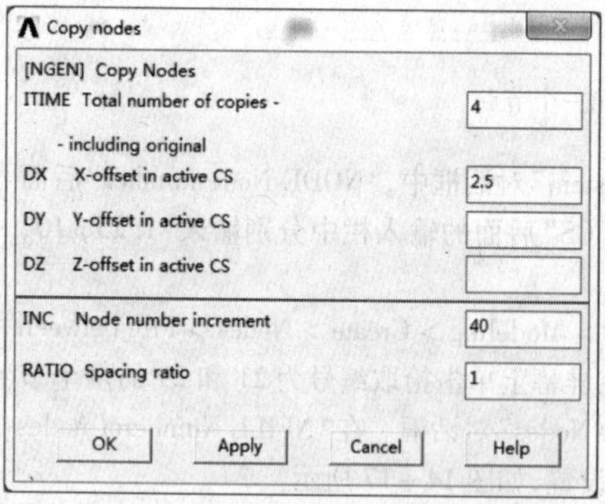

图14-18　"Copy nodes"对话框 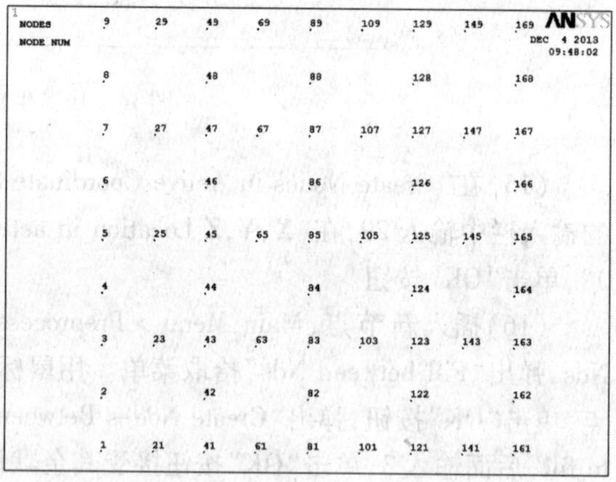　　　　图14-19　第二次复制节点后显示

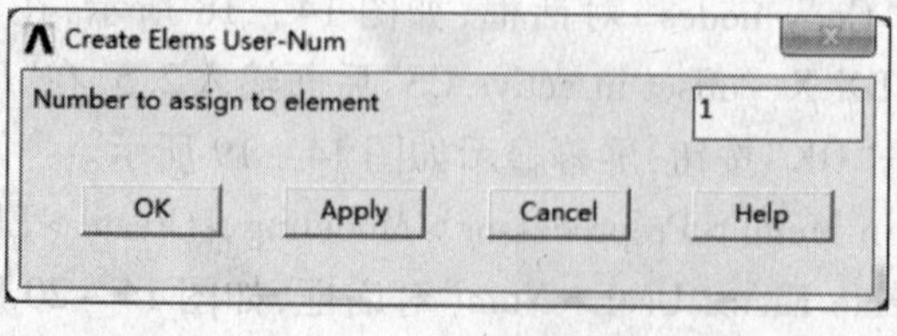

图14-20　"Create Elems User-Num"对话框

(19)复制单元,Main Menu > Preprocessor > Modeling > Copy > Elements > Auto Numbered,弹出"Copy Element Auto-num"拾取菜单,用鼠标在屏幕上单击拾取刚创建的单元,单击"OK"按钮,弹出"Copy Elements(Automatically-Numbered)"对话框,在"ITIIAE Total number of copies"后面输入4,在"NINC Node number increment"后面输入2,单击"OK"按钮,屏幕显示如图14-22所示。

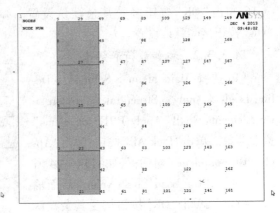

图14-21 创建第一个单元　　　　图14-22 第一次单元复制后显示

(20)复制单元,Main Menu > Preprocessor > Modeling > Copy > Elements > Auto Numbered,弹出"Copy Element Auto-num"拾取菜单,用鼠标在屏幕上单击拾取屏幕上的所有单元(共4个),单击"OK"按钮,弹出"Copy Elements(Automatically-Numbered)"对话框,在"ITIME Total number of copies"后面输入4,在"NINC Node number increment"后面输入40,单击"OK"按钮,屏幕显示如图14-23所示。

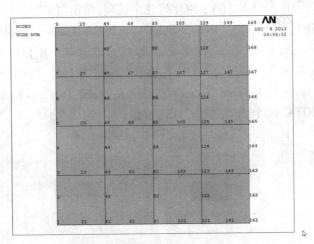

图14-23 第二次复制单元显示

14.3.3 模态分析

14.3.3.1 模态分析的准备工作

设定分析类型,Main Menu > Solution > Unabridged Menu > Analysis Type > New Analysis,

弹出"New Analysis"对话框,在"[ANTYPE] Type of analysis"后面单击"Modal"项,单击"OK"按钮。

设定分析选项,Main,Menu > Solution > Analysis Type > Analysis Options,弹出"Modal Analysis"对话框,在"[MODOPT] Mode extraction method"后面单击"Reduced"项,在"[MXPAND] Expand mode shapes"后面单击"Yes"项,在"NMODE No. of modes to expand"后面输入16,单击"OK"按钮接受其余默认设置。弹出"Reduced Modal Analysis"对话框,单击"OK"按钮接受默认设置。

14.3.3.2 施加载荷和约束

(1)选择 Main Menu > Solution > Define Loads > Apply > Structural > Pressure > On Elements,弹出"Apply PRES on elems"拾取菜单。单击"Pick All"按钮,弹出"Apply PRES on elems"对话框,如图 14-24 所示。在"VALUE Load PRES value"后面输入"-1E6",单击"OK"按钮接受其余默认设置。

(2)定义面内约束,Main Menu > Solution > Define Loads > Apply > Structural > Displacement > On Nodes,弹出"Apply U, ROT on Nodes"拾取菜单。单击"Pick All"

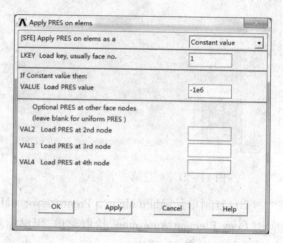

图 14-24 施加面载荷

按钮,弹出如图 14-25 所示的"Apply U, ROT on Nodes"对话框,在"Lab2 DOFs to be constrained"后面的列表中单击"UX, UY, ROTZ"几个选项,单击"OK"按钮。

(3)定义左右边界条件,Main Menu > Solution > Define Loads > Apply > Structural > Displacement > On Nodes,弹出"Apply U, ROT on Nodes"拾取菜单。用鼠标在屏幕上单击拾取左边和右边的节点(左边节点编号为 1~9;右边节点编号为 161~169),单击"OK"按钮,弹出见图 14-26 的"Apply U, ROT on Nodes"对话框,在"Lab2 DOFs to be constrained"后面的列表中单击"UZ, ROTX"两个选项,单击"OK"按钮。

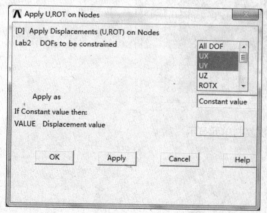

图 14-25 施加面内约束

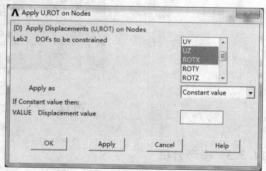

图 14-26 定义左右边界条件

14.3 支撑平板的动力效果分析示例

(4)定义上下边界条件,Main Menu > Solution > Define Loads > Apply > Structural > Displacement > On Nodes,弹出"Apply U,ROT on Nodes"拾取菜单。用鼠标在屏幕上单击拾取上边界和下边界的节点(上边界节点编号为:9,29,49,69,89,109,129,149,169;下边界节点编号为:1,21,41,61,81,101,121,141,161),单击"OK"按钮,弹出如图14-27所示的"Apply U,ROT on Nodes"对话框,在"Lab2 DOFs to be constrained"后面的列表中单击"UZ,ROTY"两个选项,单击"OK"按钮。

(5)选择主节点(左右界限),Utility Menu > Select > Entities,弹出"Select Entities"工具条,如图14-28所示,在第一个下拉列表中选择"Nodes",在第二个下拉列表中选择"By Location",在下面单击"X coordinates",在"Min,Max"后面输入0.1、9.9,在下面选择"From Full",单击"OK"按钮。

(6)选择主节点(上下界限),Utility Menu > Select > Entities,弹出"Select Entities"工具条,如图14-29所示,在第一个下拉列表中选择"Nodes",在第二个下拉列表中选择"By Location",在下面单击"Y coordinates",在"Min,Max"后面输入"0.1,9.9",在下面选择"Reselect",单击"OK"按钮。

(7)显示刚才选择的节点,Utility Menu > Plot > Nodes,屏幕显示如图14-30所示。

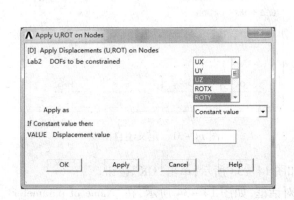

图14-27 定义上下边界条件　　图14-28 选择左右界限　　图14-29 选择上下界限

(8)定义主自由度,Main Menu > Solution > Master DQFs > User Selected > Define,弹出"Define Master DOFs"拾取菜单,单击"Pick All"按钮,弹出"Define Master DOFs"对话框,见图14-31,在"Lab1 1st degree of freedom"后面的下拉列表中选择"UZ",单击"OK"按钮。

(9)选择所有节点,Utility Menu > Select > Everything,然后执行 Utility Menu > Plot > Replot 路径,此时的屏幕显示如图14-32所示。

14.3.3.3 模态分析求解

(1)选择 Main Menu > Solution > Solve > Current LS,弹出"/STATUS Command"信息提示

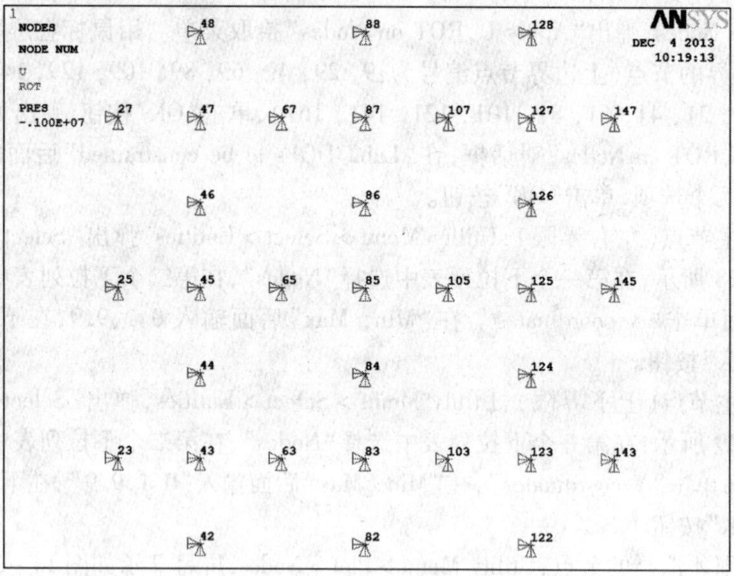

图 14-30 选择的节点

窗口和"Solve Current Load Step"对话框，仔细浏览信息提示窗口中的信息，如果无误则单击 File > Close 将其关闭。单击"OK"按钮开始求解。当静力求解结束时，屏幕上会弹出"Solution is done"提示框，单击"Close"按钮关闭它。

（2）定义比例参数，Utility Menu > Parameters > Get Scalar Data，弹出"Get Scalar Data"对话框，在"Type of data to be retrieved"后面第一个列表中单击"Result da-

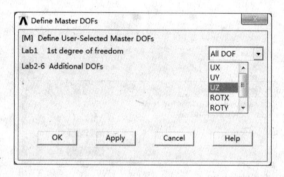

图 14-31 定义主自由度

ta"，在第二个列表中单击"Modal results"，如图 14-33 所示，单击"OK"按钮。

（3）弹出另外一个"Get Modal Results"对话框，如图 14-34 所示，在"Name of parameter to be defined"后面输入"F"，在"Mode number N"后面输入 1，在"Modal data to retrieved"后面的列表中选择"Frequency FREQ"，单击"OK"按钮。

（4）查看比例参数，Utility Menu > Parameters > Scalar Parameters，弹出"Scalar Parameters"对话框，见图 14-35。

14.3.4 谱分析

（1）定义谱分析，Main Menu > Solution > Analysis Type > New Analysis，弹出"New Analysis"对话框，在"Type of analysis"后面单击"Spectrum"，单击"OK"按钮。

（2）设定谱分析选项：Main Menu > Solution > Analysis Type > Analysis Options，弹出"Spectrum Analysis"对话框，在"Sptype Type of spectrum"后面选择 P. S. D，在"NMODE No.

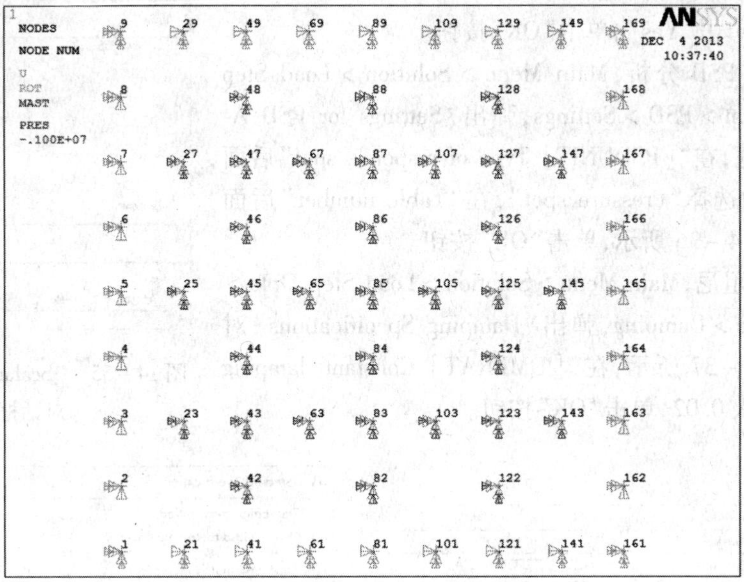

14.3 支撑平板的动力效果分析示例

图 14-32 施加载荷约束之后的节点模型

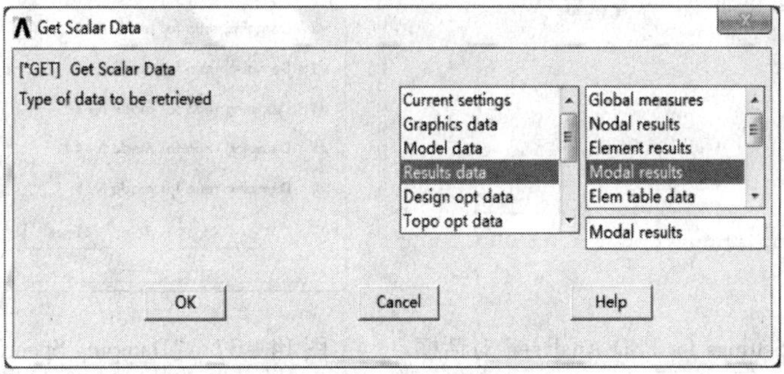

图 14-33 "Get Scalar Data"对话框

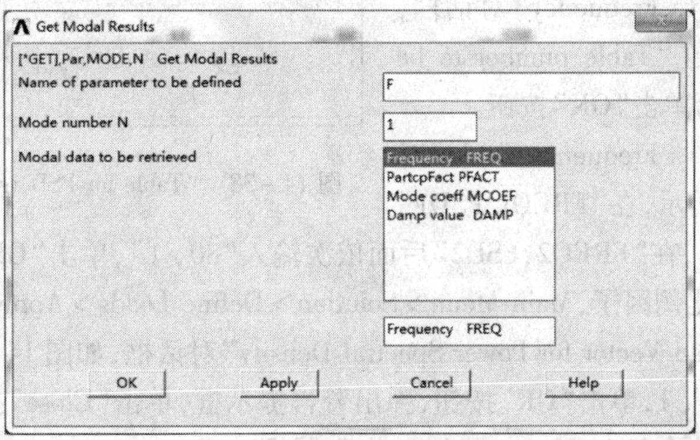

图 14-34 "Get Model Results"对话框

of modes for solu"后面输入2,在"Elcalc Calculate elem stresses"后面单击"Yes",单击"OK"按钮。

(3)设置 PSD 分析,Main Menu > Solution > Load Step Opts > Spectrum > PSD > Settings,弹出"Settings for PSD Analysis"对话框,在"[PSDUNIT] Type of response spct"后面的下拉列表中选择"Pressure spct",在"Table number"后面输入1,如图14-36所示,单击"OK"按钮。

(4)定义阻尼,Main Menu > Solution > Load Step Opts > Time/Frequenc > Damping,弹出"Damping Specifications"对话框,如图14-37所示,在"[DMPRAT] Constant damping ratio"后面输入0.02,单击"OK"按钮。

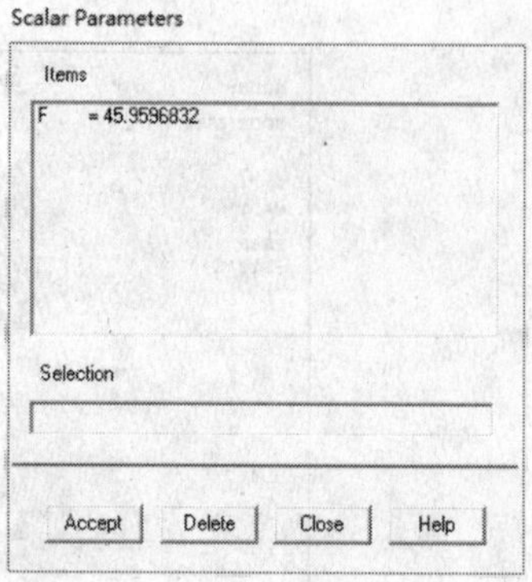

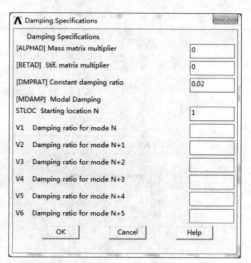

图14-35 "Scalar Parameters"对话框

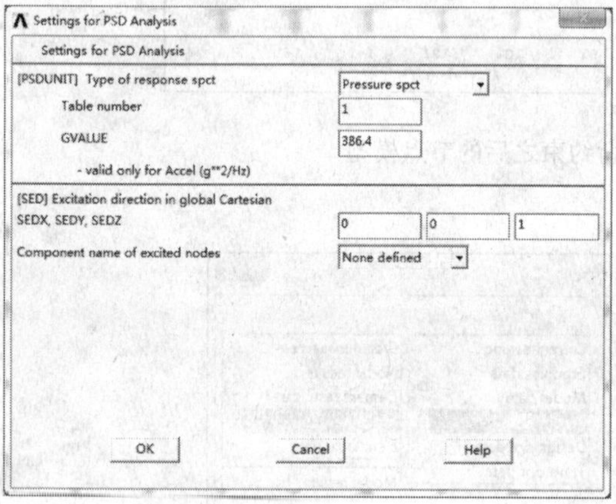

图14-36 "Settings for PSD Analysis"对话框   图14-37 "Damping Specifications"对话框

(5)选择 Main Menu > Solution > Load Step Opts > Spectrum > PSD > PSD vs Freq,弹出"Table for PSD vs Frequency"对话框,如图14-38所示,在"Table number to be defined"后面输入1,单击"OK"按钮。

(6)弹出"PSD vs Frequency Table"对话框,如图14-39所示,在"FREQ1,PSD1"

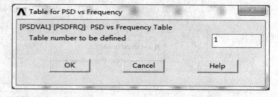

图14-38 "Table for PSD vs Frequency"对话框

后面依次输入"1,1",在"FREQ2,FSD2"后面依次输入"80,1",单击"OK"按钮。

(7)设定载荷比例因子,Main Menu > Solution > Define Loads > Apply > Load Vector > For PSD,弹出"Apply Load Vector for Power Spectral Density"对话框,如图14-40所示,在"FACT Scale factor"后面输入1,单击"OK"按钮,弹出警告提示框,单击"Close"按钮。

(8)计算参与因子,Main Menu > Solution > Load Step Opts > Spectrum > PSD > Calculate PF,弹出"Calculate Participation Factors"对话框,如图14-41所示,在"TBLNO Table no. of PSD

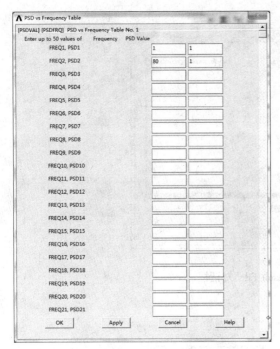

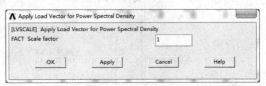

图 14-40 "Apply Load Vector for Power Spectral Density"对话框

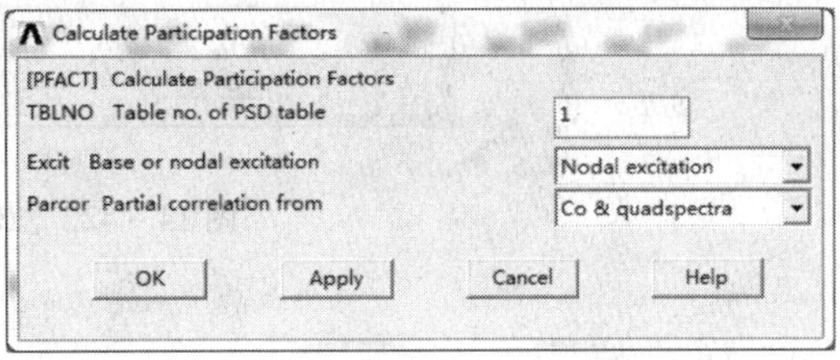

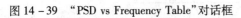

图 14-41 "Calculate Participation Factors"对话框

图 14-39 "PSD vs Frequency Table"对话框

table"后面输入 1,在"Excit Base or nodal excitation"后面的下拉列表中选择"Nodal excitation",单击"OK"按钮。弹出"Solution is done"对话框,单击"Close"按钮关闭它。

(9)设置结果输出,Main Menu > Solution > Load Step Opts > Spectrum > PSD > Calc Controls,弹出"PSD Calculation Controls"对话框,在"Displacement solution(DISP)"后面的下拉列表中选择"Relative to base",单击"OK"按钮接受其余默认选项。

(10)设置合并模态,Main Menu > Solution > Load Step Opts > Spectrum > PSD > ModeCombine,弹出"PSD Combination Method"对话框,单击"OK"按钮接受默认设置。

(11)谱分析求解,Main Menu > Solution > Solve > Current LS,弹出"/STATUS Command"信息提示窗口和"Solve Current Load Step"对话框。仔细浏览信息提示窗口中的信息,如果无误则单击 File > Close 关闭之。单击"OK"按钮开始求解。当求解结束时,屏幕上会弹出"Solution is done"提示框,单击"Close"关闭它。

14.3.5 POST1 后处理

(1)读入子步结果,Main Menu > General Postproc > Read Results > By Pick,弹出"Result File"对话框,如图 14-42 所示,单击"Set"为 17 的项,单击"Read"按钮,单击"Close"按钮。

(2)设置视角系数,Utility Menu > PlotCtrls > View Settings > Viewing Direction,弹出"Viewing Direction"对话框,如图 14-43 所示,在"WN Window number"后面的下拉列表中选择"Window 1",在"[/VIEW] View direction"后面依次输入"2,3,4",单击"OK"按钮。

(3)绘图显示,Main Menu > General Postproc > Plot Results > Contour Plot > Nodal Solu,弹出"Contour Nodal Solution Data"对话框,如图 14-44 所示,在"Nodal Solutio"中选择"DOF

· 256 ·　14　谱　分　析

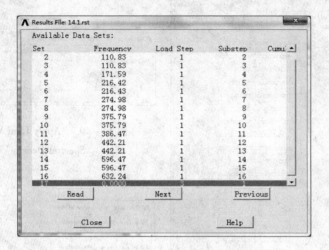

图 14 - 42　"Result File"对话框

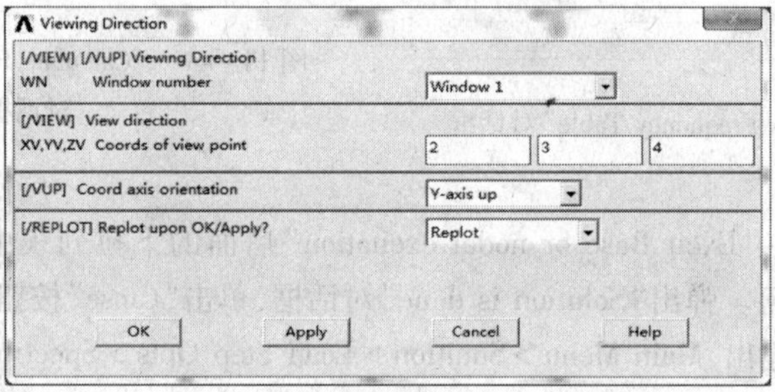

图 14 - 43　"Viewing Direction"对话框

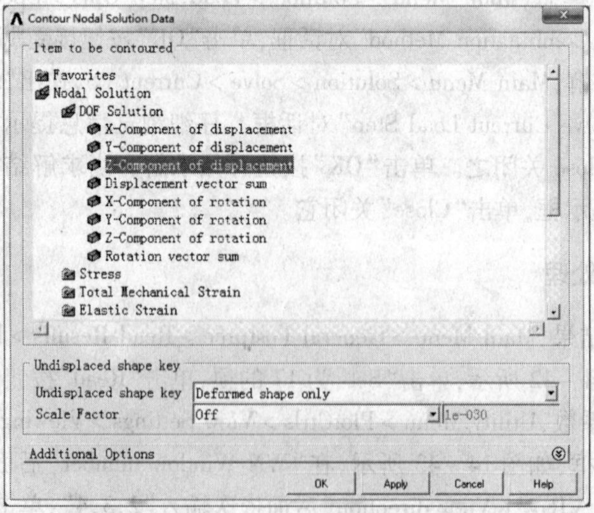

图 14 - 44　"Contour Nodal Solution Data"对话框

Solution",然后选择"Z – Component of displacement",单击"OK"按钮接受其余默认设置,屏幕显示如图 14 – 45 所示。

(4)列表显示,Main Menu > General Postproc > List Results > Nodal Solution,弹出"List Nodal Solution"对话框,如图 14 – 46 所示,在"Nodal Solution"中选择"DOF solution",然后选择"Z – Component of displacement",单击"OK"按钮,屏幕会弹出列表显示框。

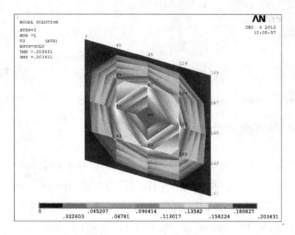

图 14 – 45 Z 向位移云图显示　　　　　图 14 – 46 "List Nodal Solution"对话框

14.3.6 谐响应分析

(1)定义求解类型,Main Menu > Solution > Analysis Type > New Analysis。"New Analysis"对话框出现,选择"Harmonic",单击"OK"按钮。

(2)设置求解选项,Main Menu > Solution > Analysis Type > Analysis Options,弹出"Harmonic Analysis"对话框,在"[HROPT] Solution method"后面的列表中选择"Mode Superpos'n",在"[HROUT] DOF printout format"后面的下拉列表中选择"Amplitud + phase",如图 14 – 47 所示,单击"OK"按钮。

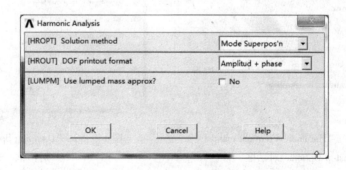

图 14 – 47 "Harmonic Analysis"对话框

(3)弹出"Mode Sup Harmonic Analysis"对话框,如图 14 – 48 所示,单击"OK"按钮接受默认设置。

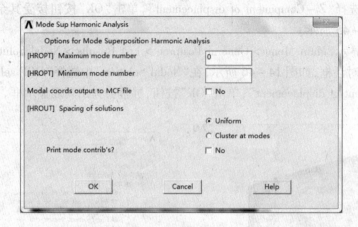

图 14-48 "Mode Sup Harmonic Analysis"对话框

(4)设置载荷,Main Menu > Solution > Load Step Opts > Time/Frequenc > Freq and Substps,弹出"Harmonic Frequency and Substep Options"对话框,在"[HARFRQ] Harmonic freq range"后面依次输入 1 和 80,在"[NSUBST] Number of substep"后面输入 10,在"[KBC] Stepped or ramped b. c."后面单击"Stepped",如图 14-49 所示,单击"OK"按钮。

(5)设置阻尼,Main Menu > Solution > Load Step Opts > Time/Frequenc > Damping,弹出 "Damping Specifications"对话框,在"[DMPRAT] Constant damping ratio"后面输入 0.02,如图 14-50 所示,单击"OK"按钮。

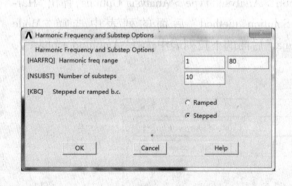

图 14-49 "Harmonic Frequency and Substep Options"对话框

图 14-50 "Damping Specifications"对话框

(6)谐响应分析求解。选择 Main Menu > Solution > Solve > Current LS,弹出"/STATUS Command"信息提示栏和"Solve Current Load Step"对话框。浏览信息提示栏中的信息,如果无误则单击 File > Close 关闭。单击"Solve Current Load Step"对话框的"OK"按钮,开始求解。

14.3.7 POST26 后处理

(1) 进入时间历程后处理。选择 Main Menu > TimeHist PostPro,弹出如图 14-51 所示的"Spectrum Usage"对话框,单击"OK"按钮接受默认设置,弹出如图 14-52 所示的"Time History Variables"对话框,里面已有默认变量时间(TIME)。

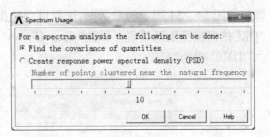

图 14-51 "Spectrum Usage"对话框

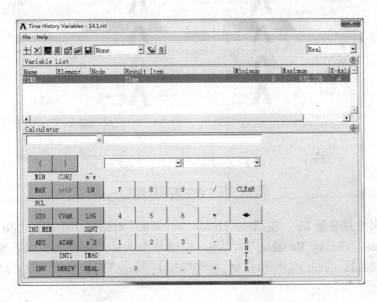

图 14-52 "Time History Variables"对话框

(2) 读入结果。单击"Time History Variabl"对话框 File > Open Results,弹出读取结果对话框,如图 14-53 所示,在相应的路径下选择"spectrum.rfrq"文件,单击"打开"按钮,接着

图 14-53 读取结果

弹出如图 14-54 所示的对话框,选择模型数据文件。弹出如图 14-51 所示的对话框,单击"OK"按钮接受默认设置。回到"Time History Variables"对话框,注意,此时的默认变量已经由"TIME"变为"FREQ"。

图 14-54 读取模型数据文件

(3) 定义位移变量 UZ。在"Time History Variables"对话框中单击左上角的添加按钮,弹出"Add Time-History Variables"对话框,连续单击 Nodal Solution > DOF Solution > Z-Component of displacement,见图 14-55,在"Variable Name"后面输入"UZ_2",单击"OK"按钮。

(4) 弹出"Node for Data"拾取菜单,如图 14-56 所示,在拾取菜单的空白处输入 85,单击"OK"按钮。返回到"Time History Variables"对话框,不过此时变量列表里面多了一项"UZ 2"变量,如图 14-57 所示。

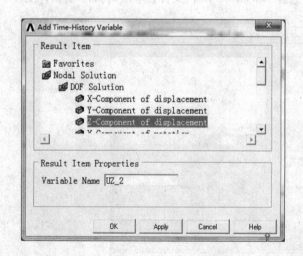

图 14-55 "Add Time-History Variables"对话框　　图 14-56 "Node for Data"拾取菜单

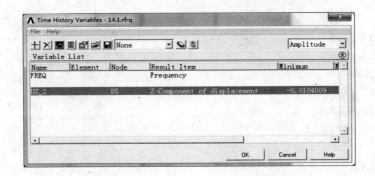

图 14-57 "Time History Variables"对话框

(5)绘制位移频率曲线,在"Time History Variables"对话框中单击第三个按钮,屏幕显示如图 14-58 所示。

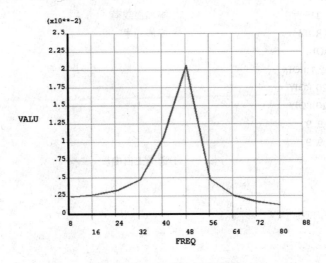

图 14-58 位移频率关系图

14.3.8 命令流

```
/CLEAR
/FILENAME,example,1
/PREP7
/TITLE, DYNAMIC LOAD EFFECT ON SIMPLY - SUPPORTED THICK SQUARE PLATE
ET,1,SHELL281                  !定义单元类型
SECTYPE,1,SHELL                !定义厚度
SECDATA,1,1,0,5                !定义材料属性
MP,EX,1,200E9
MP,NUXY,1,0.3
MP,ALPX,1,0.1E-5
MP,DENS,1,8000
N,1,0,0,0
                    !定义模型
```

```
N,9,0,10,0
FILL
NGEN,5,40,1,9,1,2.5
N,21,1.25,0,0
N,29,1.25,10,0
FILL,21,29,3
NGEN,4,40,21,29,2,2.5
EN,1,1,41,43,3,21,42,23,2
EGEN,4,2,1
EGEN,4,40,1,4
FINISH
/SOLU
ANTYPE,MODAL                    !定义分析类型为模态分析
MODOPT,REDUC
MXPAND,16,,,YES
SFE,ALL,,PRES,,-1E6             !施加面载荷
D,ALL,UX,0,,,,UY,ROTZ           !施加约束
D,1,UZ,0,0,9,1,ROTX
D,161,UZ,0,0,169,1,ROTX
D,1,UZ,0,0,161,20,ROTY
D,9,UZ,0,0,169,20,ROTY
NSEL,S,LOC,X,.1,9.9
NSEL,R,LOC,Y,.1,9.9
M,ALL,UZ                        !选择主自由度
NSEL,ALL
SOLVE
*GET,F,MODE,1,FREQ
FINISH
/SOLU
ANTYPE,SPECTR                   !定义分析类型
SPOPT,PSD,2,ON                  !利用前两阶模态并计算应力
PSDUNIT,1,PRES                  !定义功率谱为面载荷谱
DMPRAT,0.02
PSDFRQ,1,1,1.0,80.0
PSDVAL,1,1.0,1.0
LVSCALE,1                       !比例使用载荷因子
PFACT,1,NODE
PSDRES,DISP,REL
PSDCOM
SOLVE
FINISH

/eof
/POST1
SET,3,1                         !读取位移
```

```
/VIEW,1,2,3,4
PLNSOL,U,Z
PRNSOL,U,Z
FINISH
/SOLUTION
ANTYPE,HARMIC              !重新定义求解类型
HROPT,MSUP                 !利用模态叠加法
HROUT,OFF,ON
KBC,1
HARFRQ,1,80
DMPRAT,0.02
NSUBSTEP,10
SOLVE
FINISH

/POST26
FILE,,rfrq
PRCPLX,1
NSOL,2,85,U,Z              !定义变量
PSDDAT,6,1,1.0,80,1.0
PSDTYP,2
PSDCAL,7,2
PSDPRT
PRVAR,2,7                  !绘制变量曲线
*GET,P,VARI,7,EXTREM,VMAX
*status,parm
/VIEW
/AXLAB,Y,PSD (M^2/HZ)
PLVAR,7
FINISH
```

15　接触问题分析

15.1　接触问题概论

接触问题存在以下两个较大的难点:(1)在求解问题之前,不知道接触区域,表面之间的接触状态是未知的、突然变化的,这些随载荷、材料、边界条件和其他因素而定。(2)大多数接触问题需要计算摩擦,有几种摩擦的模型可供挑选,它们都是非线性的,摩擦使问题的收敛性变得困难。

15.1.1　接触问题分类

接触问题分为两种基本类型:刚体－柔体的接触和柔体－柔体的接触。在刚体－柔体的接触问题中,一个或多个接触面被当做刚体(与和它接触的变形体相比,有大得多的刚度)。一般情况下,一种软材料和一种硬材料接触时,问题可以被假定为刚体－柔体的接触,许多金属成形问题归为此类接触。另一类柔体－柔体的接触是一种更普遍的类型,在这种情况下,两个接触体都是变形体(有近似的刚度)。

ANSYS 支持三种接触方式:点－点接触、点－面接触、面－面接触,每种接触方式使用的接触单元适用于某类问题。

15.1.2　接触单元

为了给接触问题建模,首先必须认识到模型中的哪些部分可能会相互接触,如果相互作用发生在一点上,那么模型的对应组元是一个节点。如果相互作用发生在一个面上,模型的对应组元是单元,如梁单元、壳单元或实体单元。有限元模型通过指定的接触单元来识别可能的接触匹配,接触单元是覆盖在分析模型接触面之上的一层单元,在 ANSYS 中使用的接触单元详述如下。

(1) 点－点接触单元。点－点接触单元主要用于模拟点－点的接触行为。为了使用点－点的接触单元,需要预先知道接触位置。这类接触问题只能适用于接触面之间有较小相对滑动的情况(即使在几何非线性情况下)。

如果两个面上的节点一一对应,相对滑动可以忽略不计,两个面保持小量挠度(转动),那么可以用点－点接触单元来求解面－面接触问题,过盈装配问题就是一个典型的例子。

(2) 点－面接触单元。点－面接触单元主要用于给点－面接触行为建模,如两根梁的相互接触。如果通过一组节点来定义接触面,生成多个接触单元,那么可以通过点－面接触单元来模拟面－面接触问题。面既可以是刚性体也可以是柔性体,这类接触问题的一个典型例子是插头插入插座里。使用这类接触单元,不需要预先知道确切的接触位置,接触面之间也不需要保持一致的网格,并且允许有大的变形和大的相对滑动。

CONTACT48 和 CONTACT49 都是点－面接触单元，CONTACT 26 用来模拟柔性点－刚性面的接触。对有不连续的刚性面的问题，不推荐采用 CONTACT 26，因为可能导致接触的丢失。在这种情况下，CONTACT 48 通过使用伪单元算法能提供较好的建模能力。

（3）面－面接触单元。ANSYS 支持刚体－柔体的面－面接触单元，刚性面被当做"目标"面，分别用 TARGET169 和 TARGET170 来模拟 2D 和 3D 的"目标"面。柔性体的表面被当做"接触"面，用 CONTACT 171、CONTACT 172、CONTACT 173 和 CONTACT 174 来模拟。一个目标单元和一个接触单元叫做一个"接触对"，程序通过一个共享的实常数号来识别"接触对"。为了建立一个"接触对"，应给目标单元和接触单元指定相同的实常数号。

与点－面接触单元相比，面－面接触单元有以下几个优点。
（1）支持低阶和高阶单元。
（2）支持有大滑动和摩擦的大变形、协调刚度阵计算，以及不对称单元刚度阵的计算。
（3）为工程目的采用更好的接触结果，如法向压力和摩擦应力。

没有刚体表面形状的限制，刚体表面的光滑性不是必需的，允许有自然的或网格离散引起的表面不连续。

与点－面接触单元相比，面－面接触需要更多的接触单元，因而需要较小的磁盘空间和 CPU 时间。另外，面－面接触单元允许多种建模控制，如绑定接触、渐变初始渗透、目标面自动移动到初始接触、平移接触面（老虎梁和单元的厚度）、支持死活单元、支持耦合场分析、支持磁场接触分析等。

15.2 接触分析的基本设置

在涉及两个边界的接触问题中，很自然地把一个边界作为"目标"面，而把另一个边界作为"接触"面。对刚体－柔体接触，"目标"面总是刚性的，"接触"面总是柔性的，这两个面合起来叫做"接触对"。使用了 TARGE169 和 CONTA 171 或 CONTA172 来定义 2D 接触对，使用了 TARGE170 和 CONTA 173 或 CONTA174 来定义 3D 接触对，程序通过相同的实常数号来识别"接触对"。

15.2.1 建立模型并划分网格

在建立模型并划分网格的过程中，需要建立代表接触体几何形状的实体模型。与其他分析过程一样，需设置单元类型、实常数、材料特性，用恰当的单元类型，给接触体划分网格。
命令方式：AMESH,MESH。
GUI 方式：(1)Main Menu > Preprocessor > Meshing > Mesh > Mapped > 3 or 4 Sided；
　　　　　(2)Main Menu > Preprocessor > Meshing > Mesh > Mapped > 4 or 6 Sided。

15.2.2 识别接触对

用户必须认识到模型在变形期间哪些地方可能发生接触，一旦识别出潜在的接触面，就应该通过目标单元和接触单元来定义它们。目标单元和接触单元跟踪变形阶段的运动，构成一个接触对的目标单元，和接触单元通过共享的实常数号联系起来。

接触区域可以任意定义，然而为了更有效地进行计算（主要指 CPU 时间），应定义更小的局部化接触环，但必须保证它足以描述所需要的接触行为。不同的接触对必须通过不同的实常数号来定义(即使实常数号没有变化)。

由于几何模型和潜在变形的多样性,有时候一个接触面的同一区域可能和多个目标面产生接触关系。在这种情况下,应该定义多个接触对(使用多组覆盖层接触单元),每个接触对有不同的实常数号。

15.2.3 定义刚性目标面

刚性目标面可能是2D或3D的。在2D情况下,刚性目标面的形状可以通过一系列直线、圆弧和抛物线来描述,所有这些都可以用TARGE169来表示。另外,可以使用它们的任意组合来描述复杂的目标面。在3D情况下,目标面的形状可以通过三角面、圆柱面、圆锥面和球面来描述,所有这些都可以用TARGE170来表示。对于一个复杂的、任意形状的目标面,应该使用三角面来给它建模。

15.2.3.1 控制节点(Pilot)

刚性目标面可能会和Pilot节点联系起来,它实际上是一个只有一个节点的单元,通过这个节点的运动可以控制整个目标面的运动,因此可以把Pilot节点作为刚性目标的控制器。整个目标面的受力和转动情况可以通过Pilot节点表示出来,"Pilot节点"可能是目标单元中的一个节点,也可能是一个任意位置的节点,只有需要转动载荷或力矩载荷时,"Pilot节点"的位置才是重要的。如果定义了"Pilot节点",ANSYS程序只在"Pilot节点"上检查边界条件,而忽略其他节点上的任何约束。对于圆、圆柱、圆锥和球的基本图段,ANSYS总是使用一个节点作为"Pilot节点"。

15.2.3.2 基本原型

用户能够使用基本几何形状来模拟目标面,如圆、圆柱、圆锥和球。有些基本原型虽然不能直接合在一起成为一个目标面(例如直线不能与抛物线合并,弧线不能与三角形合并等),但用户可以给每个基本原型指定它自己的实常数号。

15.2.3.3 单元类型和实常数

在生成目标单元之前,首先必须定义单元类型(TARGE169或TARGE170)。

命令方式:ET。

GUI方式:Main Menu > Preprocessor > Element Type > Add/Edit/Delete。

15.2.3.4 使用直接生成法建立刚性目标单元

为了直接生成目标单元,可以使用下面的命令和菜单路径。

命令方式:TSHAP。

GUI方式:Main Menu > Preprocessor > Modeling > create > Elements > Elem Attributes。

随后指定单元形状,可能的形状有Straight Line(2D)、Parabola(2D)、Clockwise arc(2D)、Counter clockwise arc(2D)、Circle(2D)、Triangle(3D)、Cylinder(3D)、Cone(3D)、Sphere(3D)、Pilot node(2D和3D)等,如图15-1所示。

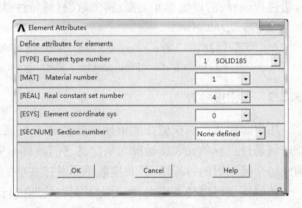

图15-1 "单元属性"对话框

一旦指定目标单元形状,所有以后生成的单元都将保持这个形状,除非又指定另外一种形状。就可以使用标准的 ANSYS3 直接生成技术生成节点和单元。

命令方式:N,E。

GUI 方式:(1)Main Menu > Preprocessor > Modeling > create > Node;
(2)Main Menu > Preprocessor > Modeling > create > Element。

在建立单元之后,可以通过显示单元来验证单元形状。

命令方式:ELIST。

GUI 方式:Utility Menu > List > Element > Nodes + Attributes。

15.2.3.5 使用 ANSYS 网格划分工具生成刚性目标单元

用户可以使用标准的 ANSYS 网格划分工具让程序自动生成目标单元,ANSYS 程序将会以实体模型为基础生成合适的目标单元形状而忽略 TSHAP 命令的选项。为了生成一个 Pilot 节点,可以使用下面的命令或 GUI 路径。

命令方式:Kmesh。

GUI 方式: Main Menu > Preprocessor > Meshing > Mesh > Keypoints。

15.2.4 定义柔性接触面

为了定义柔性体的接触面,必须使用接触单元 CONTA171 或 CONTA172 (2D)和 CONTA173 或 CONTA174(3D)来定义表面。

程序通过组成变形体表面的接触单元来定义接触表面,接触单元与其下覆盖的变形体单元有同样的几何特性,接触单元与其下覆盖的变形体单元必须处于同一阶次(低阶或高阶),被覆盖的变形体单元可能是实体单元、壳单元或梁单元,接触面可以是壳单元的任何一边或梁单元的任何一边。

与目标面单元一样,必须定义接触面的单元类型,然后选择正确的实常数号(实常数号必须和与它对应目标的实常数号相同),最后生成接触单元。

15.2.4.1 单元类型

(1)CONTA171 这是一种 2D、2 节点的低阶线性单元,可能位于 2D 实体、壳单元或梁单元的表面。

(2)CONTA172 这是一种 2D、3 节点的高阶抛物线形单元,可能位于有中间节点的 2D 实体或梁单元的表面。

(3)CONTA173 这是一种 3D、4 节点的低阶四边形单元,可能位于 3D 实体或壳单元的表面,它可能退化成一个 3 节点的三角形单元。

(4)CONTA174 这是一种 3D、8 节点的高阶四边形单元,可能位于有中间节点的 3D 实体或壳单元的表面,它可能退化成 6 节点的三角形单元。

不能在高阶柔性体单元的表面上划分低阶接触单元,反之也不行,不能在高阶接触单元上消去中间节点。

命令方式:ET。

GUI 方式:Main Menu > Preprocessor > Element Type > Add/Edit/Delete。

15.2.4.2 实常数和材料特性

在定义了单元类型之后,需要选择正确的实常数设置,每个接触对的接触面和目标面必须有相同的实常数号,而每个接触对必须有它自己不同的实常数号。

15.2.4.3 生成接触单元

既可以通过直接生成法生成接触单元,也可以在柔性体单元的外表面上自动生成接触单元。我们推荐采用自动生成法,这种方法更为简单和可靠。可以通过下面三个步骤来自动生成接触单元。

A 选择已划分网格的柔性体表面的节点

如果确定某一部分节点永远不会接触到目标面则可以忽略它,以便减少计算时间,但是必须保证没有漏掉可能会接触到目标面的节点。

命令方式:MSEL。

GUI 方式:Utility > Select > Entities。

B 产生接触单元

命令方式:ESURF。

GUI 方式:Main Menu > Preprocessor > Create > Element > Surf/Contact > Surf to Surf。

如果接触单元是附在已用实体单元划分网格的面上或体上,程序会自动决定接触计算所需的外法向。如果被覆盖的单元是梁单元或壳单元,则必须指明哪个表面(上表面或下表面)是接触面,具体操作方式如下。

命令方式:ESURF。

GUI 方式:Main Menu > Preprocessor > Create > Element > Surf/Contact > Surf to Surf。

使用上表面生成接触单元,则它们的外法向与梁或壳单元的法向相同;使用下表面生成接触单元,则它们的外法向与梁单元或壳单元的法向相反。如果被覆盖的单元是实体单元,则 TOP 和 BOTTOM 选项不起作用,如图 15-2 所示。

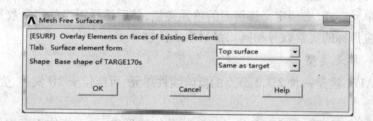

图 15-2 "表面接触单元"对话框

C 检查接触单元外法线的方向

当程序进行是否接触的检查时,接触面的外法线方向是重要的。对于 3D 单元,按节点序号以右手定则来决定单元的外法向,接触面的外法向应该指向目标面,否则,在开始分析计算时,程序可能会认为有面的过度渗透而很难找到初始解。在此情况下,程序一般会立即停止执行,这时应检查单元外法线方向是否正确。

命令方式:/PSYMB。

GUI 方式:Utility Menu > Poltctrls > Symbols。

当发现单元的外法线方向不正确时,必须通过修正不正确单元节点来改变它们。

命令方式:ESURF,REVE。

GUI 方式:Main Menu > Preprocessor > Create > Element on free surf。

或者重新排列单元指向。

命令方式：ENORM。

GUI 方式：Main Menu > Preprocessor > Modeling > Move/Modify > Elements > Shell Normals。

15.2.5 设置实常数和单元关键点

程序使用 20 多个实常数和几个单元关键点来控制面—面接触单元的接触行为。

15.2.5.1 常用的实常数

程序中经常使用的实常数如表 15-1 所示，定义实常数的具体操作方法如下。

表 15-1 实常数列表

实常数	用 途	实常数	用 途
R1/R2	定义目标单元形状	PINB	定义"Pinball"区域
FKN	定义法向接触刚度因子	PMIN/PMAX	定义初始渗透的容许范围
FTOLN	定义最大的渗透范围	TAUMAR	指定最大的接触摩擦
ICONT	定义初始靠近因子		

命令方式：R。

GUI 方式：Main Menu > Preprocessor > Real Constant。

对实常数 FKN，FTOLN，ICONT，PINB，PMIN/PMAX 用户既可以定义一个正值也可以定义一个负值，程序将正值作为比例因子，将负值作为真实值，将其下覆盖原单元的厚度作为 FTOLN，ICONT，PINB，PMIN/PMAX 的参考值。例如，ICON = 0.1 表明初始间隙因子是 0.1 乘以其下覆盖层单元的厚度。然而，-0.1 表明真实缝隙是 0.1，如果其下覆盖层单元是超单元，则将接触单元的最小长度作为厚度。

15.2.5.2 单元关键字

每种接触单元都有好几个关键字，对于大多接触问题，默认的关键字是合适的，而在某些情况下，可以根据以下方式改变默认值来控制接触行为（见表 15-2）。

命令方式：KEYOPT，ET。

GUI 方式：Main Menu > Preprocessor > Element Type > Add/Edit/Delete。

表 15-2 不同接触单元对应的关键字

关键字	内 涵	关键字	内 涵
K1	自由度	K6	时间步长控制
K2	接触算法（罚函数 + 拉格郎日或罚函数）	K7	初始渗透影响
K3	出现超单元时的应力状态	K8	接触刚度修正
K4	接触方位点的位置	K9	壳体厚度效应
K5	刚度矩阵的选择	K10	接触表面情况

15.2.6 控制刚性目标面的运动

按照物体的原始外形建立的刚性目标面，面的运动是通过给定 Pilot 节点来定义的。如果没有定义 Pilot 节点,则通过刚性目标面上的不同节点来定义。为了控制整个目标面的运动,在下面任何情况下都必须使用 Pilot 节点。

(1)目标面上作用着给定的外力。(2)目标面发生旋转。(3)目标面和其他单元相连(如结构质量单元)。

Pilot 节点的厚度代表着整个刚性面的运动,可以在 Pilot 节点上给定边界条件(如位移、初速度、集中载荷、转动等)。为了考虑刚体的质量,在 Pilot 节点上定义一个质量单元。当使用 Pilot 节点时,需要记住下面的几点局限性。

(1)每个目标面只能有一个 Pilot 节点。(2)圆、圆锥、圆柱、球的第一个节点是 Pilot 节点,不能另外定义或改变 Pilot 节点。(3)程序忽略不是 Pilot 节点的所有其他节点上的边界条件。(4)只有 Pilot 节点能与其他单元相连。(5)当定义了 Pilot 节点后,不能使用约束方程(CF)或节点耦合(CP)来控制目标面的自由度,如果在刚性面上施加载荷或者约束,则必须定义 Pilot 节点,然后在 Pilot 节点上加载。如果没有使用 Pilot 节点,则只能有模型刚体运动。

在每个载荷步的开始,程序检查每个目标面的边界条件,如果下面的条件都满足,那么程序将目标面作为固定面来处理。

(1)在目标面节点上没有明确定义边界条件或给定力。(2)目标面节点没有和其他单元相连。(3)目标面节点没有使用约束方程或节点耦合。

在每个载荷步的末尾,程序将会放松被内部设置的约束条件。

15.2.7 定义求解选项和载荷步

接触问题的收敛性随着问题的不同而不同,下面列出了一些典型的在大多数面－面接触分析中推荐使用的选项。

时间步长必须足够小,以描述适当的接触。如果时间步太大,则接触力的光滑传递会被破坏。设置精确时间步长可信赖的方法就是打开自动时间步长,具体操作方式如下。

命令方式:AUTOTS,ON。

GUI 方式:Main Menu > Solution > Unabridged Menu > Load Step Opts > Time/ Frequenc > Time - Time Step or Time and Substps。

如果在迭代期间接触状态发生变化,可能会发生不连续情况。为了避免收敛太慢,使用修改的刚度矩阵,将牛顿－拉普森选项设置成 FULL,具体操作方式如下。

命令方式:NROPT,FULL,OFF。

GUI 方式:Main Menu > Solution > Unabridged Menu > Analysis Options。

不要使用自适应下降因子,因为对于面－面接触问题,自适应下降因子通常不会提供任何帮助,因此我们建议关掉它。

在如图 15 - 3 所示的"平衡迭代次数"对话框中设置合理的平衡迭代次数,一个合理的平衡迭代次数通常在 25 和 50 之间,设置方式如下。

命令方式:NEQIT。

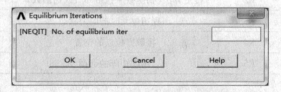

图 15 - 3 "平衡迭代次数"对话框

GUI 方式：Main Menu > Solution > Unabridged Menu > Load Step Opts > Nonlinear > Equilibrium Iter.

因为时间增量过大会使迭代趋向于变得不稳定，所以应使用线性搜索选项来使计算稳定化，如图 15-4 所示。

命令方式：LNSRCH。

GUI 方式：Main Menu > Solution > Unabridged Menu > Load Step Opts > Nonlinear > Line Search。

除非在大转动和动态分析中，否则应打开时间步长预测器选项，如图 15-5 所示。

命令方式：PRED。

GUI 方式：Main Menu > Solution > Unabridged Menu > Load Step Opts > Nonlinear > Predictor。

在接触分析中，许多不收敛问题都是由于使用了太大的接触刚度引起的，利用实常数 FKN 可以检验是否使用了合适的接触刚度。

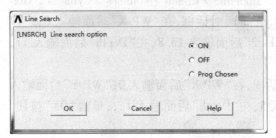

图 15-4 "线性搜索"对话框

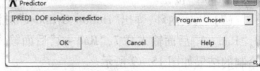

图 15-5 "预测器"对话框

15.3 接触问题实例

本节通过深沟球轴承进行接触应力分析，来介绍 ANSYS 接触问题的分析过程。

15.3.1 分析问题

如图 15-6 所示，以深沟球轴承 6300 为例进行分析：材料选择 GGr15 制造，该型号的几何参数为：外径 D 为 $\phi35$，内径 d 为 $\phi10$，宽度 B 为 11，钢球直径 D_w 为 $\phi6.4$，接触角 α 为零，钢球数量 Z 为 7 个。材料参数：弹性模量 $E = 3000000$ MPa，泊松比 $\mu = 0.25$。接触面应力为 3472.00N。观察深沟球轴承接触面的应力。

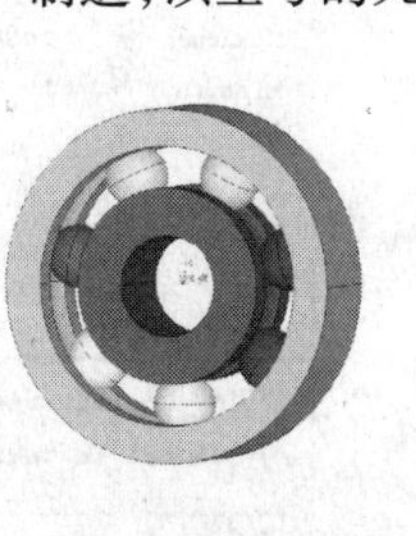

图 15-6 深沟球轴承示意图

15.3.2 模型建立

(1) 定义工作文件名：Utility Menu > File > Change Jobname，弹出 "ChangeJobname" 对话框，在 "Enter new jobname" 文本框中输入 "Bearing"，并将 "New Log and error files" 复选框选为 "yes"，单击 "OK" 按钮。

(2) 设置分析标题：Utility Menu > File > Change Title，在输入栏中键入 "Contact Analysis"，单击 "OK" 按钮。

(3) 定义单元类型：Main Menu > Preprocessor > Element Type > Add/Edit/Delete，出现 "Element Types" 对话框，单击 "Add" 按钮，弹出 "Library of Element Types" 对话框，单击选择 "Structural Solid 和 Brick 8node 185"，单击 "OK" 按钮，然后单击 "Element Types" 对话框的

"Close"按钮。

(4) 定义材料性质：Main Menu > Preprocessor > Material Props > Material Models，弹出"Define Material Model Behavior"对话框，在"Material Models Available"栏目中连续单击 Structural > Linear > Elastic > Isotropic，弹出"Linear Isotropic Properties for Material"对话框，在"EX"后面输入"3E007"，在"PRXY"后面输入 0.25，单击"OK"按钮。然后执行"Define Material Models Behavior"对话框上的 Material > Exit 退出。

(5) 偏移工作平面到给定位置。从应用菜单中选择 Utility Menu > WorkPlane > Offset WP to > XYZ Locations +。打开设置点对话框，在 ANSYS 的输入窗口输入"0,0,-5.5"，单击"OK"按钮，如图 15-7 所示。

(6) 生成外环：Main Menu > Preprocessor > Modeling > Create > Volumes > Cylinder > Hollow Cylinder，弹出如图 15-8 所示的"Hollow Cylinder"对话框，在"WP X"后面输入 0；"WP Y"后面输入 0，"Rad-1"后面输入 11.3，"Rad-2"后面输入 13.8，在"Depth"后面输入 11，单击"Apply"按钮。

(7) 生成内环：弹出"Hollow Cylinder"对话框，在"WP X"后面输入 0；"WP Y"后面输入 0，"Rad-1"后面输入 9.7，"Rad-2"后面输入 5，在"Depth"后面输入 11，,单击"OK"按钮。绘制的结果如图 15-9 所示。

(8) 恢复工作平面到原始位置。从应用菜单中选择 Utility Menu > WorkPlane > Offset WP to > Global Origin。

(9) 生成圆环：Main Menu > Preprocessor > Modeling > Create > Volumes > Torus，弹出如图 15-10 所示的"Create Torus by Dimensions"对话框，在"RAD1"后面输入 3.2，"RAD2"后面输入 0，"RADMAJ"后面输入 11.75，单击"OK"按钮。

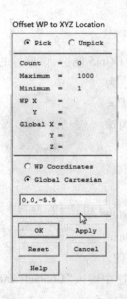

图 15-7 偏移工作平面　　图 15-8 "Hollow Cylinder"对话框　　图 15-9 内外环模型

(10) 从内外环中"减"去圆环形成滚珠轨道。从主菜单中选择 Main Menu > Preproces-

sor > Modeling > Operate > Booleans > Subtract > Volumes。在图形窗口中拾取外环及内环,作为布尔"减"操作的母体,单击"Apply"按钮。在图形窗口中拾取刚刚建立的圆环作为"减"去的对象,单击"OK"按钮,所得结果如图15-11所示。

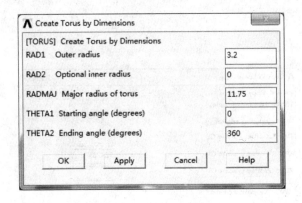

图15-10 "Create Torus by Dimensions"对话框　　　图15-11 形成滚珠轨道

(11)生成滚珠:Main Menu > Preprocessor > Modeling > Create > Volumes > Sphere > Solid Sphere,弹出如图15-12所示的"Solid Sphere"对话框,在"WP X"后面输入0,"WP Y"后面输入-11.75,"Radius"后面输入3.2,单击"OK"按钮。结果如图15-13所示。

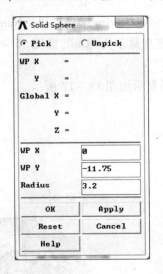

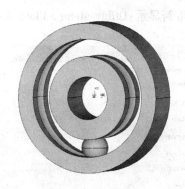

图15-12 "Solid Sphere"对话框　　　图15-13 生成滚珠

(12)将激活的坐标系设置为总体柱坐标系。从实用菜单中选择 Utility Menus > WorkPlane > Change Active CS to > Global Cylindrical。

(13)位将滚珠沿周向方向复制。从主菜单中选择 Main Menu > Preprocessor > Modeling > Copy > Volumes。选择刚刚建立的滚珠,如图15-14所示。ANSYS会提示复制的数量和偏移的坐标,在"Number of copies"文本框中输入"7",在"Y - offset in active CS"文本框中输入"51.42857",单击"OK"按钮,如图15-15所示。

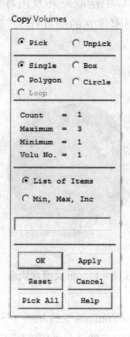
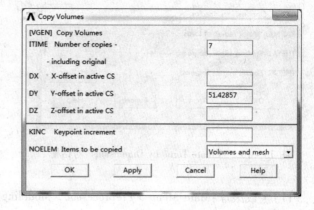

图 15-14 复制体   图 15-15 输入复制的数量和坐标

(14) 打开体编号显示：Utility Menu > PlotCtrls > Numbering，弹出"Plot Numbering Controls"对话框，在"VOLU Volume numbers"后面单击使其显示为"On"，如图 15-16 所示，单击"OK"按钮。

(15) 重新显示：Utility Menu > Plot > Replot 结果显示如图 15-17 所示。

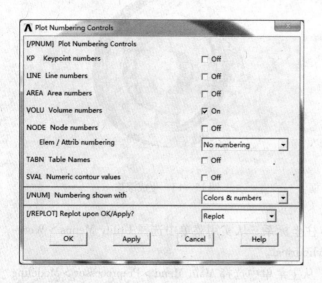
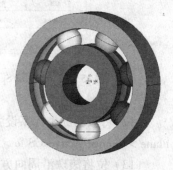

图 15-16 "Plot Numbering Controls"对话框   图 15-17 轴承模型

(16) 保存数据，单击工具条上的 SAVE_DB 按钮。

15.3.3 划分网格

（1）从主菜单中选择 Main Menu > Preprocessor > Meshing > MeshTool 命令，打开"Mesh Tool"。

（2）选择"Smart Size"复选框，然后向左拖动滑块到 3。然后选择"Mesh"域中的"Volumes"，单击"Mesh"，打开面选择对话框，要求选择要划分数的体。单击"Pick All"按钮。

（3）ANSYS 会根据进行的控制划分体，划分过程中 ANSYS 会产生提示，单击"Close"按钮。划分后的体如图 15-18 所示。

（4）优化网格：Utility Menu > PlotCtrls > Style > Size and Shape，弹出如图 15-19 所示的"Size and Shape"对话框，在"[EFACET] Facets/element edge"后面的下拉列表选择"2 facets/edge"，单击"OK"按钮。

图 15-18　网格划分结果

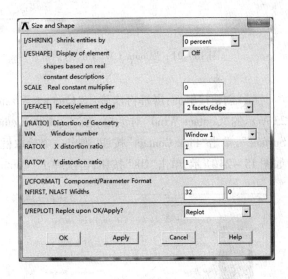

图 15-19　"Size and Shape"对话框

（5）保存数据：单击 ANSYS Toolbar 上的"SAVE_DB"按钮。

15.3.4 接触对建立

（1）创建目标面，Main Menu > Preprocessor > Modeling > Create > Contact Pair，弹出如图 15-20 所示的"Contact Manager"对话框，单击"Contact Wizard"按钮（对话框左上角）。弹出

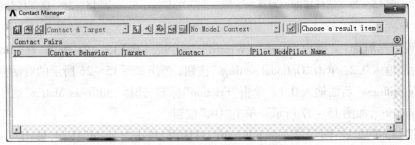

图 15-20　"Contact Manager"对话框

如图15-21所示的"Contact Wizard"对话框,接受默认选项,单击"Pick Target"按钮,弹出一个拾取框,在图形上单击拾取外环的轨道槽,如图15-22所示,单击"OK"按钮。

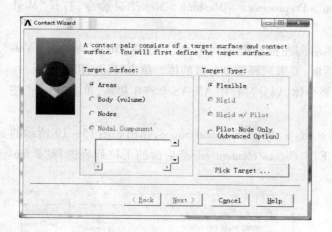

图15-21 "Contact Wizard"对话框

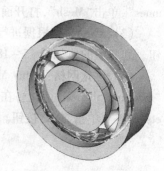

图15-22 选择目标面

(2)创建接触面:屏幕再次弹出"Contact Wizard"对话框,单击"Next"按钮,弹出如图15-23所示的"Contact Wind"对话框,在"Contact Element Type"下面的单选栏中选中"Surface-to-Surface",单击"Pick Contact"按钮,弹出一个拾取框,在图形上单击拾取滚珠与外环的接触面,如图15-24所示,单击"OK"按钮,再次弹出"Contact Wizard"按钮,单击"Next"按钮。

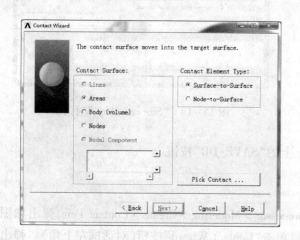

图15-23 选择接触面对话框

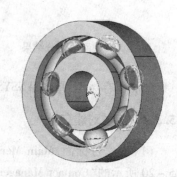

图15-24 选择接触面的显示

(3)设置接触面:又弹出"Contact Wizard"对话框,如图15-25所示,在"Coefficient of Friction"后面输入0.2,单击"Optional settings"按钮,弹出如图15-26所示的对话框,在"Normal Penalty Stiffness"后面输入0.1。单击"Friction"标签,选择"Stiffness Matrix"后下拉列表中的"Unsymmetric",如图15-27所示。单击"OK"按钮。

(4)接触面的生成:回到"Contact Wizard"对话框,单击"Create"按钮,弹出"Contact Wizard"对话框,单击"Finish"按钮,结果如图15-28所示。然后关闭对话框。

图 15-25 定义接触面性质对话框

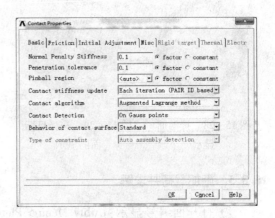
图 15-26 "Contact Properties"对话框

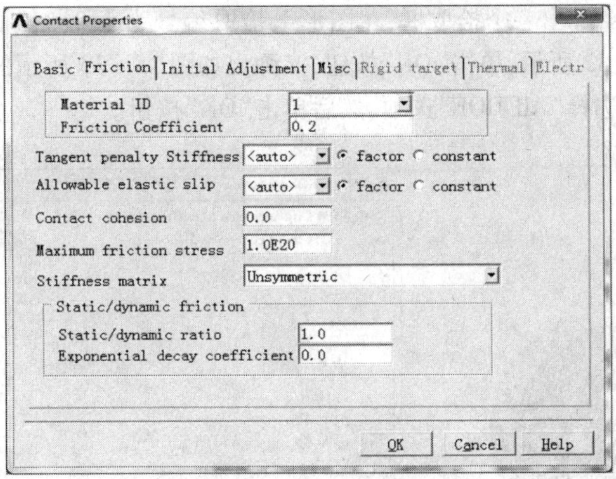

图 15-27 "Friction"标签

(5) 创建目标面：在"Contact Manager"对话框中单击"Contact Wizard"按钮（对话框左上角）。弹出"Contact Wizard"对话框，接受默认选项，单击"Pick Target"按钮，弹出一个拾取框，在图形上单击拾取内环的轨道槽，如图 15-29 所示，单击"OK"按钮。

(6) 创建接触面：屏幕再次弹出"Contact Wizard"，对话框，单击"Next"按钮，弹出"Contact Wizard"对话框，在"Contact Element Type"下面的单选栏中选中"Surface-to-Surface"，单击"Pick Contact"按钮，弹出一个拾取框，在图形上单击拾取滚珠与内环的接触面，如图 15-30 所示，单击"OK"按钮，再次弹出"Contact Wizard"按钮，单击"Next"按钮。

(7) 设置接触面：又弹出"Contact Wizard"对话框，在"Coefficient of Friction"后面输入0.2，单击"Optional settings"按钮，在"Normal Penalty Stiffness"后面输入0.1，单击"Friction"标签，选择"Stiffness matrix"后下拉列表中的"Unsymmetric"。单击"OK"按钮。

(8) 接触面的生成：又回到"Contact Wizard"对话框，单击"Create"按钮，弹出"Contact Wizard"对话框，单击"Finish"按钮，结果如图 15-31 所示。

 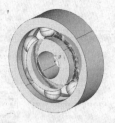 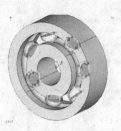 

图 15-28　接触面显示　　图 15-29　选择目标面的显示　　图 15-30　选择接触面的显示　　图 15-31　接触面显示

15.3.5　施加载荷并求解

（1）打开面编号显示：Utility Menu > PlotCtrls > Numbering，弹出"Plot Numbering Controls"对话框，选中"AREA Area numbers"复选框使其显示为"On"，单击"OK"按钮。

（2）施加面约束条件：Main Menu > Solution > Define Loads > Apply > Structural > Displacement > On Areas，弹出一个拾取框，在图形上拾取编号为1，2，3，4的面，即外环的侧面及外表面，如图15-32所示，单击"OK"按钮，又弹出如图15-33所示的"Apply U，ROT on Areas"对话框，单击选择"All DOF"选项，然后单击"OK"按钮。

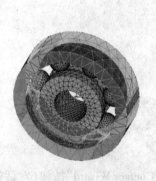 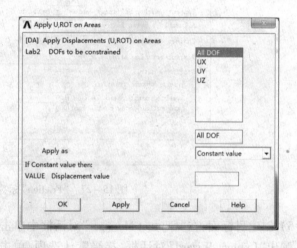

图 15-32　选择压力面　　　　　图 15-33　施加位移约束

（3）施加载荷：Main Menu > Solution > Define Loads > Apply > Structural > Pressure > On Elements，弹出"Apply PRES on elems"拾取菜单。拾取最内环面的下半部分，然后单击"OK"按钮，弹出"Apply PRES on elems"对话框。在"VALUE Load PRES value"后面输入3472，单击"OK"按钮接受其余默认设置。

（4）设定求解选项：Main Menu > Solution > Analysis Type > Sol'n Controls，弹出"Solution Controls"对话框，在"Analysis Options"的下拉列表中选择"Large Displacement Static"，在"Time at end of loadstep"后面输入1 在"Automatic time stepping"下拉列表中选择"Off"，在"Number of substeps"后面输入1，单击"OK"按钮。

（5）求解：Main Menu > Solution > Solve > Current LS，弹出"/STATUS Command"状态窗

口和"Solve Current Load Step"对话框,仔细浏览状态窗口的信息,然后关闭它,单击"Solve Current Load Step"(求解当前载荷步)对话框中的"OK"按钮开始求解。求解完成后会弹出"Solution is done"提示框,单击"Close"按钮。

15.3.6 后处理

(1)从主菜单中选择 Main Menu > General Postproc > Plot Result > Contour Plot > Nodal Solu 命令,打开"Contour Nodal Solution Data"(等值线显示节点解数据)对话框,如图 15-34 所示。

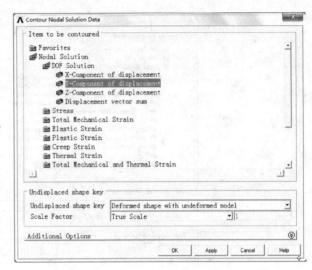

图 15-34 "等值线显示节点解数据"对话框

(2)在"Item to be contoured"(等值线显示结果)域中选择"DOF solution"(自由度解)选项。

(3)在列表框中选择"Y-Component of displacement"(Y向位移)选项,Y向位移即为轴承竖直方向的位移。

(4)选择"Deformed Shape with undeformed dge"(变形后和未变形轮廓线)按钮。

(5)单击"OK"按钮,在图形窗口中显示出变形图,包含变形前的轮廓线,如图 15-35 所示。图中下方的色谱表明不同的颜色对应的数值(带符号)。

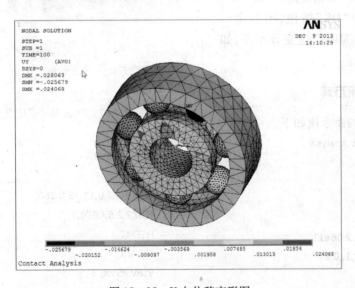

图 15-35 Y向位移变形图

(6)从主菜单中选择 Main Menu > General Postproc > Plot Results > Contour Plot > Nodal Solu 命令,打开"Contour Nodal Solution Data"(等值线显示节点解数据)对话框(图 15-36)。

图 15-36 "等值线显示节点解数据"对话框

(7) 在"Item to be contoured"(等值线显示结果项)域中选择"Total Mechanical Strain"(应变)选项。

(8) 在列表框中选择"von Mises total mechanical strain"选项。

(9) 选择"Deform shape only"仅显示变形后模型,单选按钮。

(10) 单击"OK"按钮,图形窗口中显示出"von Mises"应变分布图,如图 15-37 所示。

15.3.7 命令流方式

上面示例的命令流如下。

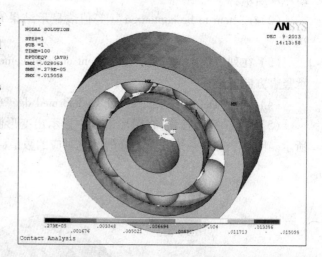

图 15-37 "von Mises"应变分布图

```
/TITLE,Contact Analysis
/PREP7
ET,1,SOLID185
MPTEMP,,,,,,,
MPTEMP,1,0
MPDATA,EX,1,,2.06e11
MPDATA,PRXY,1,,0.3
FLST,2,1,8
FITEM,2,0,0,-5.5
WPAVE,P51X
CYL4,0,0,17.5,,13.8,,11
CYL4,0,0,9.7,,5,,11
```

```
CSYS,0
WPAVE,0,0,0
CSYS,0
TORUS,3.2,0,11.75,0,360,
FLST,2,2,6,ORDE,2
FITEM,2,1
FITEM,2,-2
VSBV,P51X,3
SPH4,0,-11.75,3.2
FLST,3,1,6,ORDE,1
FITEM,3,1
CSYS,1
```

```
FLST,3,1,6,ORDE,1                    CM,_AREACM,AREA
FITEM,3,1                            CM,_VOLUCM,VOLU
VGEN,7,P51X, , , ,51.42857, , ,0     /GSAV,cwz,gsav,,temp
FLST,5,2,6,ORDE,2                    MP,MU,1,0.2
FITEM,5,4                            MAT,1
FITEM,5,-5                           MP,EMIS,1,7.88860905221e-031
CM,_Y,VOLU                           R,3
VSEL, , , ,P51X                      REAL,3
CM,_Y1,VOLU                          ET,2,170
CHKMSH,'VOLU'                        ET,3,174
CMSEL,S,_Y                           R,3,,,0.1,0.1,0,
VSWEEP,_Y1                           RMORE,,,1.0E20,0.0,1.0,
CMDELE,_Y                            RMORE,0.0,0,1.0,,1.0,0.5
CMDELE,_Y1                           RMORE,0,1.0,1.0,0.0,,1.0
CMDELE,_Y2                           KEYOPT,3,4,0
/VIEW,1,1,1,1                        KEYOPT,3,5,0
/ANG,1                               NROPT,UNSYM
/REP,FAST                            KEYOPT,3,7,0
MSHAPE,1,3D                          KEYOPT,3,8,0
MSHKEY,0                             KEYOPT,3,9,0
FLST,5,7,6,ORDE,4                    KEYOPT,3,10,2
FITEM,5,1                            KEYOPT,3,11,0
FITEM,5,-3                           KEYOPT,3,12,0
FITEM,5,6                            KEYOPT,3,2,0
FITEM,5,-9                           KEYOPT,2,5,0
CM,_Y,VOLU                           ! Generate the target surface
VSEL, , , ,P51X                      ASEL,S,,,27
CM,_Y1,VOLU                          ASEL,A,,,28
CHKMSH,'VOLU'                        CM,_TARGET,AREA
CMSEL,S,_Y                           TYPE,2
VMESH,_Y1                            NSLA,S,1
CMDELE,_Y                            ESLN,S,0
CMDELE,_Y1                           ESLL,U
CMDELE,_Y2                           ESEL,U,ENAME,,188,189
/VIEW,1,1,2,3                        NSLE,A,CT2
/ANG,1                               ESURF
/REP,FAST                            CMSEL,S,_ELEMCM
/UI,MESH,OFF                         ! Generate the contact surface
/COM, CONTACT PAIR CREATION - START  ASEL,S,,,5
CM,_NODECM,NODE                      ASEL,A,,,9
CM,_ELEMCM,ELEM                      ASEL,A,,,13
CM,_KPCM,KP                          ASEL,A,,,15
CM,_LINECM,LINE                      ASEL,A,,,29
```

```
ASEL,A,,,31
ASEL,A,,,33
CM,_CONTACT,AREA
TYPE,3
NSLA,S,1
ESLN,S,0
NSLE,A,CT2  ! CZMESH patch (fsk qt - 40109 8/2008)
ESURF
ALLSEL
ESEL,ALL
ESEL,S,TYPE,,2
ESEL,A,TYPE,,3
ESEL,R,REAL,,3
/PSYMB,ESYS,1
/PNUM,TYPE,1
/NUM,1
EPLOT
ESEL,ALL
ESEL,S,TYPE,,2
ESEL,A,TYPE,,3
ESEL,R,REAL,,3
CMSEL,A,_NODECM
CMDEL,_NODECM
CMSEL,A,_ELEMCM
CMDEL,_ELEMCM
CMSEL,S,_KPCM
CMDEL,_KPCM
CMSEL,S,_LINECM
CMDEL,_LINECM
CMSEL,S,_AREACM
CMDEL,_AREACM
CMSEL,S,_VOLUCM
CMDEL,_VOLUCM
/GRES,cwz,gsav
CMDEL,_TARGET
CMDEL,_CONTACT
/COM, CONTACT PAIR CREATION - END
/COM, CONTACT PAIR CREATION - START
CM,_NODECM,NODE
CM,_ELEMCM,ELEM
CM,_KPCM,KP
CM,_LINECM,LINE
CM,_AREACM,AREA
CM,_VOLUCM,VOLU
/GSAV,cwz,gsav,,temp
MP,MU,1,0.2
MAT,1
MP,EMIS,1,7.88860905221e - 031
R,4
REAL,4
ET,4,170
ET,5,174
R,4,,,0.1,0.1,0,
RMORE,,,1.0E20,0.0,1.0,
RMORE,0.0,0,1.0,,1.0,0.5
RMORE,0,1.0,1.0,0.0,,1.0
KEYOPT,5,4,0
KEYOPT,5,5,0
KEYOPT,5,7,0
KEYOPT,5,8,0
KEYOPT,5,9,0
KEYOPT,5,10,2
KEYOPT,5,11,0
KEYOPT,5,12,0
KEYOPT,5,2,0
KEYOPT,4,5,0
ASEL,S,,,21
ASEL,A,,,22
CM,_TARGET,AREA
TYPE,4
NSLA,S,1
ESLN,S,0
ESLL,U
ESEL,U,ENAME,,188,189
NSLE,A,CT2
ESURF
CMSEL,S,_ELEMCM
ASEL,S,,,6
ASEL,A,,,10
ASEL,A,,,14
ASEL,A,,,16
ASEL,A,,,30
ASEL,A,,,32
ASEL,A,,,34
CM,_CONTACT,AREA
```

```
TYPE,5
NSLA,S,1
ESLN,S,0
NSLE,A,CT2   ! CZMESH patch (fsk qt - 40109 8/2008)
ESURF
ALLSEL
ESEL,ALL
ESEL,S,TYPE,,4
ESEL,A,TYPE,,5
ESEL,R,REAL,,4
/PSYMB,ESYS,1
/PNUM,TYPE,1
/NUM,1
EPLOT
ESEL,ALL
ESEL,S,TYPE,,4
ESEL,A,TYPE,,5
ESEL,R,REAL,,4
CMSEL,A,_NODECM
CMDEL,_NODECM
CMSEL,A,_ELEMCM
CMDEL,_ELEMCM
CMSEL,S,_KPCM
CMDEL,_KPCM
CMSEL,S,_LINECM
CMDEL,_LINECM
CMSEL,S,_AREACM
CMDEL,_AREACM
CMSEL,S,_VOLUCM
CMDEL,_VOLUCM
/GRES,cwz,gsav
CMDEL,_TARGET
CMDEL,_CONTACT
/COM, CONTACT PAIR CREATION - END
/MREP,EPLOT
FINISH
/SOL
ANTYPE,0
ANTYPE,0
NLGEOM,1
NSUBST,1,0,0
AUTOTS,0
TIME,100
SAVE
/VIEW,1,1,1,1
/ANG,1
/REP,FAST
/USER, 1
FLST,2,2,5,ORDE,2
FITEM,2,3
FITEM,2,-4
/GO
DA,P51X,ALL,
FLST,2,1,5,ORDE,1
FITEM,2,12
/GO
SFA,P51X,1,PRES,1000
/STATUS,SOLU
SOLVE
SAVE
/POST1
/EFACET,1
PLNSOL, U,Y, 2,1.0      ! 查看变形
/EFACET,1
PLNSOL, EPTO,EQV, 0,1.0    ! 查看应力
SAVE
FINISH
```

参 考 文 献

[1] 王勖成. 有限单元法[M]. 北京:清华大学出版社,2003.
[2] S. 莫维尼,王崧,等译. 有限元分析——ANSYS 理论与应用(第三版)[M]. 北京:电子工业出版社,2013.
[3] 张洪才,等. ANSYS 14.0 理论解析与工程应用实例[M]. 北京:机械工业出版社,2012.
[4] 陈艳霞,林金宝. ANSYS 14 完全自学一本通[M]. 北京:电子工业出版社,2013.
[5] 张秀辉,胡仁喜,康士廷,等. ANSYS 14 有限元分析从入门到精通[M]. 北京:机械工业出版社,2013.
[6] 吕建国,胡仁喜. ANSYS 14 有限元分析入门与提高[M]. 北京:化学工业出版社,2013.
[7] 赵世友,赵晶. 超滤设备结构强度有限元分析与寿命估测[J]. 机械设计与制造,2011(1):146~148.
[8] 赵晶,王雷,徐鸿. 大型搅拌釜整体结构和模态有限元分析[J]. 机械设计与制造,2010(4):46~48.

冶金工业出版社部分图书推荐

书　名	作　者	定价(元)
采掘机械	李晓豁　沙永东　编著	36.00
轧钢机械(第3版)	邹家祥　主编	49.00
机械工程基础	韩淑敏　主编	29.00
工程机械概论	张　洪　贾志绚　主编	39.00
机械制图	阎　霞　主编	30.00
机械制图习题集	阎　霞　主编	29.00
机械工程测试与数据处理技术	平　鹏　编著	20.00
机械故障诊断基础	廖伯瑜　主编	25.80
现代机械设计方法(第2版)	臧　勇　主编	36.00
机械振动学(第2版)	闻邦椿　刘树英　张纯宇　编著	28.00
起重与运输机械	纪　宏　主编	35.00
轧钢车间机械设备	潘慧勤　主编	32.00
机械设计基础	王春华等　主编	38.00
CAXA2007机械设计绘图实例教程	殷　宏　编著	32.00
结构矩阵分析与程序设计	温瑞监　主编	40.00
结构分析有限元法的基本原理及工程应用	陈道礼　饶　刚　魏国前　编著	55.00
工程中的有限元分析方法	陈章华　宁晓钧　编著	32.00
机械设计基础课程设计	何凡等　主编	19.00
机械优化设计方法(第3版)	陈立周　主编	29.00
机械设计	张　磊　王冠五　主编	40.00
SAP2000结构工程案例分析	陈昌宏　主编	25.00